T0074229

Die Verbrennungskraftmaschine

Herausgegeben von

Prof. Dr. **Hans List**
Graz

Band 4

Der Ladungswechsel der Verbrennungskraftmaschine

Dritter Teil

Der Viertakt
Ausnützung der Abgasenergie für den Ladungswechsel

Wien
Springer-Verlag
1952

Der Ladungswechsel der Verbrennungskraftmaschine

Dritter Teil

Der Viertakt
Ausnützung der Abgasenergie für den Ladungswechsel

Von

Prof. Dr. **Hans List**

Graz

Mit 172 Abbildungen im Text

Wien
Springer-Verlag
1952

ISBN-13: 978-3-211-80285-4 e-ISBN-13: 978-3-7091-8001-3
DOI: 10.1007/978-3-7091-8001-3

Vorwort.

Entwicklungsarbeiten an Flugmotoren und an Dieselmotoren haben gezeigt, daß sich das im I. Teil enthaltene Berechnungsverfahren mit sehr gutem Erfolg auch zur systematischen Auslegung von Viertaktsteuerungen verwenden läßt.

Die Rechnung wurde daher auch im vorliegenden Band in den Mittelpunkt der Behandlung des Ladungswechsels von Viertaktmotoren gestellt.

Der erste Teil des Bandes befaßt sich mit den Ventilsteuerungen, der Burt-Mac-Collum Schiebersteuerung und mit dem Einfluß des Saugrohres auf die Ladungsverteilung bei Mehrzylindermotoren.

Im zweiten Teil wird die Abgasturboaufladung von Viertakt- und auch von Zweitaktmotoren und die Ausnutzung der Abgasenergie in Rückstoßdüsen bei Flugzeugen besprochen. Eine kurze Abhandlung über den Kadenacy-Effekt aus der Feder von G. Reyl schließt Abschnitt und Band.

Wieder war, analog wie bei der Behandlung des Zweitaktmotors im Band 4, II. Teil, es nicht meine Absicht, empirische Daten zur Auslegung von Steuerungen und Abgasturbinen zu geben, sondern vor allem auf die bestehenden Zusammenhänge hinzuweisen und Verfahren zu zeigen, nach denen Steuerungen für jeden Fall systematisch ermittelt werden können. Dabei muß der rechnerischen Vorarbeit selbstverständlich der, gegenüber der rein empirischen Abstimmung stark abgekürzte, Versuch folgen.

Meinem Mitarbeiter, Herrn Dipl.-Ing. H. Schmid, habe ich für die Überprüfung der Berechnungen und das Lesen der Korrektur zu danken.

Graz, im Juni 1952.

H. List.

Inhaltsverzeichnis.

A. Der Viertakt.

I. Allgemeine Grundlagen.

Beim Viertakt stehen für den Ladungswechsel zwei Hübe, eine ganze Umdrehung, zur Verfügung. Das Ausströmen der Abgase und das Einströmen der frischen Ladung sind im wesentlichen zeitlich getrennt, beeinflussen sich daher gegenseitig nur in geringem Maße. Die Bedingungen für günstigen Verlauf von Einlaß- und Auslaßvorgang können daher getrennt ermittelt und im wesentlichen auch unabhängig voneinander verwirklicht werden. Dadurch wird die Auslegung einer Viertaktsteuerung im allgemeinen viel einfacher als die einer Zweitaktsteuerung.

Als Steuerungsorgane kommen überwiegend Tellerventile zur Anwendung. Die folgenden Ausführungen beziehen sich daher vor allem auf Ventilsteuerungen. Andere Steuerungsausbildungen werden in einem besonderen Abschnitt besprochen.

Der Ladungswechsel verläuft bei einem selbstansaugenden Viertaktmotor mit Ventilsteuerung wie folgt:

Am Ende des Ausdehnungshubes, jedoch vor dem unteren Totpunkt, wird das Auslaßventil geöffnet. Infolge des Überdruckes im Zylinder, der im allgemeinen mehrere kg/cm² beträgt, strömt ein Teil der Ladung durch das Auspuffsystem ins Freie, ein weiterer Teil wird durch den Kolben während des Auspuffhubes verdrängt. Am Ende des Auspuffhubes befindet sich ein Abgasrest im Zylinder, der den Verdichtungsraum ausfüllt. In der Nähe des oberen Totpunktes, meist kurz danach, schließt das Auslaßventil. Kurz vorher öffnet das Einlaßventil. Beim folgenden Einsaughub saugt der Kolben frische Ladung durch das Einlaßventil in den Zylinder. In der Nähe des unteren Totpunktes, meist etwas nach diesem, schließt das Einlaßventil und die Verdichtung beginnt.

Bei der aufgeladenen Maschine, die mit vorverdichteter Ladung arbeitet, drückt der Lader während des Saughubes vorverdichtete Ladung in den Zylinder. Das Druckniveau des Einlaßvorganges liegt daher höher als das Druckniveau des Auslaßvorganges, die Ladungswechselarbeit im Zylinder ist im allgemeinen positiv.

Durch eine stärkere Überschneidung der Öffnungszeiten des Auslaß- und Einlaßventils ist es unter Ausnützung des Druckunterschiedes zwischen Einlaß- und Auslaßsystem möglich, den Verbrennungsraum zu spülen. Dadurch kann eine Vergrößerung der Zylinderladung und eine Innenkühlung des Zylinders bewirkt werden. Es kann allerdings nur dann mit großen Ladungsmengen gespült werden, wenn die Ladung aus Luft und nicht aus Gemisch besteht oder wenn in besonderen Fällen, z. B. bei Rennmotoren mit Gemischspülung, ein größerer Kraftstoffverlust während der Spülung zugelassen werden kann.

Im folgenden werden nun die einzelnen Abschnitte des Ladungswechsels, das Ausströmen, die Spülung bei Auflademaschinen und das Einströmen, getrennt besprochen. Dabei wird zunächst angenommen, daß sich vor und nach dem Zylinder so große Behälter befinden, daß mit konstanten Drücken vor dem Einlaß- und nach dem Auslaßventil gerechnet werden kann. Der Einfluß, den Abweichungen von dieser Annahme, also z. B. Rohrleitungen, kleine Behälter, auf den Ladungswechsel haben, wird in einem späteren Abschnitt besprochen.

II. Der Ladungswechsel bei Motoren mit großen Behältern unmittelbar vor dem Einlaß und nach dem Auslaß.

1. Der Ausströmvorgang.

a) Allgemeines.

Abb. 1 zeigt schematisch den Druckverlauf während des Ausströmens. Gegenüber der vollkommenen Maschine wird die Diagrammfläche und damit die Leistung aus zwei Ursachen verkleinert:

Die Fläche a stellt den Verlust an Expansionsarbeit dar, der durch die vorzeitige Eröffnung des Auslaßventils entsteht. Die Fläche b entspricht der Ausschubarbeit des Kolbens. Die Auslaßsteuerung soll so entworfen werden, daß die Summe aus a und b möglichst klein wird. Ist dem Motor eine Abgasmaschine nachgeschaltet, so kann ein Teil der Ausschubarbeit von ihr ausgenützt werden. Bei der Auslegung der Auslaßsteuerung muß dann der Gesamtwirkungsgrad von Motor und Abgasmaschine beachtet werden. Bei den vorliegenden Ausführungen wird jedoch von einer weiteren Ausnützung der Abgasenergie zunächst abgesehen, demnach allein eine möglichst verlustfreie Entfernung der Abgase aus dem Zylinder angestrebt.

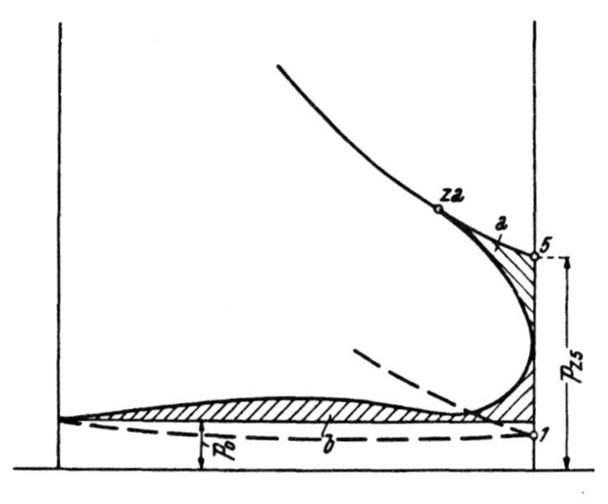

Abb. 1. Ausströmvorgang und Auslaßverlust.

Vom Arbeitsprozeß her sind die Bedingungen für den Auslaßvorgang durch den Zustand der Ladung im Punkt 5, den Außendruck p_0 und durch das Verdichtungsverhältnis ε gegeben. Die für den Auslaßvorgang maßgebenden Größen der Steuerorgane sind nach Abschnitt B, II, 2/I die mittlere Gasgeschwindigkeit w_{ma} und der Verlauf der Eröffnung $(\mu\sigma) = f(\alpha)$ wobei μ etwas vom Druck abhängig ist. σ entspricht dem jeweiligen freien Querschnitt des Steuerungsorgans in Bruchteilen des Bezugquerschnittes.

Der Zustand im Punkt 5 ergibt sich sinngemäß nach Gl. (7)/II

$$p_5 = \delta\, p_1 + \frac{1{,}986}{C_{vm}\big|_0^{t_{za}}} \cdot \frac{\varepsilon - 1}{\varepsilon} \cdot \frac{\eta_u - \eta_{i-1} - \varphi_w\, \eta_u}{\eta_{i-1}} \cdot p_{i-1}. \tag{1}$$

Darin ist δ das Molverhältnis der Ladung nach und vor der Verbrennung.

Die Temperatur im Punkt 5 ergibt sich aus der im Punkt 1

$$T_5 = T_1 \cdot \frac{p_5}{p_1} \cdot \frac{1}{\delta}. \tag{2}$$

Der Zustand bei Beginn der Eröffnung des Auslaßventils, gekennzeichnet durch „za“, ist

$$p_{za} = p_5 \cdot \left(\frac{z_5}{z_{za}}\right)^{\varkappa_a}; \quad T_{za} = T_5 \cdot \left(\frac{z_5}{z_{za}}\right)^{\varkappa_a - 1} \quad \text{mit } V = z \cdot V_h. \tag{3}$$

Für $\varkappa_a$ ist der Exponent der Adiabate einzusetzen, der sich aus den spezifischen Wärmen am Ende der Expansion berechnen läßt.

Vom Zustand im Punkte za ausgehend läßt sich nun nach Teil I, Abschnitt B, II, 2, der Druckverlauf während des Ausströmens für ein gegebenes Steuerorgan, damit gegebenes w_{ma} und $(\mu\sigma) = f(\alpha)$ ermitteln und daraus der Auslaßverlust (Summe der Flächen a + b) nach Abb. 1 bestimmen. Bei der Berechnung nach Teil I wird der Wärmeübergang vernachlässigt. Wie eine Reihe von Messungen ergeben hat, wird dadurch die Wirklichkeitstreue des Druckverlaufes nur geringfügig beeinträchtigt. Die Berechnungen sind daher, wenn die μ-Werte bekannt sind, zur Ausmittlung von Steuerungen sehr gut brauchbar und können in vielen Fällen umfangreiche Versuche ersparen.

b) Selbstansaugender Motor.

Bei der selbstansaugenden Maschine ist p_1 und damit bei gleicher Temperatur, gleichem Luftüberschuß und gleichem Liefergrad p_{i-1} direkt p_0 verhältig. Da damit auch p_5 und alle anderen Drücke p_0 verhältig sind, wenn w_{ma} und $(\mu\sigma) = f(\alpha)$ der Steuerung unverändert bleibt, wird der Auslaßverlust dem Außendruck p_0 und damit auch bei gleichem Luftüberschuß und gleichem Wirkungsgrad η_{i-1} dem Innendruck p_{i-1} verhältig. Der Auslaßverlust, als Mitteldruck in Bruchteilen des p_{i-1} angegeben, bleibt daher unter den angegebenen Voraussetzungen gleich groß.

Ist daher bei e i n e m selbstansaugenden Motor die Auslaßsteuerung ausgemittelt, so lassen sich bei gleichem Arbeitsprozeß bei anderen Motoren gleichwertige Verhältnisse in bezug auf den Auslaßverlust herstellen, wenn w_{ma} und $(\mu\sigma) = f(\alpha)$, also mittlere Gasgeschwindigkeit und wirksames Eröffnungsgesetz, gleichgemacht werden.

Die Ausmittlung einer Auslaßsteuerung wird bei einem selbstansaugenden Motor am besten in folgender Weise durchgeführt: Ausgehend von Annahmen, die nach den Angaben am Schluß des Abschnittes zu treffen sind, legt man die Steuerzeiten des Ventils so fest, daß die Ausschubarbeit ein Minimum wird und der Restgasdruck beim Öffnen des Einlaßventils den Außendruck nicht wesentlich überschreitet. Dazu wird für einige Varianten der Druckverlauf und der Auslaßverlust berechnet und daraus werden die Steuerzeiten für kleinsten Auslaßverlust abgeleitet. Bei Motoren, die innerhalb eines größeren Drehzahlbereiches arbeiten müssen, ist die Ausmittlung für mehrere Drehzahlen durchzuführen und ein Kompromiß zu schließen. Voraussetzung für die Berechnung ist die Kenntnis der Durchflußziffern des Ventils. Bei Vorausberechnungen können entweder bekannte Werte ähnlicher Ventilausführungen benützt, oder besser, Messungen an einem einfachen Modell der vorliegenden Ventilausführung der Rechnung zugrunde gelegt werden.

Es empfiehlt sich, wegen des Wärmeüberganges und wegen der Beanspruchung des Steuerungsantriebes das Auslaßventil nicht größer zu machen, als dies die Ausströmverhältnisse unbedingt erfordern.

Da die Wärmeableitung bei nicht gekühltem Auslaßventil im wesentlichen nur über den Sitz erfolgt, wird der Wärmeabfluß um so ungünstiger, je größer der Ventildurchmesser wird. Die Beheizung des Ventils erfolgt während der Arbeitsvorgänge durch die Telleroberfläche, während des Ausströmens vor allem über die Sitzfläche. Messungen der Ventiltemperaturen haben gezeigt, daß der Einfluß der Beheizung der Telleroberfläche während des Arbeitsvorganges, vor allem während der Verbrennung und des ersten Teiles der Expansion, überwiegt und daher im wesentlichen die Ventiltemperatur bestimmt. Die Forderung, Ventile mit möglichst kleinem Durchmesser auszuführen, erfährt dadurch besondere Betonung.

Im folgenden soll die Ausmittlung einer Auslaßsteuerung für einen selbstansaugenden Motor an einem Beispiel gezeigt werden.

Beispiel: Es soll der günstigste Auslaßventileröffnungspunkt und der Auslaßverlust eines Motors mit folgenden Abmessungen ermittelt werden:

Bohrung D = 120 mm
Hub s = 140 mm
Verdichtungsverhältnis $\varepsilon = 5{,}36$
Schubstangenverhältnis $l/r = 3{,}14$
Drehzahl n = 2500 U/min.

Der Durchmesser des Auslaßventils beträgt 42 mm. Die Ventileröffnungskurve wurde entsprechend Abb. 2 variiert.

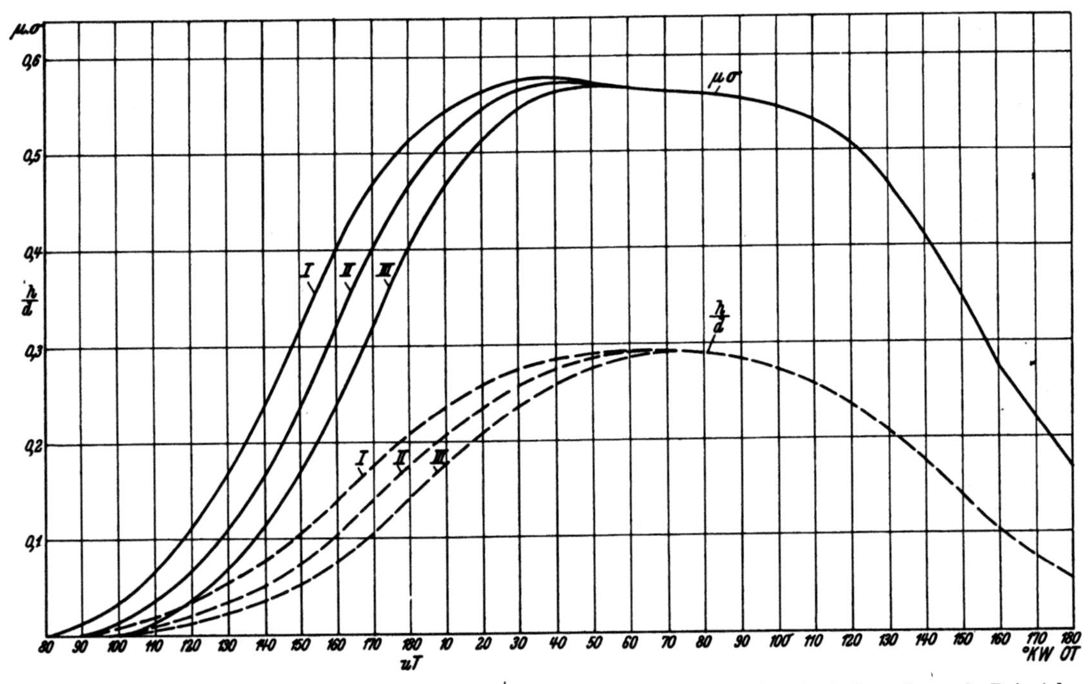

Abb. 2. Hubverlauf und Verlauf des wirksamen Durchflußquerschnittes des Auslaßventils nach Beispiel.

Die vom Druckverhältnis abhängige Durchflußzahl müßte nach den Ausführungen im Teil II, S. 16, bei gleicher Zahl $\frac{ad}{v}$ wie beim wirklichen Ausströmvorgang ermittelt werden. Das würde die Veränderung des Druckniveaus, bei gleichem Druckverhältnis, oder die Durchführung der Versuche an einem verkleinerten Modell bedingen. Infolge der geringen Abhängigkeit der Durchflußzahl von $\frac{ad}{v}$ in den in Betracht kommenden Bereichen gibt jedoch auch die Untersuchung am Modell mit Originalabmessungen beim Durchströmen von Druckluft mit normaler Temperatur und den wirklichen Drücken brauchbare Ergebnisse. Es ist bei Ventilen zweckmäßig, direkt das Produkt $(\mu\sigma)$ zu ermitteln, das den wirksamen Bruchteil der Ventilsitzquerschnittfläche angibt. In Abb. 3 ist $(\mu\sigma)$ in Abhängigkeit von h/d für ein Ventil eines Flugmotors aufgetragen.

Mit diesen Rechnungsgrundlagen läßt sich nun nach S. 47/I der Druckverlauf im Zylinder berechnen. Abb. 4 zeigt den Druckverlauf in Abhängigkeit vom Kolbenweg für Ventileröffnungen 100°, 90°, 80° KW v. u. T. Bei wirksamen Durchflußquerschnitten nach Abb. 3 erhält man für den Auslaßverlust (als Mitteldruck)

$$p_{aus} = p_{aus\ exp} + p_{ausschub}. \tag{4}$$

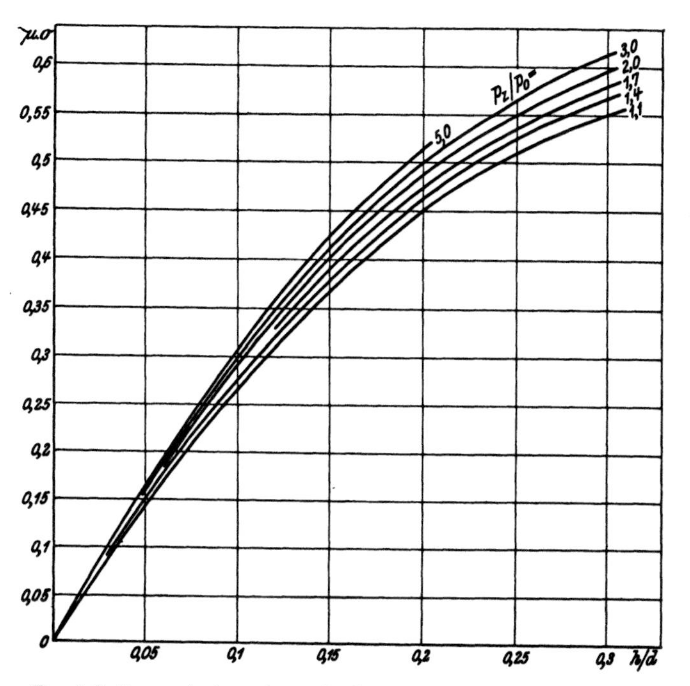

Abb. 3. Wirksamer Durchflußquerschnitt eines Auslaßventils in Abhängigkeit vom Druckverhältnis p'/p_o und vom Ventilhub nach Durchströmversuchen mit Druckluft an einem Auslaßventil. h = Ventilhub, d = innerer Sitzdurchmesser.

Darin ist p_{aus} der gesamte Auslaßverlust, der sich aus dem Verlust an Expansionsarbeit $p_{aus\ exp}$ und dem Verlust durch die Ausschubarbeit des Kolbens $p_{ausschub}$ zusammensetzt. Man erhält folgende Werte:

Auslaßventil öffnet:	$p_{aus\ exp}$ kg/cm²	$p_{ausschub}$ kg/cm²	p_{aus} kg/cm²
100° KW v. u. T.	0,18	0,31	0,49
90° „ „	0,09	0,44	0,53
80° „ „	0,05	0,60	0,65

Man sieht, daß der geringste Verlust bei einer Öffnung noch vor 100° KW vor unterem Totpunkt zu erwarten ist. Der Gewinn an Leistung wäre jedoch nur geringfügig, wie aus der geringen Abnahme der Ausschubarbeit bei Vorverlegung der Eröffnung von 90° auf 100° KW vor u. T. hervorgeht. Mit Rücksicht auf die Zunahme der thermischen Beanspruchung des Auslaßventils mit der Vorverlegung seiner Eröffnung legt man den Öffnungsbeginn auf 90° KW v. u. T. oder noch etwas später.

Eine Durchrechnung einer größeren Zahl von Auslaßvorgängen hat ergeben, daß es für einen kleinen Ausschubverlust vor allem darauf ankommt, bis zum unteren Totpunkt einen genügenden Abfall des Druckes zu erreichen. Nach Gl. 81/I für das überkritische Ausströmen soll daher der Ausdruck

$$K \cdot \int_{\alpha'}^{\alpha} \frac{(\mu\,\sigma)\,d\,\alpha}{z^{1+k\varkappa}} \tag{5}$$

oder in Annäherung

$$K \cdot \int_{\alpha'}^{\alpha} (\mu\sigma)\, d\alpha \tag{6}$$

vor dem unteren Totpunkt einen Wert nicht unterschreiten, der von der Höhe des Expansionsdruckes abhängt. Je steiler die Ventileröffnungskurve ist, mit um so geringerer Voreröffnung erreicht man diesen Wert. Geringe Voreröffnung ergibt kleinen Expansionsverlust und Verminderung der thermischen Beanspruchung des Ventils.

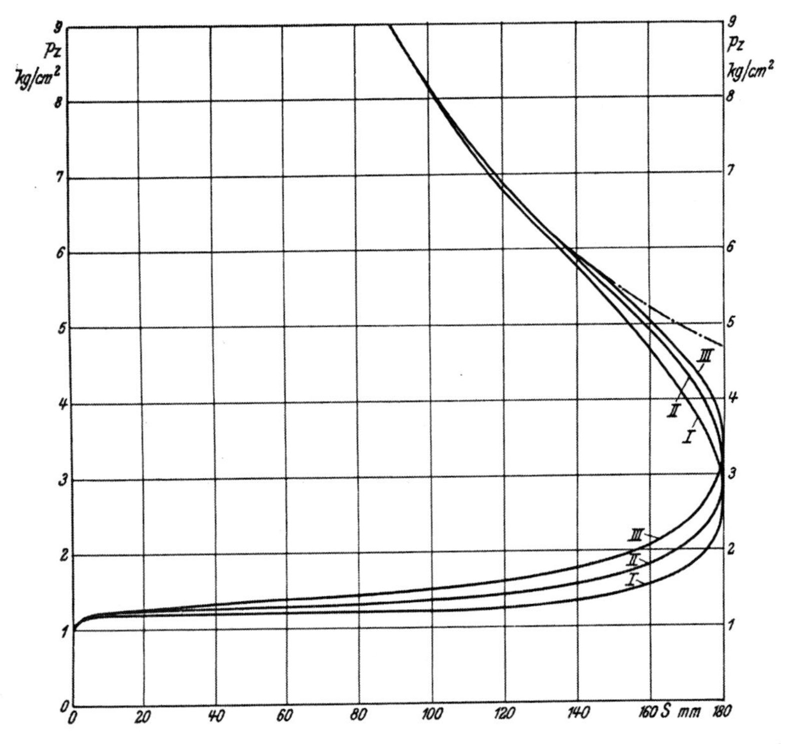

Abb. 4. Berechneter Druckverlauf im Zylinder während des Ausströmens. Beispiel S. 4.

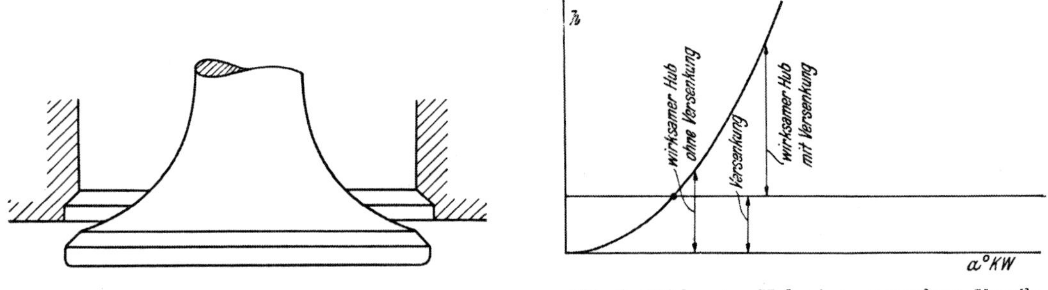

Abb. 5. Versenktes Ventil.

Abb. 6. Wirksamer Hub eines versenkten Ventils.

In besonderen Fällen, z. B. bei Hochleistungsmotoren mit hohen Expansionsdrücken, kann das erforderliche steile Eröffnungsgesetz durch Versenkung des Ventils nach Abb. 5 erreicht werden. Man erhält dann wirksame Ventileröffnungskurven nach Abb. 6, bei denen die Freigabe des Querschnitts mit verhältnismäßig großer Geschwindigkeit erfolgt.

c) Aufgeladener Motor.

Bei Motoren mit Aufladung erfolgt die Ausmittlung der günstigsten Auslaßsteuerungszeiten in grundsätzlich gleicher Weise wie bei selbstansaugenden Motoren.

Infolge des größeren Verhältnisses $\frac{p_5}{p_0}$ liegt ein größerer Teil des Ausströmens im überkritischen Bereich und ist daher unabhängig vom Gegendruck. Eine Verringerung des Gegendruckes beeinflußt im überkritischen Bereich den Druckverlauf nicht, vergrößert daher die Ausschubarbeit nach Abb. 7.

Mit hohem Aufladedruck und niederem Gegendruck arbeiten vor allem Höhenflugmotoren mit Hochaufladung. Der Auslaßverlust kann in solchen Motoren bei ungenügend bemessenen oder zu spät oder schleichend öffnenden Auslaßventilen beträchtliche Werte annehmen und erfordert besondere Beachtung.

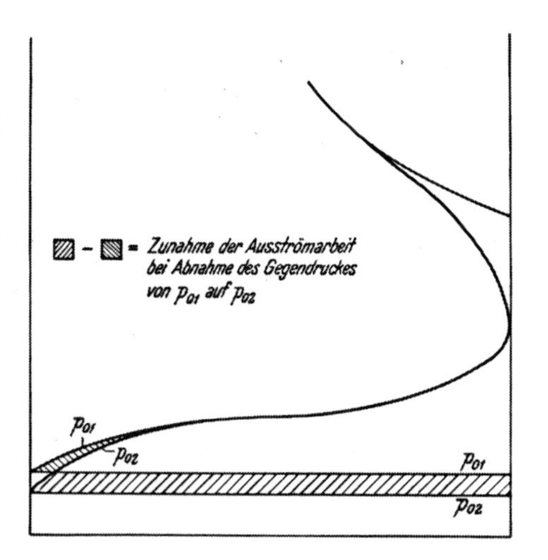

Abb. 7. Zunahme der Ausschubarbeit bei Abnahme des Gegendruckes von p_{01} auf p_{02}.

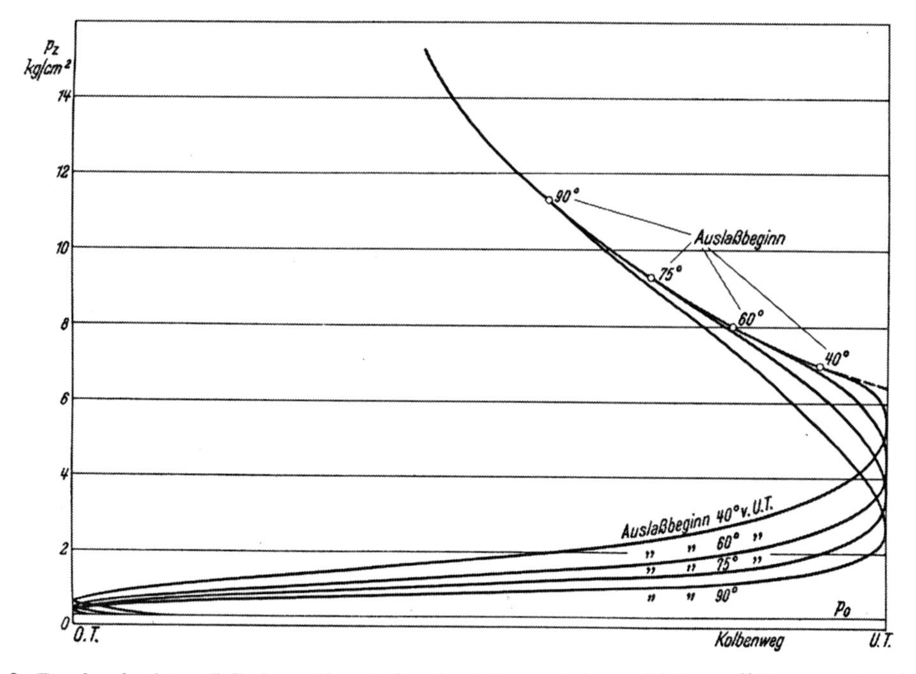

Abb. 8. Druckverlauf im Zylinder während des Ausströmens bei verschiedenen Öffnungswerten des Auslaßventils. Flugmotor mit Benzineinspritzung, 10 km Höhe.

Zur Ermittlung der günstigsten Auslaßverhältnisse ist es zweckmäßig, sowohl den Ventildurchmesser wie auch den Öffnungsbeginn nach Abb. 8 zu variieren. Die Untersuchung ist nach Abb. 9 für mehrere Drehzahlen innerhalb des Betriebsbereiches durchzuführen.

Auch bei richtig ausgelegter Auslaßsteuerung ist der Auslaßverlust nach Abb. 10 verhältnismäßig groß.

Variiert man bei gleichbleibendem Ventildurchmesser den Öffnungsbeginn, so erhält man für den Auslaßverlust Kurven nach Abb. 10. Den Verlauf der beiden Teile des Auslaßverlustes, den des Ausschubverlustes $p_{ausschub}$, der mit zunehmender Voreröffnung des Auslaßventils abnimmt, und den des Expansionsverlustes $p_{aus\,exp}$, der mit zunehmender Voreröffnung zunimmt, zeigt die Kurve für n = 3200 U/min. Das Minimum der Kurven des Gesamtverlustes ist durch die gegenläufige Abhängigkeit der beiden Verlustteile bedingt. Die günstigsten Werte der Ventileröffnung liegen in dem schraffierten Flächenstreifen. Rechnet man diese Kurven für verschiedene Ventildurchmesser, so erhält man einen sehr guten Überblick über die Zusammenhänge.

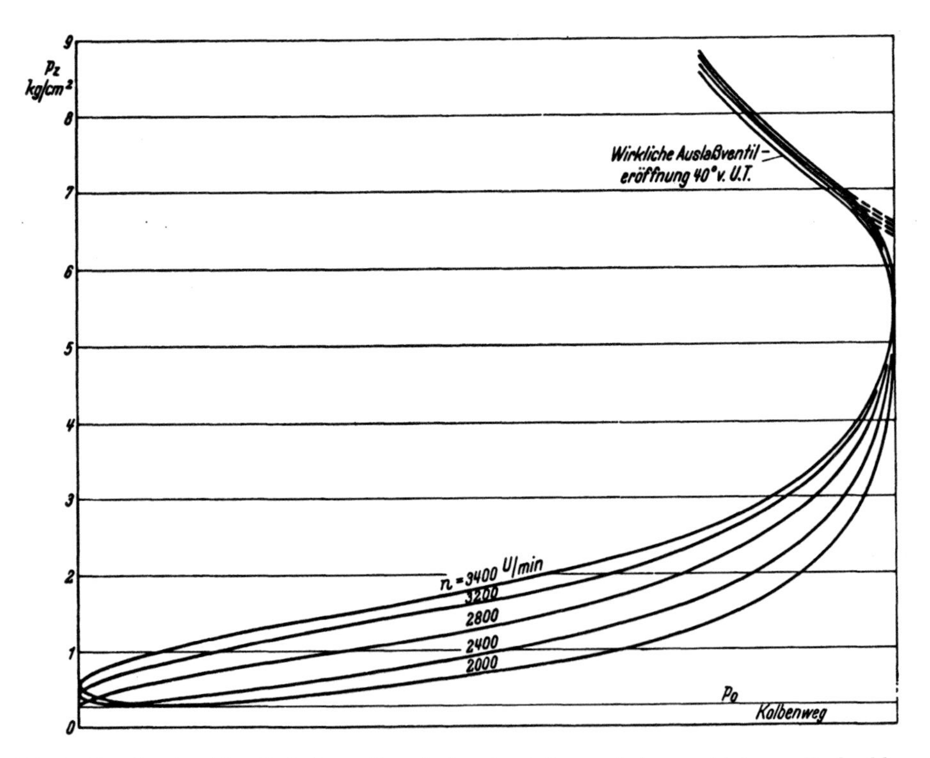

Abb. 9. Druckverlauf im Zylinder während des Ausströmens bei verschiedenen Drehzahlen. Flugmotor mit Benzineinspritzung, 10 km Höhe.

Man wird im allgemeinen trachten, einen zu großen Auslaßverlust durch entsprechende Vorverlegung der Eröffnung und nicht durch eine Vergrößerung des Ventildurchmessers herabzusetzen.

Die Ausströmvorgänge in aufgeladenen Motoren erfolgen ähnlich, wenn

1. $\dfrac{\sqrt{T_{z5}}}{w_m}$

2. $\dfrac{p_{z5}}{p_o}$

3. $(\mu\,\sigma) = f\,(\alpha)$

gleich sind. Der Auslaßverlust p_{aus} ist dann den Drücken des Diagramms, daher p_{i-l} verhältig. Damit wird der auf p_{i-l} bezogene, verhältnismäßige Auslaßverlust $\frac{p_{aus}}{p_{i-l}}$ bei Motoren gleich, bei denen die oben angegebenen Größen und Gesetzmäßigkeiten gleich sind.

Wenn das Ausströmen vorwiegend überkritisch erfolgt, wie bei hochaufgeladenen Motoren mit hoher Drehzahl, ist der Auslaßverlust annähernd

$$p_{aus} \sim C_1\, p_{z5} - p_o. \tag{7}$$

Da $p_{z5} \sim C_2\, p_{i-l}$ gesetzt werden kann, wenn der Motor mit gleichem Luftüberschuß, gleicher Ladelufttemperatur und gleichen Verhältnissen für die Energieumsetzung betrieben wird, so wird der relative Auslaßverlust

$$\frac{p_{aus}}{p_{i-l}} \sim C - \frac{p_o}{p_{i-l}}. \tag{8}$$

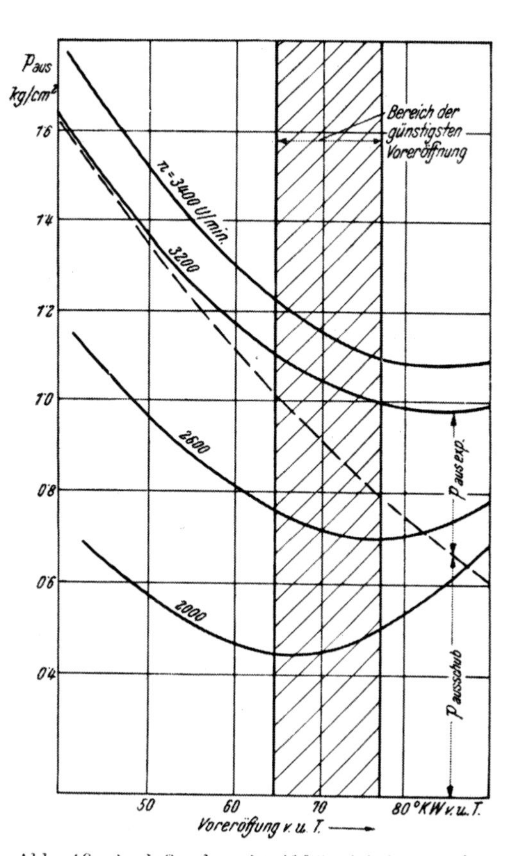

Abb. 10. Auslaßverlust in Abhängigkeit von der Voreröffnung des Auslaßventils und der Drehzahl. Flugmotor mit Benzineinspritzung, 10 km Höhe.

Demnach nimmt bei konstantem Gegendruck der relative Auslaßverlust mit zunehmendem p_{i-l}, also zunehmendem Ladedruck, zu. Der Auslaßverlust nimmt mit abnehmendem Gegendruck, also z. B. nach Abb. 11 mit der Flughöhe, zu. Wie Untersuchungen gezeigt haben, ist der relative Auslaßverlust nahezu unabhängig von der Ladelufttemperatur.

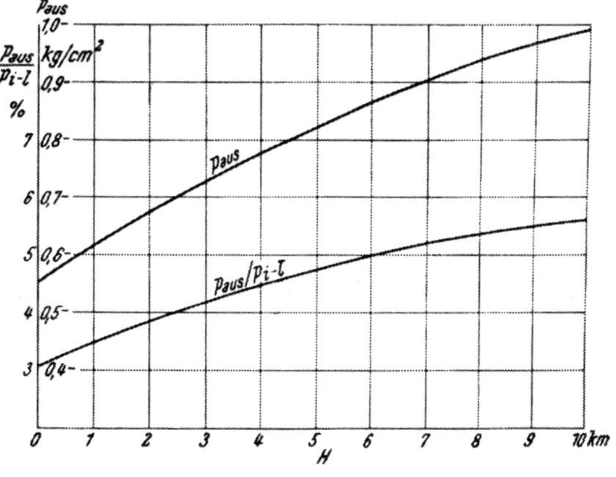

Abb. 11. Auslaßverlust p_{aus} und relativer Auslaßverlust p_{aus}/p_{i-l} in Abhängigkeit von der Flughöhe H. Flugmotor mit Benzineinspritzung.

Die Auslegung einer Auslaßsteuerung läßt sich demnach rechnerisch durchführen. Eine Nachprüfung einzelner berechneter Druckkurven durch sorgfältiges Indizieren ist empfehlenswert, wenn auch nicht unbedingt erforderlich. Es ist jedoch wichtig, die Rechnung durch sorgfältige Bestimmung der Durchflußkoeffizienten, am besten des Produktes ($\mu\sigma$) für die in Betracht kommenden Druckverhältnisse, auf sichere Grundlagen zu stellen.

Um mit der Rechnung beginnen zu können, müssen zunächst Annahmen gemacht werden, die dann auf Grund der Rechnungsergebnisse verändert werden, bis günstigste Verhältnisse erreicht sind. Dieser etwas langwierige Weg lohnt sich vor allem, wenn die allgemeinen Verhältnisse in bezug auf den Auslaß ungünstig liegen, daher bei Abweichungen von der optimalen Auslegung ein ins Gewicht fallender Auslaßverlust zu erwarten ist, wie z. B. bei Höhenmotoren, Schnelläufern mit hoher Aufladung und Schnelläufern im allgemeinen.

Für die erste Durchführung der Rechnung sind anzunehmen:

1. Mittlere Geschwindigkeit im Ventil w_{ma},
2. Öffnungsverlauf und Öffnungs- und Schlußzeiten.

Die mittlere Ventilgeschwindigkeit, bezogen auf den Sitzquerschnitt, ist:

$$w_{ma} = \left(\frac{D}{d}\right)^2 \cdot c_m, \tag{9}$$

worin D der Zylinderdurchmesser, d der Ventildurchmesser im Sitz und c_m die mittlere Kolbengeschwindigkeit ist. Maßgebend sind demnach das Durchmesserverhältnis $\frac{d}{D}$, das durch die Konstruktion bestimmt wird, und die mittlere Kolbengeschwindigkeit c_m.

Bei ausgeführten Motoren aller Arbeitsverfahren und Verwendungszwecke findet man Werte von w_{ma}, die meist zwischen 55—100 m/sek liegen, wobei die obere Grenze vor allem bei raschlaufenden Kraftwagenmotoren (Ottomotoren) und bei Flugmotoren erreicht wird.

Die Öffnungszeiten des Auspuffventils liegen im allgemeinen zwischen 40° und 80° KW v. u. T., wobei die größeren Werte Motoren mit Aufladung entsprechen. Der Abschluß des Ventils erfolgt im allgemeinen bei nichtaufgeladenen Maschinen 10° bis 35° KW n. o. T. Die für den Ventilabschluß bei Auflademaschinen maßgebenden Zusammenhänge werden im nächsten Abschnitt besprochen. Weitere Angaben über Ventilabmessungen und Erhebungskurven finden sich im Band 9.

d) Der Wärmeübergang während des Auspuffhubes.

Die während des Ausströmvorganges an die Zylinderwand übergehende Wärme läßt sich mit Gl. 84/I berechnen.

Der Ausdruck gilt nur für nicht oder nur sehr schwach gespülte Maschinen.

Die Ermittlung der Wärmemenge im Auspuff des Motors durch das Abgaskalorimeter ist eine Voraussetzung für eine genaue Rechnung, da die Messungen mit Thermometer in der Abgasleitung nicht den Mittelwert der Temperatur der Abgase ergeben. Die Wärmemenge Q_w in Gl. 84/I ist die bis zum Abgaskalorimeter an die Wände übergegangene Wärme. Die Wärmemenge, die im Abgaskanal des Zylinderkopfes an die Wand übergeht, ist in ihr daher enthalten. Bei genauen Untersuchungen ist es daher erforderlich, die im Abgaskanal nach dem Ventil übergehende Wärme durch Kühlung der Wände dieses Kanals mit dem Kühlwasserkreislauf des Abgaskalorimeters mitzumessen, um die im Verbrennungsraum und am Ventil während des Auspuffhubes übergehende Wärme, die vor allem interessiert, zu erhalten.

Drückt man $Q_{\ a}$ als Bruchteil der im Kraftstoff vom Gewicht B zugeführten Wärme aus, so erhält man die Verhältniszahl $\varphi_{wa} = \frac{Q_{wa}}{B \cdot H_u}$. Abb. 12 zeigt als Beispiel die während des Auspuffs übergegangene Wärme bei einem Wirbelkammerdieselmotor nach Versuchen des Verfassers. Die stündlich an die Wände übergehende Wärme steigt nach Abb. 13 mit der Drehzahl und mit dem Mitteldruck stark an. Sie trägt wesentlich zur Wärmebelastung der Wände bei. Bei eingehender Untersuchung von Steuerungsorganen ist der Einfluß der Ausbildung der Steuerung auf φ_{Wa} zu berücksichtigen. Im allgemeinen wird die Auslaßsteuerung um so günstiger sein, je kleiner φ_{Wa} ist, je günstiger, hinsichtlich der Wärmebelastung, daher die Abgasführung wird. Dabei ist von Bedeutung, wie sich die Wärmebeaufschlagung auf die Zylinderwände verteilt, ob sie vor allem Bauteile trifft, die an sich schon durch die Arbeitsvorgänge stark beheizt sind, wie z. B. den Kolben, oder sich vor allem auf gut kühlbare Wände verteilt. Maßgebend dafür ist vor allem das durch den Auslaß im Zylinder entstehende Strömungsfeld und die Lage der hohen Geschwindigkeit in demselben.

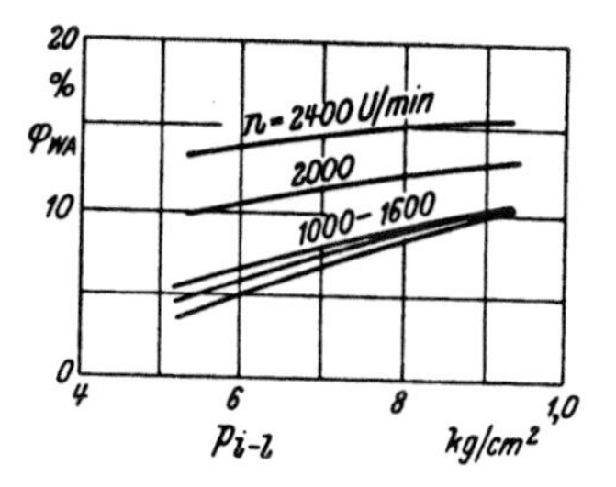

Abb. 12. Wärmeübergang während des Ausströmvorganges in einem Wirbelkammerdieselmotor.

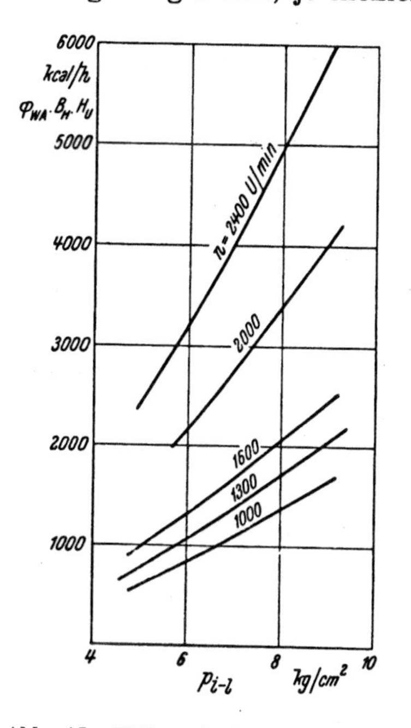

Abb. 13. Während des Ausströmvorganges je Stunde übergehende Wärme. Wirbelkammerdieselmotor.

2. Die Spülung.

a) Allgemeines.

Bei aufgeladenen Motoren benützt man die Druckdifferenz zwischen Frischladung und den Abgasen nach dem Zylinder meist zur Spülung des Verbrennungsraumes. Wie beim Zweitakt ist die Spülung stets mit einem Verlust an Frischladung verbunden. Sie kann daher nur dann ohne größere Kraftstoffverluste mit einer zur Reinigung des Zylinders von den Abgasen ausreichenden Ladungsmenge durchgeführt werden, wenn die Maschine mit innerer Gemischbildung arbeitet, die Frischladung demnach aus reiner Luft besteht.

Neben der Spülwirkung ist die Abfuhr von Wärme aus dem Verbrennungsraum durch die während der Spülung durchströmende Luft von Bedeutung. Dabei ist die abgeführte Wärmemenge zwar nicht sehr groß, sie wird aber den thermisch höchst beanspruchten Teilen, vor allem dem Auslaßventil und dem Kolben, entzogen.

Die starke Voreröffnung des Einlaßventils, welche die Spülung erfordert, hat den weiteren Vorteil, daß beim Beginn des Einlaßhubes der Zylinder schon auf annähernd Ladedruck aufgeladen ist und daß für das Nachströmen der Ladung während der rascheren Kolbenbewegung die Ventilquerschnitte schon weit eröffnet sind.

Zur Durchführung der Spülung wird das Auslaßventil spät nach dem oberen Totpunkt geschlossen, das Einlaßventil weit vor Totpunkt geöffnet. Während der dadurch gegebenen Überschneidung der Öffnungsdauer der Ventile ist das Einlaßsystem über den Zylinder mit dem Auslaßsystem verbunden. Durch den Überdruck im Einlaßsystem wird ein Spülstrom durch den Zylinder bewegt, der die Abgase zum Teil aus diesem verdrängt. Der Druck im Zylinder steigt während der Spülung von annähernd dem Druck im Auslaßsystem bis zu annähernd dem Ladedruck.

In bezug auf den Spülvorgang sind von Interesse die durchgehende Menge an Spülluft, der Abgasgehalt der Ladung, ihr Druck und ihre Temperatur am Ende der Spülung. Die Ermittlung dieser Größen ist durch die Rechnung und zum Teil durch den Versuch möglich.

b) Die rechnerische Behandlung des Spülvorganges. Schrittweise Berechnung.

α) Allgemeines. Bei der rechnerischen Behandlung des Spülvorganges geht man wie beim Zweitaktmotor vor. Durch die später besprochenen Versuche von Riedel [1] wurde nachgewiesen, daß die Spülkurven bei den untersuchten Ventilanordnungen in der Nähe der Kurve für Verdünnungsspülung verlaufen. Bei der Ermittlung des Spülerfolges kann nach Abschnitt A II, 2, b, *α*/II vorgegangen werden, der Druckverlauf ist nach Abschnitt B, II, 3/I zu ermitteln.

Es ist mit L für den Zustand vor dem Einlaßventil nach Gl. 59 d/I:

$$\frac{p_z''-p_z'}{p_z''}= \tag{10}$$

$$=\frac{\varkappa_a}{z''}\left[\frac{\tau_e\cdot w_e''}{180\,w_{me}}\cdot\frac{\tilde{p}_e''}{\tilde{p}_z''}\cdot\left(\frac{p_L}{\tilde{p}_e''}\right)^{\frac{\varkappa-1}{\varkappa}}\cdot(\mu\sigma)_e''\cdot\triangle\alpha-\frac{w_a''}{180\,w_{ma}}\cdot\left(\frac{\tilde{p}_a''}{\tilde{p}_z''}\right)^{\frac{1}{\varkappa_a}}\cdot(\mu\sigma)_a''\cdot\triangle\alpha\quad\triangle z\right].$$

Mit

$$\triangle V_e^* = \frac{1}{z''}\cdot\frac{\tau_e\, w_e''}{180\;w_{me}}\cdot\frac{\tilde{p}_e''}{\tilde{p}_z''}\cdot\left(\frac{p_L}{\tilde{p}_e''}\right)^{\frac{\varkappa-1}{\varkappa}}\cdot(\mu\sigma)_e''\cdot\triangle\alpha, \tag{11}$$

$$\triangle V_a^* = \frac{1}{z''}\cdot\frac{w_a''}{180\;w_{ma}}\cdot\left(\frac{\tilde{p}_a''}{\tilde{p}_z''}\right)^{\frac{1}{\varkappa_a}}\cdot(\mu\sigma)_a''\cdot\triangle\alpha \tag{12}$$

wird

$$\frac{p_z''-p_z'}{p_z''}=\varkappa_a\left(\triangle V_e^*-\triangle V_a^*-\frac{\triangle z}{z''}\right). \tag{13}$$

Die rechnerische Auswertung erfolgt am zweckmäßigsten nach den Ausführungen auf S. 58 und folg./I, wobei in die Ausdrücke an Stelle des Zeigers „s“ der Zeiger „L“ einzusetzen ist.

Der Spülgrad ist nach Abb. 152 und 153/II zu ermitteln.

Die Spülkurve muß durch Versuche bestimmt werden. Falls sie nicht bekannt ist, kann Verdünnungsspülung, demnach $\lambda_s = 1 - e^{-\Lambda_s}$, angenommen werden.

Die Zylindertemperatur erhält man nach S. 63/I aus

$$\frac{T_z''-T_z'}{T_z''}=\frac{\varkappa_a-1}{\varkappa_a}\cdot\frac{p_z''-p_z'}{p_z''}-\left(\frac{\tilde{T}_z''}{T_L}-\tau_e\right)\cdot\frac{\triangle V_e^*}{2}, \tag{14}$$

wenn der Wärmeübergang durch τ_e berücksichtigt wird.

Mit diesen Ausdrücken läßt sich nun der Spülvorgang rechnerisch verfolgen. Man erhält den Druck- und den Temperaturverlauf und den Verlauf des Spülgrades.

Die Spülluftmenge, d. i. die Luftmenge, die den Zylinder durchströmt, läßt sich auf folgende Weise ermitteln: Die bis zum Ende des Spülvorganges eingeströmte Menge ist

$$\Lambda_{L,\,sp} = \int \left(\frac{p_e}{p_L}\right)^{\frac{1}{\varkappa}} \cdot \frac{w \cdot (\mu\sigma)}{180\, w_m}\, d\alpha \sim \sum z'' \frac{p_z''}{p_L} \cdot \frac{1}{\tau_e} \cdot \triangle V_e^*. \tag{15}$$

Die im Zylinder verbleibende Luftmenge, bezogen auf den Zustand „L" vor den Einlaßventilen, entspricht, in auf den Hubraum bezogenen Größen gerechnet, dem am Ende der Spülung erreichten Liefergrad

$$\lambda_{l,\,sp} = \lambda_s \cdot \frac{p_{za}'}{p_L} \cdot \frac{T_L}{T_{za}'} \cdot z_a' \tag{16}$$

und der Restgasanteil λ_r im Zustand „L" vor den Einlaßventilen, wieder bezogen auf den Hubraum

$$\lambda_r = (1 - \lambda_s) \cdot \frac{p_{za}'}{p_L} \cdot \frac{T_L}{T_{za}'} \cdot z_a'. \tag{17}$$

Darin ist z_a' der verhältnismäßige Zylinderraum beim Abschluß des Auslaßventils, also am Ende der Spülung.

Man erhält die durch den Zylinder gehende Spülluftmenge:

$$\Lambda_{sp} = \Lambda_{L,\,sp} - \lambda_{l,\,sp}. \tag{18}$$

Der Verlauf des Spülvorganges und sein Erfolg sind durch diese Größen genau beschrieben.

β) Die Ermittlung der Rechnungsgrundlagen.

Für die im vorigen Abschnitt dargestellte Berechnung müssen die Spülkurve und die Durchflußzahlen durch die Ventile bekannt sein. Spülkurven von Viertaktbrennräumen wurden von W. Riedel [1] im Institut des Verfassers in Graz ermittelt. Bei diesen Untersuchungen wurde ein mit Kohlensäure gefülltes Modell eines Verbrennungsraumes durch Luft gespült und der Spülerfolg ermittelt. Der Kolben war während der Spülung in Ruhe, der Zylinderraum entsprach dem mittleren Raum während einer Ventilüberschneidung von 120° KW symmetrisch zum oberen Totpunkt.

Untersucht wurde eine Zweiventilanordnung, Ventile mit parallelen Achsen im ebenen Zylinderdeckel. Es ergab sich, daß der Spüldruck und die Einlaßkanalrichtung die Spülkurve etwas beeinflußt. Wie bei den untersuchten Zweitaktspülungen wird der Spülgrad mit zunehmendem Spüldruck etwas kleiner. In bezug auf die Lage des Einlaßkanals ist, wie zu erwarten, die Stellung des Einlaßkanals in Ebene der beiden Ventile ungünstiger als die Stellung senkrecht dazu, da im ersten Fall der Einlaßstrom in stärkerem Maße unmittelbar gegen das Auslaßventil gerichtet ist, was Kurzschlußspülung fördert.

Abb. 14 zeigt die wesentlichsten Ergebnisse der Untersuchungen von Riedel. Die eingezeichnete Kurve für Verdünnungsspülung läßt erkennen, daß die Spülungen ungünstiger sind als diese.

Untersuchungen über Vierventilanordnungen konnten aus Zeitmangel von Riedel nicht ausgeführt werden. Es ist anzunehmen, daß die Ergebnisse ähnlich sein werden wie bei den untersuchten Zweiventilanordnungen.

Bei Neukonstruktionen dürfte es sich empfehlen, die Spülkurve nach dem von Riedel angewendeten Verfahren zu bestimmen. Fehlt dazu die Möglichkeit, so können den Berechnungen die Kurven nach Abb. 14 zugrunde gelegt werden.

Im allgemeinen wird die Ventil- und Kanalanordnung durch die konstruktiven Verhältnisse des Motors soweit festgelegt sein, daß eine Berücksichtigung der Erfordernisse günstiger Spülwirkung nicht möglich sein wird. Es lohnt sich auch im allgemeinen nicht, wegen einer geringfügigen Leistungsverbesserung durch erhöhte

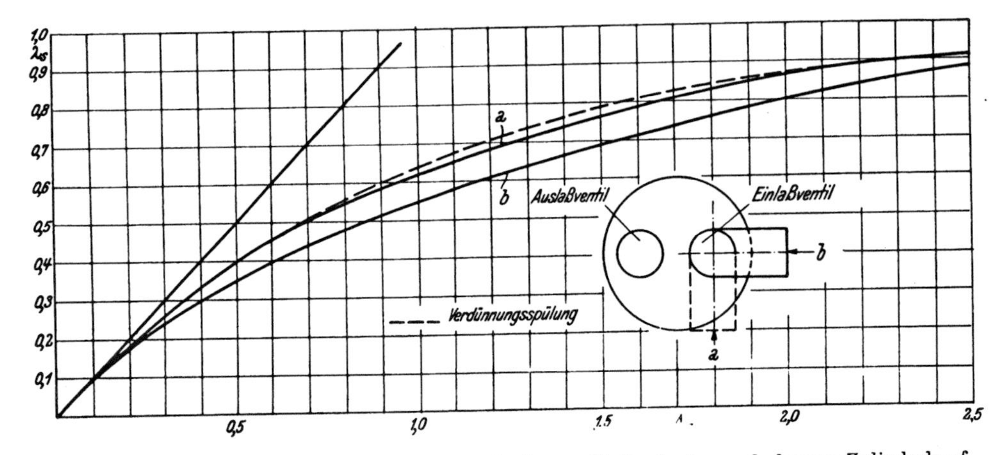

Abb. 14. Spülkurven eines Viertaktzylinders mit ebenem Kolbenboden und ebenem Zylinderkopf. Nach Riedel.

Spülwirkung wesentliche konstruktive Nachteile hinzunehmen. Es ist allerdings zu beachten, daß eine gute Spülwirkung im allgemeinen durch einen Strömungsverlauf im Zylinder erreicht wird, der auch eine gute Kolbenkühlung gibt, denn der Spülstrom muß zur Erreichung einer guten Spülwirkung gegen den Kolben abgelenkt werden.

γ) Beispiel: Durchrechnung eines Spülvorganges.

Nach dem oben angegebenen Rechnungsverfahren wird im folgenden der Spülvorgang eines Benzinflugmotors berechnet.

Der Rechnung werden folgende Annahmen zugrunde gelegt:

Die mittlere Geschwindigkeit in den Ventilen bei $n = 1700$ U/min:

$$w_{me} = 45{,}9 \text{ m/sek}, \qquad w_{ma} = 53{,}6 \text{ m/sek}.$$

Zustand der Luft vor dem Einlaßventil: $p_L = 2{,}0$ ata, $T_L = 392^\circ$ K.

Außendruck: 1 ata.

Verdichtungsverhältnis $\varepsilon = 7{,}5$.

Die Öffnungskurven der Ventile sind in Abb. 15 dargestellt.

Die wirksamen Eröffnungen ($\mu\sigma$) wurden mittels gemessener Durchflußzahl ermittelt und dazu die für ein mittleres unterkritisches Druckverhältnis geltenden μ-Werte benützt.

Der Zustand im Zylinder zu Beginn der Spülung ergibt sich durch punktweise Berechnung des Ausströmvorganges. Dieser wird im allgemeinen adiabatische Zustandsänderung im Zylinder zugrunde gelegt. Zweifellos sind die dadurch erhaltenen Temperaturen des Abgasrestes im Zylinder zu hoch, da dieser während des ganzen Ausdehnungs- und Verdichtungshubes unter dem kühlenden Einfluß der Zylinderwand steht.

Der Wärmeübergang wirkt sich auf den Druckverlauf nur geringfügig aus, weswegen er bei der Durchrechnung des Auslaßvorganges, bei dem es auf den Druckverlauf ankommt, außer Betracht bleiben kann. Beim Einlaßvorgang ist jedoch auch die Ladungstemperatur von Bedeutung.

Es empfiehlt sich daher, den Wärmeübergang wenigstens schätzungsweise zu berücksichtigen und die Ladungstemperatur zu Beginn der Spülung etwas tiefer anzunehmen, als man sie aus der Berechnung mit adiabatischer Zustandsänderung im Zylinder erhält.

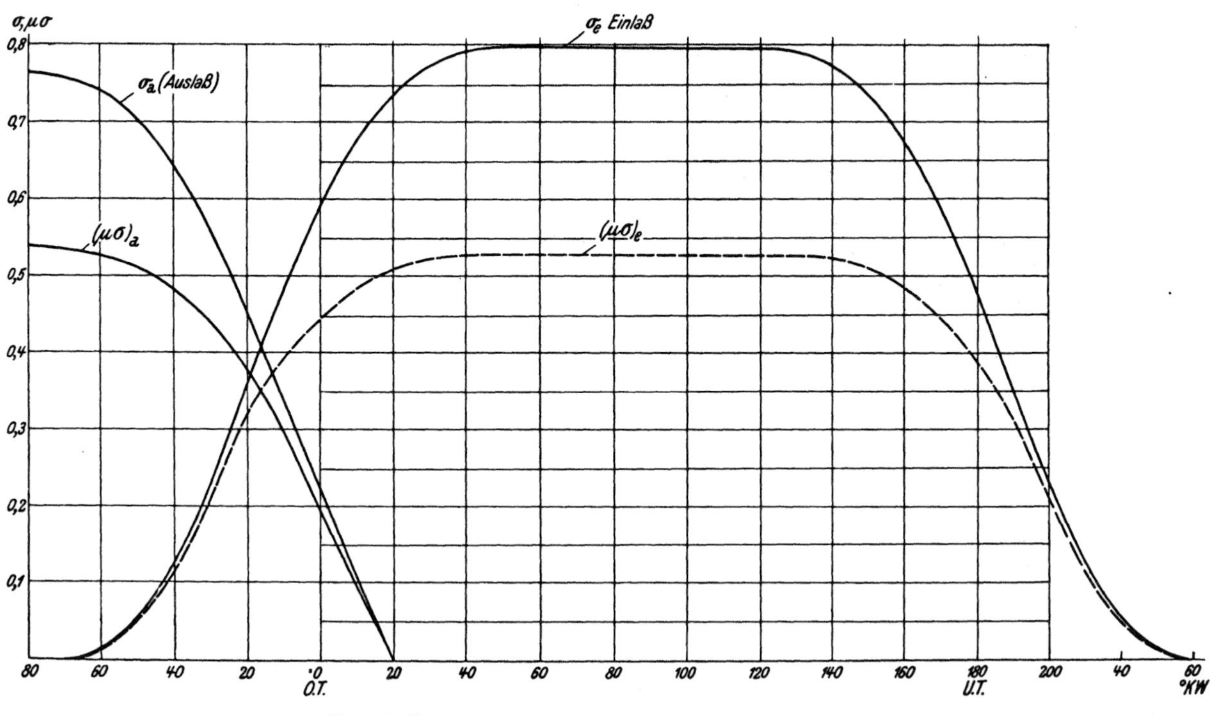

Abb. 15. Öffnungskurven der Ventile. Beispiel S. 14.

Der Zustand bei Beginn der Spülung ist im folgenden Fall:

$$p_z = 1{,}10 \text{ ata}, \qquad T_z = 1130^0 \text{ K}.$$

Der Ermittlung des Spülgrades λ_s wurde die Kurve b in Abb. 14 zugrunde gelegt. Es wurde weiter $\tau_e = 1{,}0$ angenommen. $\varkappa_a$ wurde entsprechend der Veränderung von Ladungszusammensetzung und Ladungstemperatur während der Spülung von 1,30 bis 1,40 verändert.

Der Gang der Rechnung wird im folgenden für das Intervall 0—10° KW n. o. T. beschrieben:

Aus Abb. 15 entnimmt man für die Mitte des Intervalls $(\mu\sigma)_e = 0{,}465$, $(\mu\sigma)_a = 0{,}14$. Für die Mitte des Intervalls ist $z'' = 0{,}156$. Die Zunahme des auf das Hubvolumen bezogenen Zylinderraumes ist nach Tabelle IV/I $\triangle z = 0{,}011$. Für den Beginn des Intervalls wurde aus der Rechnung $p_z' = 1{,}91$ ata, $T_z' = 454^0$ K, $\lambda_s = 0{,}78$ ermittelt.

Bei diesem Druck ist das Einströmen unterkritisch, das Ausströmen überkritisch. Man geht nun nach Abschnitt B II, 3, a/I vor. Im vorliegenden Fall, Ausströmen überkritisch, ist es zweckmäßig, nach Teil I mit Gl. 89 b/I zu rechnen und die dieser folgenden Ausführungen zu beachten. Man erhält für das Ende des Intervalls $p_z''' = 1{,}95$ ata. Die bezogenen Ein- und Austrittselemente sind nach Gl. 93/I

$$\triangle V_e^* = 0{,}312, \qquad \triangle V_a^* = 0{,}228.$$

Zur Ermittlung der Temperaturänderung im Zylinder benützt man Gl. 102 a/I und erhält mit $p_z'' = 1{,}93$ und $T_z^{\cdot\cdot} = 450^0$ (geschätzt):

$$\frac{T_z'' - T_z'}{T_z''} = \left[0{,}27 \cdot \frac{0.02}{1{,}93} - \frac{0{,}312}{2}\left(\frac{450}{392} - 1\right)\right] = -\,0{,}0206,$$

daher ist $T''_z = 446^0$ und am Ende des Intervalls

$$T'''_z = T'_z - 2\ (T'_z - T''_z) = 438^0\text{K}.$$

Den Spülgrad am Ende des Intervalls erhält man nach Abb. 153/II ($T_s = T_L$), indem man zu der $\lambda_s = 0{,}78$ am Beginn des Intervalls zugeordneten Ordinate in Abb. 14 (Kurve b) $0{,}228 \cdot \frac{446}{392} = 0{,}26$ hinzuzählt. Man erhält die Ordinate 0,83, hat noch

$$(0{,}312 - 0{,}228)\ .\ (1 - 0{,}83) \cdot \frac{446}{392} \sim 0{,}02$$ als Spülgraderhöhung durch die Aufladung hinzuzuzählen und erhält für das Ende des Intervalls $\lambda_s = 0{,}85$.

Die während des Intervalls einströmende Luftmenge, bezogen auf den Zustand „L" vor den Einlaßventilen, ist

$$\triangle \Lambda_{L,\,0-10} = \triangle V_e{}^* \cdot z'' \cdot \frac{p''_z}{p_L} = 0{,}312 \cdot 0{,}156 \cdot \frac{1{,}93}{2{,}00} = 0{,}047.$$

In dieser Weise wurde der Druck-, Temperatur- und Spülgradverlauf während des Spülvorganges zwischen 70^0 v. o. T. (Öffnen des Einlaßventils) und 20^0 n. o. T. (Schließen des Auslaßventils) gerechnet. Abb. 16 zeigt das Ergebnis.

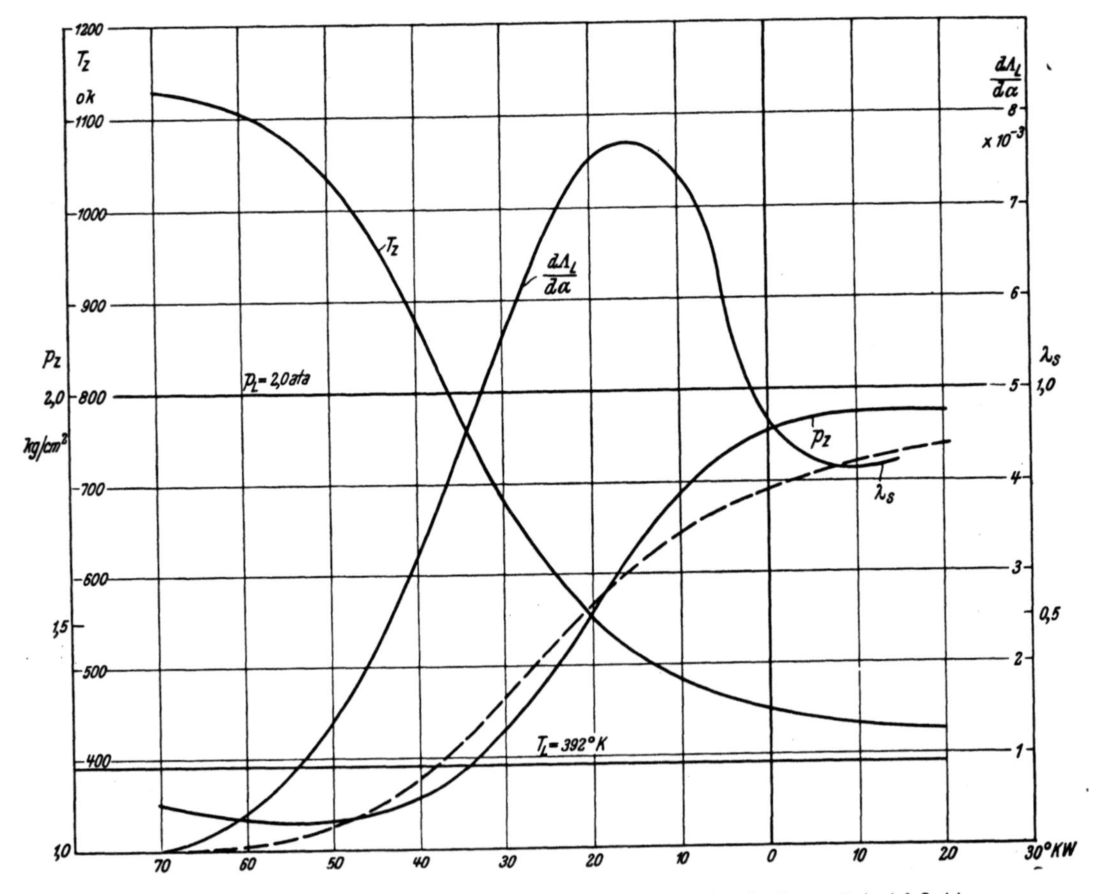

Abb. 16. Druck-, Temperatur- und Spülgradverlauf während der Spülung. Beispiel S. 14.

Aus der Rechnung lassen sich nun alle den Spülvorgang kennzeichnenden Größen ermitteln. Am Ende des Spülvorganges 20^0 KW n. o. T. ist $p_z = 1{,}95$ ata, $T_z = 426^0$ K, $\lambda_s = 0{,}875$ und $z''_a = 0{,}193$. Die während des Spülens einströmende Luftmenge ist nach Gl. 15 zu ermitteln und ist im vorliegenden Fall $\Lambda_{L.sp} = 0{,}37$.

Die nach der Spülung im Zylinder verbleibende Luftmenge ist als Teilliefergrad ausgedrückt nach Gl. 16: $\lambda_{l,sp} = 0{,}15$.

Die durch den Zylinder gehende Spülluftmenge Λ_{sp}, welche für die Verbrennung verloren geht, ist nach Gl. 18:

$$\Lambda_{sp} = \Lambda_{L,sp} - \lambda_{l,sp} = 0{,}37 - 0{,}15 = 0{,}22.$$

Die Restgasmenge, bezogen auf den Hubraum und Zustand vor dem Einlaßventil, ist:

$$\lambda_r = 0{,}15 \cdot \frac{0{,}125}{0{,}875} \sim 0{,}02.$$

Vor der Spülung beträgt das Abgasvolumen im Zylinder mit $z_{70^0} = 0{,}507$, wieder bezogen auf Zustand vor dem Einlaßventil,

$$\lambda_r = \frac{1{,}11}{2{,}00} \cdot \frac{392}{1100} \cdot 0{,}507 = 0{,}10.$$

Es wird daher das Abgasvolumen 0,08 (Hubbruchteile, Zustand vor dem Einlaßventil) durch die Spülung aus dem Zylinder entfernt.

Der rasche Druckanstieg, der nach Abb. 16 mit der größeren Eröffnung des Einlaßventils einsetzt, ist auf das Auffüllen des Zylinders mit Spülluft zurückzuführen. Das in Abb. 16 eingezeichnete Einströmgesetz $\frac{d\Lambda_L}{d\alpha} = f(\alpha)$ zeigt das Hineinstürzen der Spülluft in den Zylinderraum besonders ausgeprägt. Der Temperaturverlauf ist verursacht einerseits durch eine Temperatursteigerung infolge des Einströmens, andererseits durch eine Temperatursenkung infolge der Mischung mit der kühleren Ladeluft. Der Einfluß letzterer überwiegt.

Durch die starke Vorverlegung der Einlaßöffnung sind knapp nach Totpunkt nahezu die Endwerte von Druck, Temperatur und Spülgrad erreicht. Für den nachfolgenden Einströmvorgang, bei dem der Kolben die Ladung ansaugt, ist der Einlaßventilquerschnitt weit geöffnet, der Ladedruck im Zylinder nahezu erreicht, so daß nur mehr der jeweils vom Kolben freigegebene Raum aufgefüllt werden braucht. Die starke Vorverlegung der Spülung ist zur Erreichung eines guten Liefergrades günstig.

Wenn das Druckgefälle zwischen Ladedruck und Außendruck überkritisch ist, ist die durchgesetzte Menge vom Gegendruck nahezu unabhängig (eine kleine Abhängigkeit ergibt sich infolge des durch den Gegendruck beeinflußten Zustandes im Zylinder zu Beginn der Spülung). Die durchgesetzte Menge ist dann nur von der Spüllufttemperatur abhängig.

c) Näherungsverfahren.

Bei sehr großem Druckunterschied im Zylinder zwischen Anfang und Ende des Spülvorganges, also hoher Aufladung, gibt nur eine Rechnung nach dem oben angegebenen schrittweisen Verfahren Spülluftmenge und Spülgrad mit größerer Genauigkeit. Ist die Veränderung des Druckes im Zylinder während der Spülung verhältnismäßig klein und das Ende der Spülung (Abschluß des Auslaßventils) nicht sehr weit vom Totpunkt entfernt, so lassen sich auch mit dem folgenden Näherungsverfahren gut angenäherte Werte für den Spülverlust berechnen:

Denkt man sich den Kolben während der Spülung im oberen Totpunkt festgehalten, so läßt sich das für Zweitaktspülungen entwickelte Näherungsverfahren anwenden. Man erhält für den Luftaufwand während der Spülung aus den Entwicklungen im Abschnitt A II 1 b α 1/II

$$\Lambda_{L,\,sp} = \frac{1}{180\,w_{me}} \cdot \psi \cdot \sqrt{R \cdot T_L} \cdot \mu_r \int \sigma_r \cdot d\,\alpha. \tag{19}$$

Darin ist das Integral auf der rechten Seite sinngemäß nach Gl. 23/II

$$\mu_r \int \sigma_r\, d\,\alpha = \int \frac{\mu_e \cdot \sigma_e\, d\,\alpha}{\sqrt{\left(\frac{p_o}{p_z}\right)^{\frac{2}{\varkappa}} + \frac{T_{Le}}{T_z} \cdot \left(\frac{p_L}{p_z}\right)^{2\frac{\varkappa-1}{\varkappa}} \cdot \left(\frac{w_{ma}}{w_{me}}\right)^2 \cdot \left(\frac{\sigma_e\,\mu_e}{\sigma_a\,\mu_a}\right)^2}}. \tag{20}$$

Man kann für T_z, p_z Mittelwerte einsetzen oder — im allgemeinen genauer — diese Werte nach einem geschätzten Temperatur- und Druckverlauf annehmen. In Annäherung können die Quotienten der Zustandsglieder unter der Klammer 1 gesetzt werden. Für eine gegebene Steuerung ist $\mu_r \int \sigma_r d\alpha$ annähernd dem Quadrat des Überschneidungswinkels der Ventileröffnungen verhältig.

Das spülende Volumen wird

$$V_e = \Lambda_{L,\,sp}\, \frac{p_L}{p_{zm}} \cdot \frac{1}{z_o} \cdot \frac{1}{\tau_e}. \tag{21}$$

Für p_{zm} kann das arithmetische Mittel zwischen dem Druck zu Beginn der Spülung und dem Ladedruck angenommen werden. z_0 entspricht dem Volumen des Zylinders im Totpunkt.

Man ermittelt den Spülgrad λ_s' aus Abb. 14 und erhält die im Zylinder verbliebene Ladung als Teilliefergrad $\lambda_{l,sp}$ im Zustand p_L, T_L

$$\lambda_{l,\,sp} = \lambda'_s \cdot \frac{1}{\varepsilon - 1} \cdot \frac{p_{zm}}{p_L} \cdot \left(\frac{p'_{za}}{p_{zm}}\right)^{\frac{1}{\varkappa}}, \tag{22}$$

wenn am Ende der Spülung der Druck p'_{za} erreicht wird.

Bei gut gespülten Motoren kann ohne große Fehler mit $\lambda_s' = 1{,}0$ gerechnet werden.

Damit wird mit überschlägiger Berücksichtigung des Temperatureinflusses

annähernd $\lambda_{l,\,sp} = \left(0{,}92 \div 0{,}95\right) \cdot \frac{1}{\varepsilon - 1}.$ (23)

Bei dem Verfahren wird die Kolbenbewegung während der Spülung vernachlässigt, der dadurch bewirkte Fehler wird um so größer, je weiter die Spülperiode sich in den Einsaughub ausdehnt.

Der Grad der Übereinstimmung zwischen den Ergebnissen des Näherungs- und des schrittweisen Verfahrens ist aus folgendem Beispiel ersichtlich:

Beispiel: Durchrechnung eines Spülvorganges nach dem Näherungsverfahren.

Der Motor, dessen Spülung auf Seite 14 nach dem genauen Verfahren durchgerechnet wurde, werde mit dem niederen Aufladedruck von 1,4 ata mit einer Drehzahl von 2000 U/min betrieben.

Der Zustand der Ladeluft ist:

$$p_L = 1{,}4 \text{ ata}, \qquad T_L = 335^0\,K.$$

Der Zustand im Zylinder beim Öffnen des Einlaßventils, also bei Beginn der Spülung, sei:

$$p_z = 1{,}09 \text{ ata}, \qquad T_z = 760^0 \text{ K}.$$

Den Öffnungsverlauf der Ventile erhält man aus Abb. 15.

Die Durchflußzahlen des Einlaßventils enthält Abb. 17, für das Auslaßventil wurde die unterste Kurve in Abb. 3 der Rechnung zugrunde gelegt.

Druck- und Temperaturverlauf wurden zunächst zwischen den Anfangswerten und den geschätzten Endwerten (1,39 ata und 360⁰ K) linear veränderlich angenommen.

Damit wurde das Integral

$\mu_r \int \sigma_r \, d\alpha = 12{,}1$ Hubteile ⁰KW

ermittelt. Abb. 18 zeigt den Verlauf von $\mu_r \sigma_r$.

Nun erhält man mit $w_{m\vartheta} = 54{,}0$ m/sek, $p_{zm} = 1{,}245$ ata und $\tau_e = 1{,}0$ aus Gl. 19:

$$\Lambda_{L.sp} = \frac{1}{180 \cdot 54{,}0} \cdot 1{,}95 \cdot \sqrt{29{,}27 \cdot 335} \cdot 12{,}1 = \underline{0{,}24}.$$

Das spülende Volumen wird mit $\varepsilon = 7{,}5$ aus Gl. 21:

$$V_e = 0{,}24 \cdot \frac{1{,}4}{1{,}245} \cdot \frac{1}{0{,}15} = 1{,}80.$$

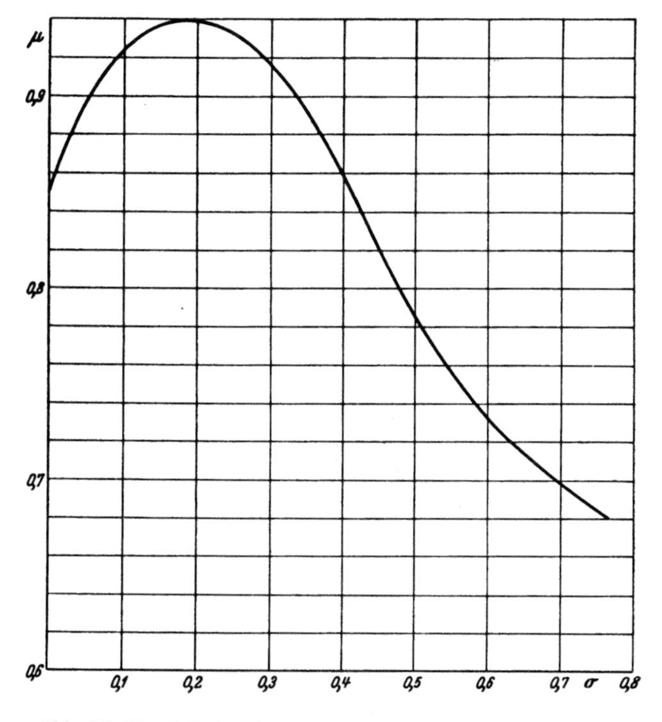

Abb. 17. Durchflußzahlen eines Einlaßventils. Beispiel S. 18.

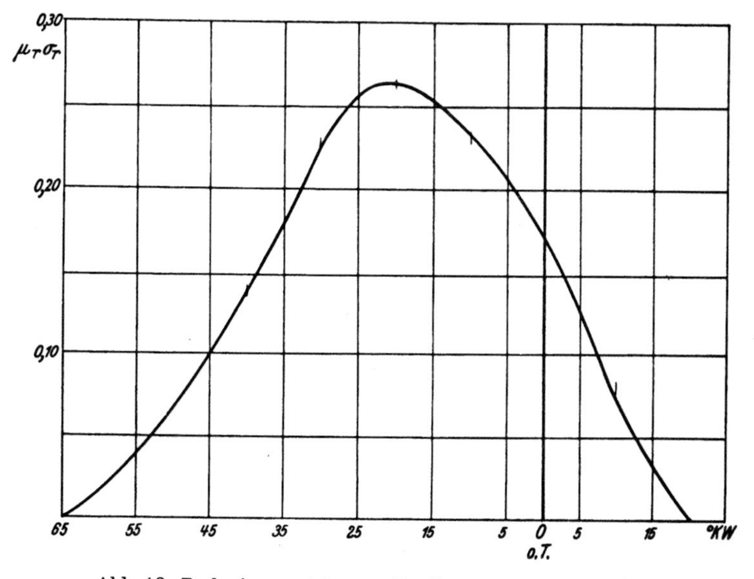

Abb. 18. Reduzierte wirksame Eröffnungen. Beispiel S. 18.

Weiter ist nach Gl. 22, wenn λ_s' aus Abb. 14 (Kurve b) entnommen und $p_{za}' =$ $= 1{,}35$ kg/cm² geschätzt wird,

$$\lambda_{l,\,sp} = 0{,}76 \cdot 0{,}15 \cdot \frac{1{,}245}{1{,}40} \cdot \left(\frac{1{,}35}{1{,}245}\right)^{\frac{1}{\varkappa}} = 0{,}11$$

und der Spülverlust $\qquad \Lambda_{sp} = \Lambda_{L,\,sp} - \lambda_{l,\,sp} = \underline{0{,}13.}$

Rechnet man Druck-, Temperatur- und Spülgradverlauf nach dem früher angegebenen, genaueren schrittweisen Verfahren, so ergibt sich:

$$\Lambda_{L,\,sp} = 0{,}24, \qquad \lambda_{l,\,sp} = 0{,}13,$$

was sehr gut mit den Ergebnissen des Näherungsverfahrens übereinstimmt.

Der nach dem genauen Verfahren ermittelte Druck- und Temperaturverlauf ergibt folgenden Endzustand beim Abschluß des Auslaßventils

$$p_{za}' = \underline{1{,}362} \text{ ata}, \; T_{za}' = \underline{399^0 \text{ K}} \text{ und } \lambda_s = \underline{0{,}83.}$$

Der Spülluftverlust ist $\Lambda_{sp} = 0{,}11$.

Der Zeitaufwand für das Näherungsverfahren ist wesentlich geringer als der für das genaue Verfahren.

d) Die experimentelle Ermittlung des Spülerfolges und des Spülluftaufwandes.

Ebenso wie beim Zweitakt läßt sich der Liefergrad und der Spülgrad am genauesten durch Entnahme des ganzen Zylinderinhaltes ermitteln.

Die auf S. 83/II beschriebene und in Abb. 114/II dargestellte Einrichtung ist beim Viertakt allerdings nicht anwendbar. Das Verfahren kann für den Viertakt in folgender Weise abgeändert werden:

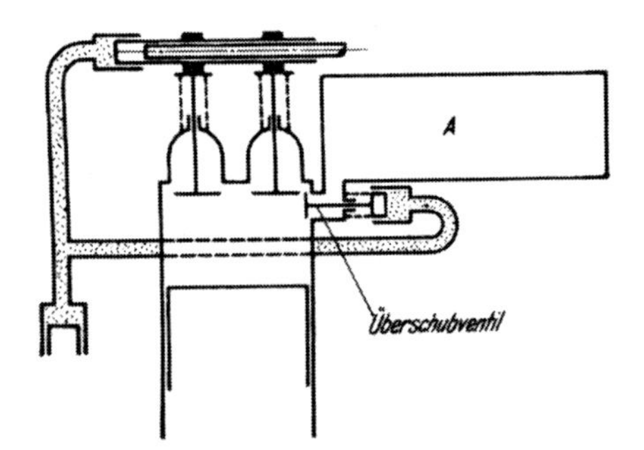

Abb. 19. Schema einer Einrichtung zur Bestimmung des Liefergrades und des Spülgrades von Viertaktmaschinen.

Der Zylinder ist nach Abb. 19 durch ein zu Beginn der Verdichtung einmalig einschaltbares Ventil mit einem Behälter verbunden und bleibt dann offen. Gleichzeitig werden z. B. durch Verschieben der Nockenwelle die Einlaß- und Auslaßventile außer Funktion gesetzt. Die erforderlichen Schaltungen lassen sich z. B. hydraulisch auch bei hohen Drehzahlen ohne Schwierigkeiten ausführen. Der Motor wird nach Einschalten des Überschubventils so rasch wie möglich stillgesetzt. Nun wird durch Flüssigkeit das im Zylinder und im Behälter A, Abb. 19, befindliche Gas verdrängt und gemessen. Nach Abzug der im Behälter vor der Entnahme befindlichen Menge, die sich aus Druck und Temperatur bestimmen läßt, erhält man die Gesamtladung und kann durch Analyse den Gehalt an Abgasen und an Frischluft bestimmen.

3. Der Einströmvorgang.

a) Allgemeines.

Der Einströmvorgang beeinflußt Leistung und Verbrauch des Motors in zweifacher Hinsicht: Durch die Frischladungsmenge, die während des Einströmens in den Zylinder gelangt, und durch den Arbeitsaufwand, der für das Einströmen vom Kolben aufgewendet werden muß.

Das Frischladungsvolumen, das während Spülung und Einströmen in den Zylinder gelangt, im Zustand vor dem Einlaßventil als Bruchteil des Hubraumes ausgedrückt, gibt den Liefergrad λ_l.

Für die Auslegung der Einlaßsteuerung ist das Streben nach hohen Liefergraden im allgemeinen bestimmend. Die Innenleistung des Motors wird annähernd dem Liefergrad verhältig. Von geringem Einfluß auf die Leistung ist der im allgemeinen kleine Verlust infolge des Arbeitsaufwandes für das Einströmen. Nach Abb. 20 liegt die Drucklinie im Zylinder während des Einströmens unter dem Außendruck bei selbstansaugenden oder dem Druck vor den Einlaßventilen bei aufgeladenen Maschinen. Der in Abbildung 20 schraffierte Flächenstreifen entspricht dem Einströmverlust, der durch Drosselung des eintretenden Gasstromes in den Kanälen und im Ventil entsteht. Da die Arbeit in Wärme verwandelt wird, welche die eintretende Ladung erhitzt, entsteht durch die Drosselung im allgemeinen auch dann indirekt ein Verlust an Liefergrad, wenn der Druck am Ende des Einsaugens bis annähernd zum Druck vor den Ventilen ansteigt.

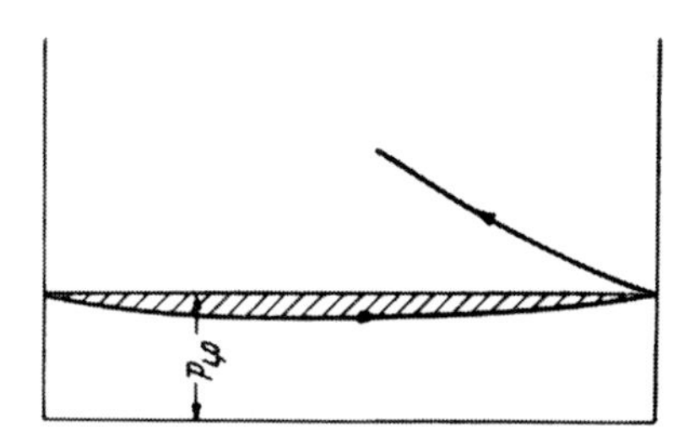

Abb. 20. Druckverlauf im Zylinder während des Einströmens.

Bei der Untersuchung des Einströmvorganges sind im allgemeinen der Liefergrad und die Bedingungen für den Erhalt günstiger Werte für diesen zu ermitteln.

b) Die rechnerische Behandlung des Einströmvorganges.

Der Druck- und Temperaturverlauf und die einströmende Luftmenge können wieder schrittweise berechnet werden. Man benutzt die auf Seite 33/I und folgende angegebenen Ausdrücke.

Nach dem Verfahren von Reyl ist der Druckverlauf mit Gl. 70/I zu ermitteln. Der Temperaturverlauf kann mit Gl. 66/I oder 65 a/I berechnet werden.

Den Liefergrad erhält man aus Gl. 68/I. Der Ausdruck im Integralzeichen von Gl. 68/I über α aufgetragen, gibt das Einströmgesetz $\frac{d\Lambda_L}{d\alpha} = f(\alpha)$. Der Liefergrad läßt sich auch aus dem Endzustand ermitteln, wenn λ_r bekannt ist. Ist z_e' das verhältnismäßige Zylindervolumen beim Abschluß des Einlaßventils, so ist

$$\lambda_l + \lambda_r = z_e' \cdot \frac{T_{L,o}}{T_{ze}'} \cdot \frac{p_{ze}'}{p_{L,o}}. \tag{24}$$

Bei selbstansaugender Maschine ist $\lambda_r = z_a' \cdot \frac{T_o}{T_{za}'} \cdot \frac{p_{za}'}{p_o}$. (25)

T_{za}', p_{za}' ergeben sich durch Schätzung oder durch schrittweise Berechnung des Ausströmvorganges.

Bei Auflademaschinen ist λ_r und $\lambda_{l,sp}$ bei Beginn des reinen Einströmens (Abschluß des Auslaßventils) nach den Ausführungen des vorigen Abschnittes ermittelbar. Man hat dann zu dem Liefergradanteil, der während des Einströmens in den Zylinder gelangt, noch $\lambda_{l,sp}$ zu addieren, um den Liefergrad zu ermitteln.

Wird vor Abschluß des Einlaßventils $p_z > p_{L,o}$, so ist die Berechnung mit dem Ausdruck für das Ausströmen, abgestimmt auf das Einlaßventil, weiterzuführen. Dafür gilt nach Seite 49/I im unterkritischen Bereich, der vor allem in Betracht kommt,

$$\frac{p_z''-p_z'}{p_z''} = -\frac{\varkappa}{z''}\left[\frac{w_e''}{180\, w_{me}}\cdot\left(\frac{p_{L,o}}{p_z''}\right)^{\frac{1}{\varkappa}}\cdot(\mu\sigma)_e''\cdot\frac{\Delta\alpha}{2}+\frac{\Delta z}{2}\right]. \tag{26}$$

Die rückgeschobene Menge ist dann

$$\Lambda_{\text{rück}} = \int\frac{w_e}{180\, w_{me}}\cdot\frac{T_{L,o}}{T_z}\cdot(\mu\sigma)_e\left(\frac{p_z}{p_{L,o}}\right)^{\frac{\varkappa-1}{\varkappa}}\cdot d\,\alpha. \tag{27}$$

Eine exakte Berücksichtigung der Wirkung des Rückschiebens gibt folgende Zusammenhänge:

Bei selbstansaugenden Maschinen wird die rückgeschobene Ladung dem Einlaßventil vorgelagert. Der durch das Rückschieben aus dem Zylinder gedrängte Teil des Abgasrestes wird beim nächsten Einströmvorgang wieder angesaugt. Daher wird der bei der Verdichtung im Zylinder befindliche Abgasrest λ_r durch das Rückschieben nicht geändert.

Der Liefergradverlust ist mit $\Lambda_{\text{rück}}$ als verhältnismäßige rückgeschobene Ladungsmenge (Außenzustand, Bruchteil des Hubraumes):

$$\lambda_{l,\,\text{rück}} = \Lambda_{\text{rück}}. \tag{28}$$

Bei Auflademaschinen mit Spülung ist der vom Lader zu fördernde Luftaufwand gleich der maximalen, in den Zylinder strömenden Menge Λ_{max}, vermindert um die rückströmende Menge:

$$\Lambda_L = \Lambda_{max} - \Lambda_{\text{rück}}. \tag{29}$$

Zum Unterschied gegenüber der selbstansaugenden Maschine wird jedoch λ_s durch das Rückschieben geringfügig beeinflußt.

Der Einfluß des Rückschiebens auf λ_s ist jedoch im allgemeinen unterhalb der Genauigkeit, die bei der Ermittlung von λ_s überhaupt erwartet werden kann, so daß er nicht berücksichtigt zu werden braucht. Ebenso kann auch der Einfluß des Rückschiebens auf die Temperatur der dem Zylinder vorgelagerten Ladung vernachlässigt werden.

In den obigen Ausdrücken für das Einströmen ist bei versuchsmäßig ermittelten μ_e und μ_a als einzige unbekannte Größe τ_e enthalten. Die Bestimmung von τ_e ist im folgenden Abschnitt angegeben.

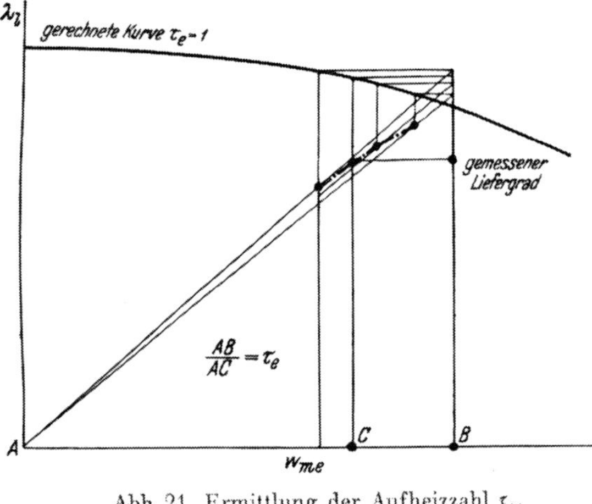

Abb. 21. Ermittlung der Aufheizzahl τ_e.

Wenn gemessene Liefergrade vorliegen, läßt sich τ_e auf folgende Weise bestimmen: Man rechnet zunächst die Liefergradkurve für $\tau_e = 1{,}0$. Nach Seite 45/I entspricht der Liefergrad bei der Aufheizzahl τ_e dem mit $\frac{1}{\tau_e}$ multiplizierten Liefergrad bei der Drehzahl $\frac{w_m}{\tau_e}$.

Ermittelt man nun nach Abb. 21 die dort strichpunktiert gezeichnete Kurve der Liefergrade bei verschiedenen Werten von τ_e und der gegebenen Drehzahl, so erhält man sehr einfach den Wert von τ_e für den gemessenen Liefergrad. Diese Ermittlung gilt nur für Einströmvorgänge ohne oder mit nur geringem Rückströmen. Man wird τ_e im allgemeinen über einem größeren Drehzahlbereich konstant annehmen können, kann also nach Ermittlung von τ_e die Liefergradkurve in einem größeren Bereich beiderseits des Meßpunktes zeichnen.

Der Liefergrad hängt vom Druck und der Temperatur der Ladung am Ende des Einströmens ab. Der erreichte Enddruck ist im wesentlichen von den Querschnittverhältnissen der Steuerung abhängig, in geringerem Maße auch von der Temperatur und der Aufheizzahl τ_e.

Die Ladungstemperatur am Beginn der Verdichtung wird durch drei Vorgänge beeinflußt:

1. Durch die Wärmezufuhr infolge der Verwirbelung der kinetischen Energie des eintretenden Stromes (Wirbelheizung).
2. Durch die Wärmezufuhr von den Wänden des Zylinders (Wandheizung).
3. Durch den Wärmetausch mit dem im Zylinder befindlichen Abgasrest (Abgasrestheizung).

Aus Abschnitt B II, 1, c/I erhält man nach einigen Änderungen der Ausdrücke und Einführung gleicher spezifischer Wärmen für Luft- und Abgasrest

$$T_z'' - T_{L,o} = \left(\frac{\varkappa - 1}{\lambda_g''}\right) \cdot T_{L,o} \left[(\lambda_g'' - \lambda_g') - \int_{z'}^{z''} \frac{p_z\,dz}{p_{L,o}}\right] \text{ Wirbelheizung, } \triangle t_{wirb}$$

$$+ \frac{\lambda_g'}{\lambda_g''} \cdot (T_z' - T_{L,o}) \text{ Abgasrestheizung, } \triangle t_{rest} \tag{30}$$

$$+ \frac{T_{L,o}}{\lambda_g''}\left[(\varkappa - 1) \cdot \int_{z'}^{z''} \frac{p_z}{p_{L,o}}\,dz + \left(\frac{p_z''}{p_{L,o}} z'' - \frac{p_z'}{p_{L,o}} z'\right) - \varkappa\,(\lambda_g'' - \lambda_g')\right] \text{ Wandheizung, } \triangle t_{wand.}$$

Darin sind λ_g' und λ_g'' die Gesamtladungen im Zylinder zu Beginn und am Ende des Einströmens.

Aus den gemessenen Liefergraden, dem Abgasrest, dem Druckverlauf und der Temperatur des Abgasrestes läßt sich die Temperatursteigerung der Ladung gegenüber dem Außenzustand bzw. dem Zustand vor den Einlaßventilen ermitteln. Dieser Ausdruck gilt für reines Einströmen. Bei selbstansaugenden Motoren mit geringer Ventilüberschneidung ist $\lambda_g' = \lambda_r$ der Ladungsrest beim Beginn des Einströmens. Es ist weiter $\lambda_g'' - \lambda_g' = \lambda_l$.

Für Auflademaschinen mit Spülung ist für $\lambda_g' = \lambda_r + \lambda_{l\,sp}$ die Gesamtladung am Ende der Spülung einzusetzen und

$$\lambda_g'' = \lambda_r + \lambda_l$$

die Gesamtladung am Ende des Einströmens.

Für selbstansaugende Maschinen ist T_0, p_0, für Auflademaschinen T_L, p_L zu nehmen.

Der Ausdruck gibt einen Einblick in die Größe der einzelnen auf die Temperatur wirkenden Einflüsse. In bezug auf den Liefergrad ist hervorzuheben, daß die Beheizung durch den Abgasrest den Liefergrad bei gleichen spez. Wärmen von Abgas und Frischladung **nicht** herabsetzt, da die Ausdehnung der Frischladung durch eine entsprechende Zusammenziehung des Abgasrestes in bezug auf den Liefergrad ausgeglichen wird. Hingegen setzt die Wärmezufuhr durch Wirbelung und die aus der Wand den Liefergrad herab. Voraussetzungen für die Ermittlung der Temperatureinflüsse nach obigen Beziehungen sind genaue Liefergradmessungen und eine genaue Indizierung des Druckverlaufes beim Einströmen. Die Bestimmung des Wärmeübergangsgliedes von systematisch variierten Einströmvorgängen kann zur Aufdeckung allgemeiner Gesetze über den Wärmeübergang während des Einströmens benutzt werden. Diese Gesetze sind sehr wenig erforscht, ihre Bestimmung würde Grundlagen für die Vorausberechnung des Liefergrades geben.

c) Grundsätzliche Zusammenhänge zwischen Liefergrad und Ventilöffnungsgesetz.

Bei der selbstansaugenden Maschine öffnet das Einlaßventil im allgemeinen etwa 0°—40° vor oberem Totpunkt. Durch die Voreröffnung soll trotz der langsamen Ventilbewegung zu Beginn des Hubes im Gebiet der größten Kolbengeschwindigkeiten bereits genügend Einströmquerschnitt freigelegt werden, um stärkere Drosselungen des Einlaßstromes zu vermeiden. Das Auslaßventil schließt etwa 0° — 30° nach dem unteren Totpunkt und soll dadurch bis zum Ende des Auslaßhubes genügend Querschnitt freigeben, um das vom Kolben verdrängte Volumen ohne wesentlichen Druckanstieg im Zylinder abströmen zu lassen. Im allgemeinen überschneiden sich daher die Öffnungszeiten der Ventile auch bei den selbstansaugenden Motoren. Durch die dynamische Wirkung der Abgassäule kann dadurch unter Umständen eine schwache Spülung des Brennraumes bewirkt werden, die nennenswerte Liefergradverbesserung allerdings nur bei längeren, abgestimmten Auspuffrohren und entsprechend abgestimmter Überschneidung der Ventile gibt.

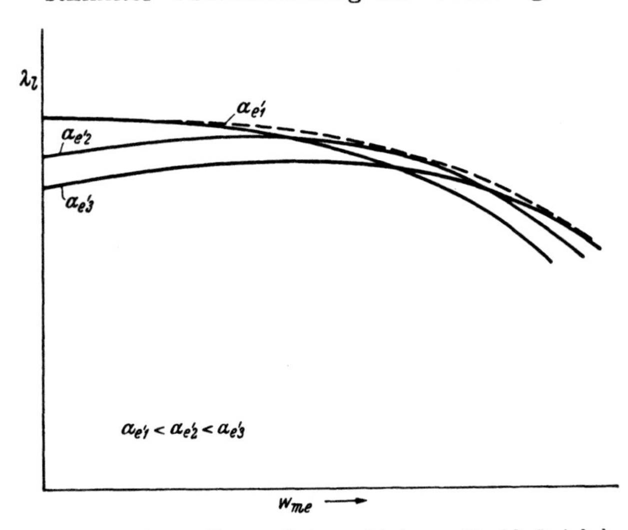

Abb. 22. Liefergradkurven bei verschiedenen Abschlußwinkeln α_e' des Einlaßventils nach u. T.

Eine Eröffnung des Einlaßventils nach dem o. T. wird bei Saugrohraufladung manchmal zur Vergrößerung der Saugarbeit im Zylinder und damit der Aufladewirkung ausgeführt. Die diesbezüglichen Zusammenhänge werden im Abschnitt über die Aufladung durch abgestimmte Saugrohre besprochen.

Bei Mehrzylindermotoren mit gemeinsamem Saugrohr ist bei der Wahl der Ventileröffnung, wie später ausgeführt wird, die gegenseitige Beeinflussung der Zylinder zu berücksichtigen.

Bei Auflademaschinen mit innerer Gemischbildung wird, wie im Abschnitt über Spülung erwähnt, eine starke Voreröffnung des Ventils zur Erzielung guter Spülwirkung benützt.

Wesentlichen Einfluß auf die Liefergradkennlinie hat der Abschluß des Einlaßventils. Der Abschluß liegt meist zwischen 20° und 60° nach unterem Totpunkt, kann aber in besonderem Falle bis zu 90° n. u. T. hinausgezogen werden. Trägt man sich Liefergradkennlinien für verschiedenen Abschluß des Einlaßventils auf, so erhält man eine Kurvenschar nach Abb. 22. Die Kurvenschar wird von der strichlierten Kurve umhüllt, welche von den Kurven mit den für die jeweilige Drehzahl günstigsten Schlußzeiten berührt wird. Es gibt demnach für jede Drehzahl eine hinsichtlich des Liefergrades günstigste Schlußzeit des Einlaßventils. Die Liefergradkurven haben ein Maximum, das dadurch gebildet wird, daß der Kolben bei Abschluß des Ventils nach dem unteren Totpunkt bei niederen Drehzahlen einen Teil der Ladung wieder zurückschiebt. Das Maximum liegt bei um so höheren Drehzahlen, je später der Ventilschluß erfolgt.

Da die Liefergradkennlinie die Drehmomentkennlinie des Motors wesentlich beeinflußt, kann letztere durch eine geeignete Wahl des Ventilschlusses innerhalb bestimmter Grenzen nach gegebenen Forderungen gestaltet werden.

Abb. 23 zeigt den grundsätzlichen Verlauf der Liefergradkurve bis in das Gebiet sehr hoher mittlerer Gasgeschwindigkeiten. Der Wendepunkt ist dadurch gegeben, daß bei sehr hohen Werten von w_{me} das Einströmen im wesentlichen überkritisch erfolgt und daher die einströmende Menge nahezu unabhängig von der Drehzahl ist. Das bedingt einen hyperbelähnlichen Verlauf der Liefergradkurve im Bereich sehr hoher mittlerer Gasgeschwindigkeiten. Das über dem Wendepunkt hinausliegende Stück hat im allgemeinen keine Bedeutung.

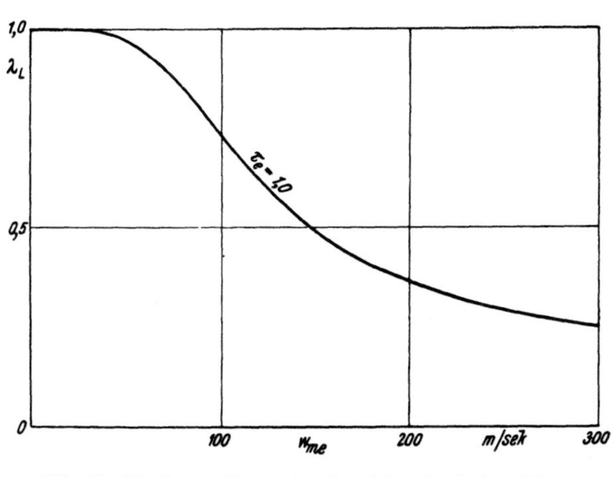

Abb. 23. Liefergradkurve im Bereich sehr hoher Werte von w_{me}.

In bezug auf das Eröffnungsgesetz ist zu betonen, daß im allgemeinen eine möglichst rasche Eröffnung und ein rascher Ventilabschluß mit Rücksicht auf den Liefergrad erwünscht ist. Diese Forderung hat um so mehr Bedeutung, je größer die mittlere Gasgeschwindigkeit in den Ventilen ist. Sie kann wegen der kinetischen und dynamischen Verhältnisse des Ventilantriebes nur in beschränktem Maße verwirklicht werden.

Zur Herabsetzung der mittleren Gasgeschwindigkeit im Ventil wird bei hohen mittleren Kolbengeschwindigkeiten der Einlaßquerschnitt so groß gemacht, als dies konstruktiv ausführbar ist. Eine Vergrößerung des Ventildurchmessers über 0,45 bis 0,50, höchstens 0,51 des Zylinderdurchmessers ist bei hängenden Ventilen, die heute bei Hochleistungsmotoren ausschließlich in Betracht kommen, im allgemeinen nicht ausführbar.

Man erreicht damit ein

$$\beta = \frac{\frac{d^2 \pi}{4}}{\frac{D^2 \pi}{4}} = 0{,}201 \text{ bis } 0{,}25, \text{ höchstens } 0{,}26.$$

(d = Ventilsitzdurchmesser)
(D = Kolbendurchmesser)

Bei der Ausführung von zwei Einlaßventilen kann d bis höchstens 0,38 D ausgeführt werden, was einem

$$\beta \text{ bis höchstens } 0{,}29$$

entspricht.

Eine über zwei hinausgehende Zahl von Einlaßventilen bietet im allgemeinen keine Vorteile mehr.

Die mittlere Gasgeschwindigkeit w_{me} liegt im allgemeinen zwischen 40 und 80 m/sek.

Durch die Drosselung im Einlaßventil liegt die Einsauglinie unter dem Außendruck bzw. dem Ladedruck. Bezeichnet man mit p_{ein} den mittleren Unterdruck gegenüber dem Druck vor dem Ventil, so ist durch p_{ein} die Saugarbeit gekennzeichnet. Die Saugarbeit ist bei richtig bemessenen Querschnitten im allgemeinen klein und daher innerhalb der Einzelverluste meist von geringer Bedeutung.

Eine starke Vergrößerung der Saugarbeit tritt beim Drosseln des Motors, der gewollten Verkleinerung des Liefergrades zum Zweck der Regelung, auf. Die Saugarbeit beeinflußt dann die Energiebilanz des Motors und damit Leistung und Verbrauch wesentlich.

Um den zur Verfügung stehenden Raum richtig auf Ein- und Auslaßquerschnitte zu verteilen, ermittelt man mehrere Ventilanordnungen und Abmessungen mit abgestuften Ventildurchmessern. Aus Leistungsberechnungen unter Berücksichtigung des Liefergrades und des Ein- und Ausströmverlustes können dann die günstigsten Verhältnisse ermittelt werden.

Im allgemeinen wird es zweckmäßig sein, dem Einlaß etwas größere Querschnitte zu geben als dem Auslaß.

d) Beispiel: Durchrechnung eines Einströmvorganges.

Die Durchrechnung des Spülvorganges für den Motor im Beispiel auf Seite 14 ergab die Zustände am Ende der Spülung im Zylinder, die eingeströmte Luftmenge

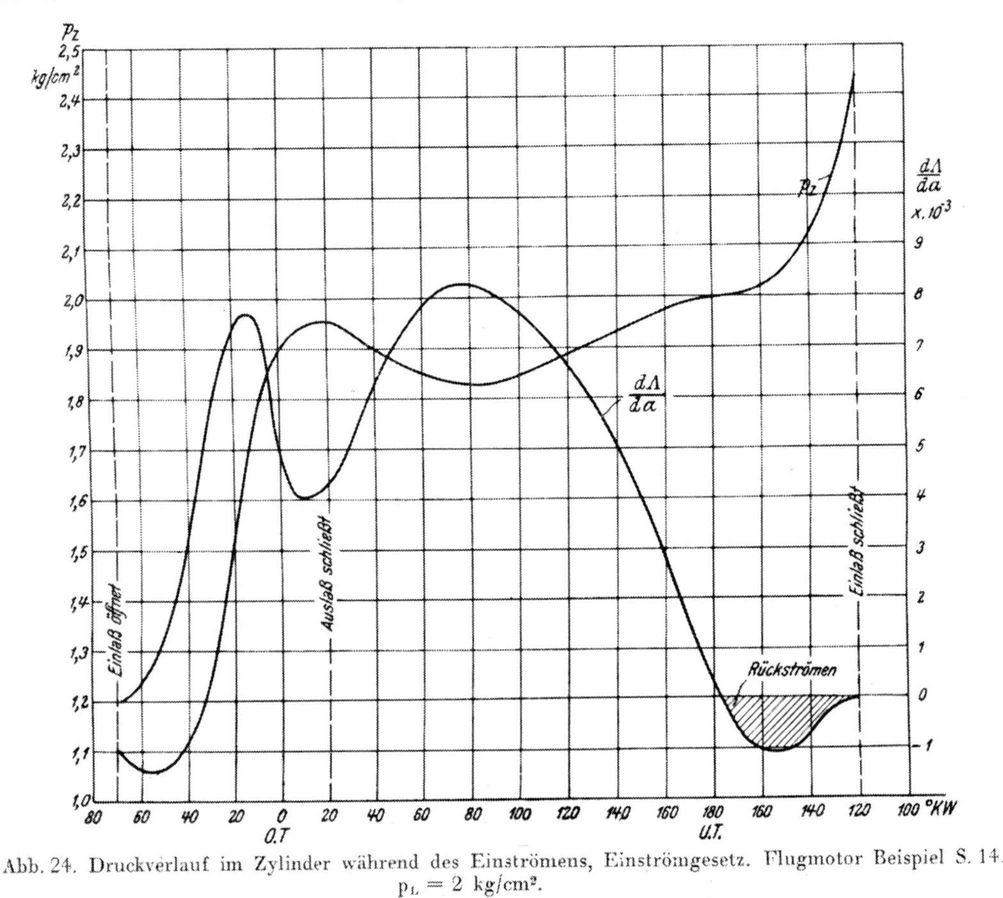

Abb. 24. Druckverlauf im Zylinder während des Einströmens, Einströmgesetz. Flugmotor Beispiel S. 14. $p_L = 2$ kg/cm².

$\Lambda_{L,sp}$, den im Zylinder verbliebenen Ladungsteil $\lambda_{l,sp}$ und den Restgehalt λ_r der Zylinderladung.

Setzt man die Rechnung nun von diesen Größen ausgehend fort, so ergibt sich mit dem schrittweisen Verfahren unter Anwendung der auf Seite 22 angeführten Gleichungen mit $\tau_{a} = 1{,}0$ ein Druckverlauf nach Abb. 24. Der Zylinderdruck erreicht den Ladungsdruck knapp nach unterem Totpunkt, dann steigt er darüber und es setzt ein Rückschieben ein, das bis zum Abschluß des Einlaßventils 60° n. u. Totpunkt andauert.

Die großen Querschnitte, die durch den späten Ventilschluß bis zum Totpunkt offen bleiben, werden durch einen Ladungsverlust erkauft, der mit steigender Drehzahl abnimmt. Wie schon auf Seite 24 angeführt, hat die Liefergradkurve durch den Ventilabschluß nach dem unteren Totpunkt ihr Maximum bei einer Drehzahl $n > 0$. Für jede Drehzahl erreicht der Liefergrad und damit die Leistung bei einem bestimmten Ventilabschluß den Höchstwert.

Die in die Saugleitung rückgeschobene Menge ist im vorliegenden Fall 3,0%.

Die Summe aus dem Ladungsaufwand während des Spülens und dem Ladungsaufwand während des reinen Einströmens ist

$$\Lambda_{max} = 0{,}37 + 0{,}94 = \underline{1{,}31}.$$

Daraus ergibt sich der vom Lader zu fördernde Luftaufwand

$$\Lambda_L = 1{,}31 - 0{,}03 = \underline{1{,}28}.$$

Der Liefergrad ist gleich dem Liefergrad am Ende der Spülung, vermehrt um die während des reinen Einströmens in den Zylinder gelangende Menge abzüglich der rückgeschobenen Menge. Er ist

$$\lambda_l = 0{,}15 + 0{,}94 - 0{,}03 = 1{,}06.$$

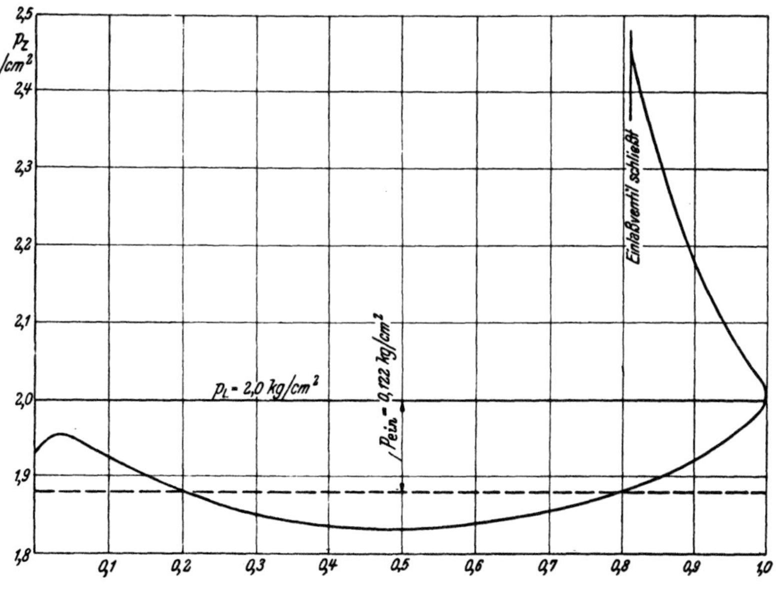

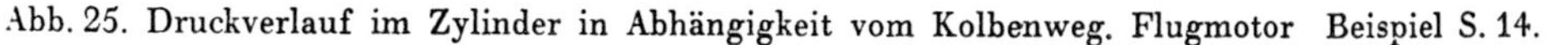

Abb. 25. Druckverlauf im Zylinder in Abhängigkeit vom Kolbenweg. Flugmotor Beispiel S. 14.

Die Gesamtladung λ_g ist

$$\lambda_g = \lambda_l + \lambda_r = \underline{1{,}08}$$

und der Spülgrad am Ende des Einsaugens:

$$\lambda_s \sim 0{,}98.$$

Der Einströmvorgang ist damit vollständig bestimmt.

Abb. 24 zeigt das Einströmgesetz $\frac{d\Lambda}{d\alpha} = f(\alpha)$ von Einström- und Spülvorgang.

Der Druckverlauf in Abhängigkeit vom Kolbenweg nach Abb. 25 gibt den mittleren Unterdruck p_{ein} und damit den Einströmverlust.

Man erhält

$$p_{ein} = 0{,}122 \text{ kg/cm}^2.$$

Die vorliegenden Berechnungen sind mit $\tau_e = 1{,}0$ durchgeführt worden. Um den für den gegebenen Fall geltenden Wert von τ_e zu finden, hat man den Luftaufwand für mehrere in der Nähe liegende Drehzahlen zu rechnen, die Luftaufwandkurve zu zeichnen und nun τ_e wie auf Seite 22 angegeben so zu ermitteln, daß die Kurve durch die Meßwerte geht. Voraussetzung für die Bestimmung von τ_e ist also eine Messung des Luftaufwandes.

Die Ermittlung von τ_e auf Grund von Luftaufwandmessungen werde an dem folgenden Beispiel gezeigt:

Wird der Motor des vorigen Beispiels unter etwas anderen Bedingungen bei $n = 2600$ U/min betrieben, so ergibt die Rechnung

$$\Lambda_L = 1{,}207, \quad \lambda_l = 1{,}07, \quad \lambda_g = 1{,}08 \text{ und } p_{ein} = 0{,}171 \text{ kg/cm}^2.$$

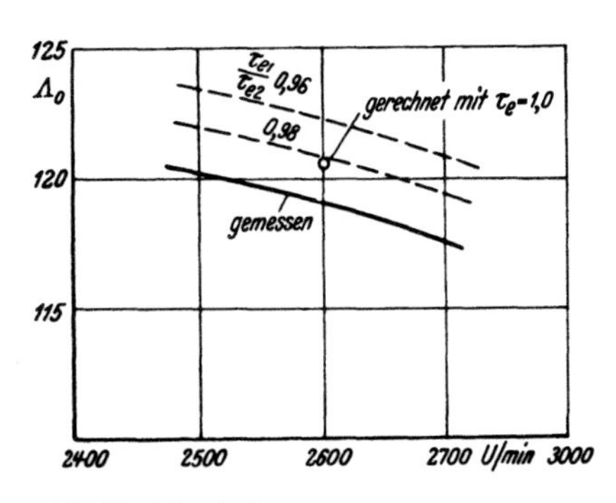

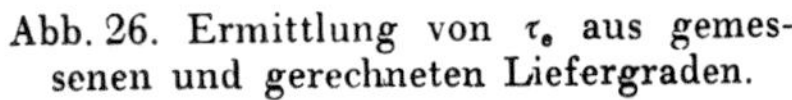
Abb. 26. Ermittlung von τ_e aus gemessenen und gerechneten Liefergraden.

Gemessen wurde die Luftaufwandkurve nach Abb. 26.

Die zugehörigen Kurven für $\frac{\tau_{e1}}{\tau_{e2}} = 0{,}98$ und 0,96 sind in Abb. 26 eingezeichnet. Der für $\tau_e = 1{,}0$ gerechnete Punkt liegt auf der Kurve für $\frac{\tau_{e1}}{\tau_{e2}} = 0{,}98$.

Daher ist $\tau_e = \frac{1}{0{,}98} = \underline{\underline{1{,}02.}}$

Der Liefergrad verringert sich in annähernd gleichem Verhältnis wie der Luftaufwand. Er ist daher im Anschluß an den Meßwert

$$\Lambda_L = 1{,}19, \quad \lambda_l = 1{,}06, \quad \lambda_g = 1{,}07, \quad \Lambda_{sp} = 0{,}14.$$

Der Einströmverlust p_{ein} entspricht dem für $\tau_e = 1{,}0$ bei einer um 2% kleineren Drehzahl, da der Druckverlauf für $\tau_e = 1{,}02$ bei $n = 2600$ U/min gleich dem für $\tau_e = 1{,}0$ bei $n = 2600 \,.\, 0{,}98$ U/min ist. Da der Unterdruck annähernd dem Quadrat der Drehzahl verhältig ist, wird

$$p_{ein} = 0{,}171 \;.\; 0{,}96 = 0{,}164 \text{ kg/cm}^2.$$

Diese Werte sind demnach der Leistungs- und Verbrauchsrechnung zugrunde zu legen.

Die Zahlenwerte dieses Beispiels, dem ein Verdichtungsverhältnis $\varepsilon = 7{,}0$, $p_L = 1{,}5$ ata, $T_L = 423^0$ K zugrunde liegt, werden nun dazu benützt, um durch Anwendung der früher mitgeteilten Ausdrücke zu zeigen, wie sich die temperatursteigernden Einflüsse auf die Ladung, wie: Umsetzung der kinetischen Energie in Wärme, Beheizung der Ladung durch den Abgasrest und durch die Wand größenmäßig auswirken.

Man erhält durch Anwendung der Ausdrücke auf das reine Einströmen (Ende Spülung bis Beginn des Rückschiebens):

1. Wirbelheizung.

$$\triangle t_{wirb} = \frac{1}{\lambda_g''} (\varkappa - 1) \cdot T_L \left[(\lambda_g'' - \lambda_g') - \int \frac{p_z}{p_L} \, d z \right].$$

Nun ist
$$\lambda_g'' = 1{,}108, \quad \lambda_g' = 0{,}168, \quad \int_{z'}^{z''} p_z\, dz \sim (p_L - p_{ein}),$$
daher mit $z'' = 1{,}167$ und $z' = 0{,}193$ (Ende der Spülung)
$$\triangle t_{wirb} = \frac{1}{1{,}108} \cdot 0{,}4 \cdot 423 \cdot \left[0{,}94 - \frac{1{,}336}{1{,}5}\right] = \underline{8^0.}$$

2. Beheizung durch Abgasrest.

Dabei ist die Auswirkung der Spülung dadurch berücksichtigt, daß an Stelle des Abgasrestes die Ladung am Ende der Spülung mit ihrer Temperatur eingesetzt wird
$$\triangle t_{rest} = \frac{\lambda_g'}{\lambda_g''} (T_z' - T_L)$$
also
$$\triangle t_{rest} = \frac{0{,}168}{1{,}108} (470—423) = \underline{7^0.}$$

3. Beheizung durch die Wand.
$$\triangle t_{wand} = \frac{T_L}{\lambda_g''} \left[(\varkappa - 1) \int_{z'}^{z''} \frac{p_z}{p_L} d\, z + \left(\frac{p_z''}{p_L} z'' - \frac{p_z'}{p_L} z' \right) - \varkappa\, (\lambda_g'' - \lambda_g') \right],$$
damit wird
$$\triangle t_{wand} = \frac{423}{1{,}108} \left[0{,}4 \cdot 0{,}890 + \left(\frac{1{,}5}{1{,}5} \cdot 1{,}167 - \frac{1{,}45}{1{,}50} \cdot 0{,}193 \right) - 1{,}4 \cdot 0{,}94 \right] = \underline{8^0.}$$

Damit ergibt sich eine Endtemperatur am Ende des Einströmens, vor dem Rückschieben von
$$423 + 8 + 7 + 8 = \underline{446^0\,\mathrm{K}.}$$

Die Temperaturerhöhungen infolge der drei verschiedenen Ursachen sind im vorliegenden Fall annähernd gleich groß. Der Wandeinfluß ist an sich verhältnismäßig klein. Das dürfte auf den großen Hubraum und die dadurch zurücktretende Oberflächenwirkung und auf die Kühlung der an der Oberfläche liegenden Wandschicht durch die Spülluft zurückzuführen sein.

e) Liefergrad und Außenzustand, bzw. Zustand vor den Einlaßventilen.

Von einer Veränderung des Außendruckes, bzw. bei Auflademotoren des Druckes vor den Einlaßventilen, wird der Liefergrad nicht beeinflußt, wenn sich auch der Druck im Zylinder zu Beginn des Einsaugens im gleichen Verhältnis ändert. Da das Gasgewicht beim Einsaugen dem Druck verhältig ist, wird bei gleichem Innenwirkungsgrad, der im allgemeinen angenommen werden kann, die Innenleistung dem Druck p_0 bzw. p_L verhältig.

Er ist daher das Verhältnis der mittleren Innendrücke ohne Ladungswechselarbeit:
$$\frac{p_{i-l,1}}{p_{i-l,2}} = \frac{p_{o1}}{p_{o2}} \text{ oder } \frac{p_{L1}}{p_{L2}}, \tag{31}$$
wenn mit 1, 2 die verschiedenen Außenzustände, bzw. Zustände vor dem Einlaßventil, bezeichnet werden und die Temperatur gleich bleibt.

Weniger einfach ist die Abhängigkeit von der A u ß e n t e m p e r a t u r, bzw. der Temperatur der Ladung vor den Einlaßventilen. Die Differentialgleichung für den Einsaugevorgang enthält die Gruppe
$$\frac{\tau_e \sqrt{T_{L.o}}}{w_{me}}.$$

Daraus ergibt sich, daß der Liefergrad bei gleichbleibendem τ_e gleich bleibt, wenn die Gruppe $\frac{\sqrt{T_{L,o}}}{w_{me}}$ gleiche Größe hat. Ermittelt man sich für eine Temperatur $T_{L,o,1}$ die Liefergradkennlinie, so läßt sich daraus der Liefergrad für eine andere Temperatur leicht bestimmen. Der Liefergrad für $T_{L,o,2}$ bei gleicher Drehzahl entspricht dem Liefergrad bei der Temperatur $T_{L,o,1}$ und der mittleren Gasgeschwindigkeit:

$$(w_{me}) = w_{me} \cdot \sqrt{\frac{T_{L,o,1}}{T_{L,o,2}}}.$$

Ersetzt man die Liefergradkurve bei kleinen Temperaturänderungen durch eine allgemeine Hyperbel

$$\lambda_{l} \cdot w_{me}^{x} = \text{const},$$

so ergibt sich

$$\frac{\lambda_{l,2}}{\lambda_{l,1}} = \left[\frac{w_{me}}{(w_{me})}\right]^{x} \text{ oder } \frac{\lambda_{l,2}}{\lambda_{l,1}} = \left(\frac{T_{L,o,1}}{T_{L,o,2}}\right)^{\frac{x}{2}}. \tag{32}$$

Das in den Zylinder tretende Gasgewicht ist bei gleichen Drücken

$$\frac{G_2}{G_1} = \frac{\lambda_{l,2}}{\lambda_{l,1}} \cdot \frac{T_{L,o,1}}{T_{L,o,2}}, \text{ daher ist } \frac{G_2}{G_1} = \left(\frac{T_{L,o,1}}{T_{L,o,2}}\right)^{1-\frac{x}{2}}. \tag{33}$$

Vernachlässigt man den Einfluß der Temperatur auf den Innenwirkungsgrad, der ja im allgemeinen gering ist, so wird

$$\frac{p_{i-l,2}}{p_{i-l,1}} = \left(\frac{T_{L,o,1}}{T_{L,o,2}}\right)^{y}, \qquad y = 1 - \frac{x}{2}. \tag{34}$$

Da bei der allgemeinen Hyperbel

$$\frac{d\lambda_l}{d w_m} = -x \cdot \frac{\lambda_l}{w_m}$$

ist, erhält man x aus der in Abb. 27 dargestellten Konstruktion. Man erkennt, daß die Größe des Temperatureinflusses von der Lage des Punktes auf der Liefergradkurve abhängt. Im flachen Verlauf ist $y \sim 1$, je steiler die Kurve nach abwärts biegt,

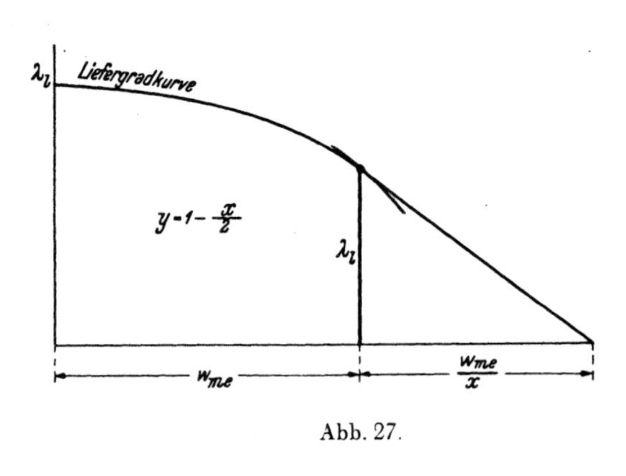

Abb. 27.

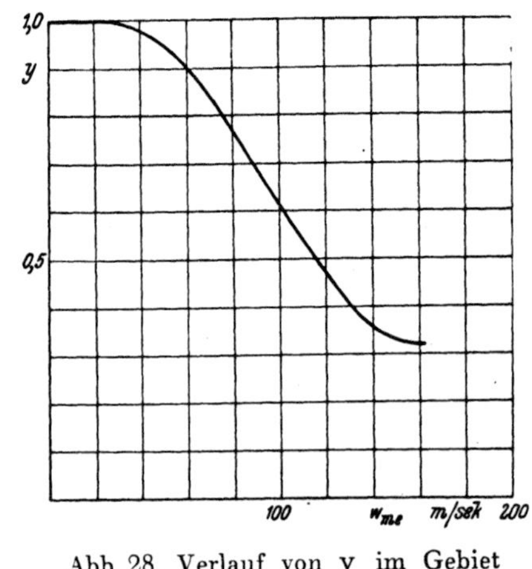

Abb. 28. Verlauf von y im Gebiet großer Werte von w_{me}.

desto kleiner wird y. Es läßt sich zu jeder Liefergradkurve eine entsprechende y-Kurve zeichnen, die den Temperatureinfluß für die einzelnen Werte der mittleren Gasgeschwindigkeit angibt. Abb. 28 zeigt den grundsätzlichen Verlauf der Kurve $y = f(w_m)$ entsprechend Abb. 23.

Vergleicht man mit diesem Ergebnis die Formeln, die für den Temperatureinfluß aufgestellt wurden, so findet man, daß der vielfach für den Temperatureinfluß gebrauchte Ausdruck

$$\frac{N_{i2}}{N_{i1}} = \left(\frac{T_{L,o,1}}{T_{L,o,2}}\right)^{y} \tag{35}$$

der oben abgeleiteten Beziehung entspricht. Für y wurde bei Versuchen (0,5) — 0,75 — (0,9) gefunden.

Die großen Werte entsprechen kleinen mittleren Gasgeschwindigkeiten, also dem flachen Teil der Liefergradkurve, die kleinen Werte großen mittleren Gasgeschwindigkeiten, also dem steilen Teil der Liefergradkurve. Bei Vergasermotoren ist auch die Drosselung im Vergaser zu berücksichtigen, so daß in diesem Fall y kleiner sein wird, als es der mittleren Gasgeschwindigkeit in den Ventilen entspricht.

Vielfach setzt man bei Vergasermotoren $y = 0{,}5$.

Zusammenfassend besteht demnach zwischen den Innenleistungen bei zwei Außenzuständen, bzw. Zuständen vor dem Einlaßventil bei aufgeladenen Motoren, die Beziehung:

$$\frac{N_{i2}}{N_{i1}} = \frac{p_{L,o2}}{p_{L,o1}} \left(\frac{T_{L,o,1}}{T_{L,o,2}}\right)^{y}. \tag{36}$$

Die meisten der üblichen Formeln zur Umrechnung der bei einem Außenzustand gemessenen Leistung auf die Leistung, die bei einem anderen Außenzustand erwartet werden kann, fußen auf dem oben angegebenen Ansatz.

Bei gleichzeitiger Veränderung von τ_{e1}, $T_{L,o,1}$ auf τ_{e2}, $T_{L,o,2}$ ist auf der Liefergradkurve für τ_{e1} und $T_{L,o,1}$ der Wert (λ_{12}) für die mittlere Gasgeschwindigkeit

$$(w_{me}) = w_{me} \cdot \frac{\tau_{e1}}{\tau_{e2}} \sqrt{\frac{T_{L,o,1}}{T_{L,o,2}}} \tag{37}$$

aufzusuchen und mit $\frac{\tau_{e1}}{\tau_{e2}}$ zu multiplizieren. Es ist demnach

$$\lambda_{12} = \frac{\tau_{e1}}{\tau_{e2}} \cdot (\lambda_{12}). \tag{38}$$

Da τ_e von der Temperatur $T_{L,o}$ abhängt, wäre bei einer genauen Erfassung des Temperatureinflusses auch die Veränderung von τ_e zu berücksichtigen. Wie später gezeigt wird, ist der Einfluß von $T_{L,o}$ auf τ_e innerhalb des im allgemeinen in Betracht kommenden Bereiches der Temperaturänderungen klein und kann daher bei der Ermittlung des Temperatureinflusses auf die Leistung vernachlässigt werden. Bei empirisch bestimmtem y der Gl. 36 ist der Temperatureinfluß auf τ_e mitberücksichtigt.

f) Die Aufheizzahl τ_e.

Für die schrittweise Berechnung des Druckverlaufes beim Einströmen und des Liefergrades müssen die Durchflußzahlen und die Aufheizzahl τ_e gegeben sein.

Während die experimentelle Ermittlung von μ einfach ist und ohne weiteres an Modellen vorgenommen werden kann, ist τ_e nur durch den Versuch am laufenden Motor mit umständlichen Meßverfahren bestimmbar.

Für die Vorausberechnung von Liefergraden stehen Versuchswerte von τ_e im allgemeinen nicht zur Verfügung. Einen Anhalt für die Wahl des τ_e geben Untersuchungen über den Wärmeübergang in der Verbrennungskraftmaschine.

Der Wärmeübergang hängt wesentlich vom Strömungsverlauf im Zylinder ab. Dieser ist durch die Anordnung der Ventile, die Ausbildung des Verbrennungsraumes, durch das Hubverhältnis und das Verhältnis von Einström- zum Zylinderquerschnitt bestimmt. Der im Mittel mit 50—80 m/sek und darüber eintretende Luftstrom zerteilt sich beim Eintritt und wird durch die Wände und den sich wesentlich langsamer bewegenden Kolben abgelenkt bzw. zurückgeworfen. Der Einströmvorgang beim Viertakt ist demnach wesentlich verwickelter als z. B. die Strömung in Rohren auch im allgemeinen verwickelter als normale Zweitaktströmungen. Es kann daher nicht erwartet werden, den Wärmeübergang mit allgemeinen Ansätzen quantitativ genau zu erfassen. Man wird sich begnügen müssen, den Wärmeübergang durch Formeln größenordnungsmäßig festzustellen und seine Abhängigkeit in groben Zügen auszudrücken. Es ist bei dem heutigen Stand der Erkenntnis auf diesem Gebiet weder gerechtfertigt, rechnerisch in Einzelheiten des Vorganges einzudringen, noch große Genauigkeit auf die Zahlenrechnung zu verwenden.

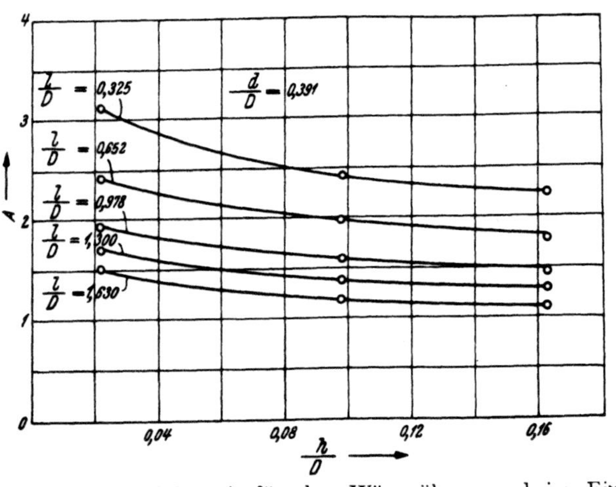

Abb. 29. Wert A für den Wärmeübergang beim Einströmen. Nach Stambuleanu.

Niedermayer [2] erfaßte den Wärmeübergang während der Spülung von Zweitaktmotoren mit gutem Erfolg durch einen Ansatz für die Wärmeübergangszahl von Nusselt und Jürges [3] über den Wärmeübergang an Platten.

Die Wärmeübergangszahl ist damit:

$$\alpha = 1{,}0\, w^{0,78} \sqrt[3]{p^2 T} \sim 1{,}0\, w^{0,75} \sqrt{p^2 T}. \tag{39}$$

Es ist naheliegend, diesen Ansatz für den Viertakt zu benützen. Zur Vereinfachung setzt man: $p = p_{L,o}$, $T = T_{L,o}$ und $w = w_{m,e}$. Ist Q die während des Einsaughubes übergehende Wärmemenge, G das einströmende Luftgewicht, so wird annähernd

$$\tau_e - 1 = \frac{Q}{G \cdot c_p \cdot T_{L,o}} \tag{40}$$

unter Vernachlässigung des Einflusses des Druckverlaufs auf τ_e.

Man setzt mit T_w als Wandtemperatur:

$$Q = \alpha F_z (T_W - T_{L,o}) \triangle t \qquad \triangle t = \text{Zeit}$$

und erhält

$$\tau_e - 1 = \alpha \frac{F_z (T_W - T_{L,o}) \triangle t}{G \cdot c_p \cdot T_{L,o}},$$

darin ist F_z die mittlere Oberfläche des Zylinders.

Drückt man sie durch ihr Verhältnis β zur Kolbenfläche F aus, so ist annähernd

$$\beta = 2 + \frac{4 \cdot s}{D} \left(\frac{\varepsilon}{\varepsilon - 1} - 0{,}5 \right). \qquad \begin{array}{l} s = \text{Hub} \\ D = \text{Bohrung} \end{array}$$

Nun ist $G = \lambda_l V_h \cdot \frac{p_{L,o}}{R \cdot T_{L,o}}$ und wenn in diesem Zusammenhang $\lambda_l \sim 1$ gesetzt wird, mit $\triangle t = \frac{1}{120 \cdot n}$, f als Ventilsitzfläche und c_m als mittlere Kolbengeschwindigkeit:

$$\tau_e - 1 = 3{,}4 \cdot 10^{-6} \cdot \beta \cdot \left(\frac{F}{f}\right)^{0,75} \cdot c_m^{-0,25} \cdot \sqrt[3]{\frac{T_{L,o}}{p_{L,o}}} \cdot (T_w - T_{L,o}). \tag{41}$$

S t a m b u l e a n u [4] hat den Wärmeübergang beim Einströmen an Modellen mit stationärer Strömung untersucht. Zweifellos liegt der untersuchte Vorgang dem wirklichen Einströmvorgang näher als das Anströmen von Platten. Es ist daher wahrscheinlich, daß der Ansatz von S t a m b u l e a n u etwas genauere Ergebnisse liefern wird als der von N u s s e l t und J ü r g e s. Wesentliche Unterschiede zwischen dem Vorgang im Modell und im Motor bestehen jedoch auch bei den Untersuchungen von S t a m b u l e a n u, da der Einfluß der Kolbenbewegung bei ersterem wegfällt und die Strömung mehr einer Strömung in Rohren, als der Strömung beim Einsaugen in den Zylinder ähnelt. Wenn man die von S t a m b u l e a n u angegebene Formel etwas umwandelt und vereinfacht, so ergibt sich:

$$\tau_e - 1 = 2{,}9 \cdot 10^{-3} \cdot A \cdot \beta \cdot \frac{T_{L,o}^{\;1,25}}{T_w^{\;1,8}} \cdot c_m^{-0,25} \cdot p_{L,o}^{-0,25} \cdot (T_w - T_{L,o}). \tag{42}$$

Darin ist A für normale hängende Ventile, die seitlich der Zylinderachse liegen, aus Abb. 29 zu entnehmen.

D r u c k e r [5] benützt für den Wärmeübergang im Zylinder einen Ansatz von M e r k e l. Man erhält damit, wieder etwas vereinfacht,

$$\tau_e - 1 = 3{,}14 \cdot 10^{-5} \cdot \left(\frac{F}{f}\right)^{0,75} \cdot \beta \cdot D^{-0,22} \cdot c_m^{-0,25} \cdot p_{L,o}^{-0,25} \cdot (T_w - T_{L,o}). \tag{43}$$

Der Kolbendurchmesser D ist in m einzusetzen. D r u c k e r verwendet einen ähnlichen Ansatz für den Wärmeübergang im Einsaugkrümmer des Zylinderkopfes. Wenn an Stelle von w_{me} die mittlere Geschwindigkeit im Einsaugkanal mit dem Durchmesser d_s

$$w_{ms} = c_m \cdot \left(\frac{D}{d_s}\right)^2,$$

$\frac{d_s^2 \pi}{4}$ an Stelle von f, an Stelle von β der Wert

$$\beta_s = 4 \cdot \frac{d_s \cdot l}{D^2} \qquad l = \text{Kanallänge}$$

und an Stelle von D der Kanaldurchmesser d_s gesetzt wird, so kann Gl. 43 auch für den Einlaß verwendet werden. Für T_w hat man in diesem Fall die Kühlwassertemperatur einzusetzen.

Allen diesen Formeln ist gemeinsam, daß nach ihnen die Aufheizung $\tau_e - 1$ umgekehrt verhältig der vierten Wurzel der Kolbengeschwindigkeit ist, demnach mit zunehmender Kolbengeschwindigkeit abnimmt. Weiter nimmt τ_e nach den Formeln im umgekehrten Verhältnis zur dritten bzw. vierten Wurzel des Druckes zu, demnach mit zunehmendem Druck ab.

Im allgemeinen liefern die beiden erstangegebenen Ausdrücke etwas kleinere Werte für die übergegangene Wärme als die Formeln von D r u c k e r.

Für eine Nachprüfung der Ergebnisse auf breiterer Grundlage fehlen die Versuchsunterlagen. Es sind zwar zahlreiche Liefergradmessungen durchgeführt und ihre Ergebnisse veröffentlicht worden. Die dazu gemachten Angaben sind jedoch in den meisten Fällen so unvollständig, daß eine Trennung der einzelnen Einflüsse auf die Temperatur der Ladung nicht möglich ist. Immerhin ergab eine ungefähre Nachprüfung, daß die Formeln größenordnungsmäßig richtige Ergebnisse liefern. Für

Dieselmotoren gibt Kress [6] eine Beziehung für den Wandeinfluß an, aus der auf ein $\tau_e \sim \left(1+\frac{a}{\lambda}\right)$ geschlossen werden kann. Darin ist λ die Luftüberschußzahl der Verbrennung und a = 0,06 bis 0,08 bei 20° C und 0,03 bis 0,05 bei 120° C Ladelufttemperatur.

Der Einfluß des Ladedruckes ist vernachlässigbar, der einer Spülung bei Auflademaschinen kann so berücksichtigt werden, daß man bei starker Spülung a um 0,02 vermindert.

Eine quantitativ sichere Erfassung des wirklichen Vorganges ist von keiner dieser Formeln zu erwarten. Ihre Verwendung ist aber einer reinen Schätzung ohne Anhaltspunkte durch Erfahrungen bei ähnlichen Motoren vorzuziehen.

Ein wesentliches Moment der Unsicherheit bei der Anwendung der Formeln ist auch die mittlere Wandtemperatur, Angaben darüber sind in der Literatur spärlich.

Für Vergasermotoren fand Drucker

$$t_w \sim 120 \cdot c_m^{0,25}. \tag{44}$$

Die Werte bei Dieselmotoren liegen etwas höher, auch bei luftgekühlten Motoren muß mit höheren Werten gerechnet werden.

Nach Angaben von Kress [6] wird die mittlere Wandtemperatur von der Ladelufttemperatur nur wenig beeinflußt. Sie nimmt hingegen mit der Drehzahl und dem Aufladedruck zu.

4. Näherungsverfahren zur Ermittlung des Liefergrades und des Luftaufwandes. Erfahrungswerte.

a) Selbstansaugender Motor.

Zur überschlägigen Ermittlung des Liefergrades geht man von der Formel

$$\lambda_1 = \frac{p_1}{p_0} \cdot \frac{T_0}{T_1} \left(\frac{\varepsilon}{\varepsilon-1} - \frac{V_{rest}}{V_h}\right) \frac{p_1'}{p_1} \tag{45}$$

aus. Darin ist V_{rest} das Volumen des auf p_1 expandierten Abgasrestes, der nach Abschluß des Auslaßventils im Zylinder bleibt. Erfolgt der Abschluß des Auslaßventils in unmittelbarer Nähe des Totpunktes, so ist, mit p_{za}' als Druck im Zylinder im Zeitpunkt des Ventilabschlusses, der von den Abgasen eingenommene Raum angenähert

$$\frac{V_{rest}}{V_h} = \frac{1}{\varepsilon-1} \cdot \left(\frac{p_{za}'}{p_1}\right)^{\frac{1}{\varkappa}}.$$

Damit erhält man

$$\lambda_1 = \frac{p_1}{p_0} \cdot \frac{T_0}{T_1} \left[\frac{\varepsilon}{\varepsilon-1} - \frac{1}{\varepsilon-1} \cdot \left(\frac{p_{za}'}{p_1}\right)^{\frac{1}{\varkappa}}\right] \frac{p_1'}{p_1}. \tag{46}$$

p_1' ist der Druck, den man durch Verlängern der Verdichtungslinie vom Abschluß des Einlaßventils nach dem Totpunkt nach rückwärts bis zum unteren Totpunkt erhält. p_1' ist infolge des Rückschiebens von Ladungsteilen in die Saugleitung bei relativ spätem Ventilabschluß und niederer Drehzahl merklich kleiner als p_1.

Die auf den Liefergrad wirkenden Einflüsse, die in dieser Formel aufscheinen, werden im folgenden im einzelnen besprochen:

Das Verhältnis $\frac{p_1'}{p_1}$ und damit der Verlust durch Rückschieben hängt vom Winkel des Nachschließens und von der Drehzahl des Motors ab.

Kress (6) fand die in Abb. 30 dargestellten Zusammenhänge, aus denen entnommen werden kann, daß sich die Drehzahl annähernd linear, der Abschlußwinkel bei gleichbleibender mittlerer Steilheit des Nockenablaufes ungefähr quadratisch auf den Liefergradverlust auswirkt. Ein Schluß von diesem Ergebnis auf die Verhältnisse bei anderen Motoren ist im allgemeinen nur qualitativ möglich. Abb. 30 gibt jedoch Anhaltspunkte für Schätzungen.

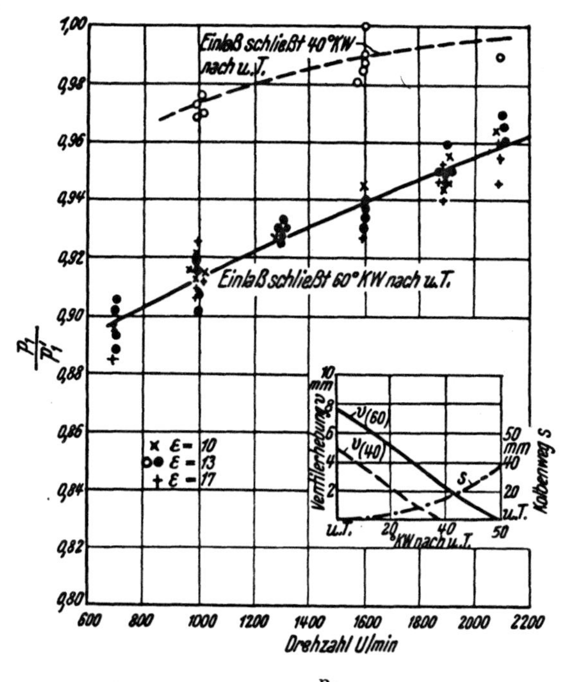

Abb. 30. Abhängigkeit von $\frac{p_1}{p_1'}$ von der Drehzahl und dem Einlaßventilabschluß. Nach Kress.

Die Zusammenhänge zwischen dem Druck im unteren Totpunkt p_1 und p_0 lassen sich nach Kress angenähert durch die Beziehung

$$p_0 - p_1 = K \cdot \gamma_1 \frac{w_{me}^2}{2g} \tag{47}$$

ausdrücken, worin K eine von den Widerständen im Saugkanal, im Ventil und vom Ventileröffnungsgesetz abhängige Kennzahl ist. K ist durch Versuche oder bei bekannten Durchflußzahlen durch das Ventil durch schrittweise Berechnung zu ermitteln. Abb. 31 zeigt eine Gegenüberstellung einer mit der obigen Beziehung gerechneten und einer von Schwarz [7] gemessenen Liefergradkennlinie.

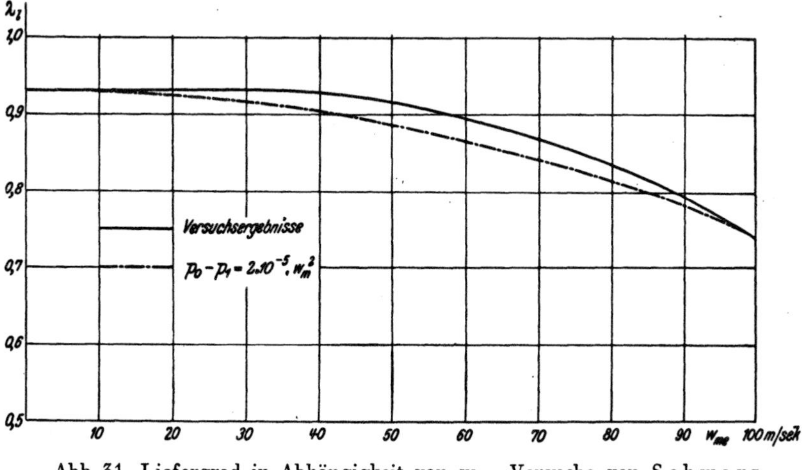

Abb. 31. Liefergrad in Abhängigkeit von w_{me}. Versuche von Schwarz.

Die Temperaturdifferenz $T_1 - T_0$ hängt vom Wärmeübergang von der Wand und von der Drosselung beim Einströmen ab. Wie sich aus den früher angegebenen Wärmeübergangsformeln ergibt, wird der Wandeinfluß mit zunehmender Drehzahl kleiner. Die Temperaturerhöhung infolge der Drosselung wird mit zunehmender Drehzahl größer. Ferner setzt eine Steigerung der Ladungstemperatur den Wandeinfluß herab; auch durch eine Erhöhung des Druckes wird er kleiner.

Allgemein gültige zahlenmäßige Angaben über $T_1 - T_0$ lassen sich wegen der außerordentlichen Verschiedenheit der Einflüsse bei den einzelnen Motorbauarten nicht geben. Größenordnungsmäßig liegt $T_1 - T_0$ bei normaler Außentemperatur im allgemeinen zwischen 15° und 40° C.

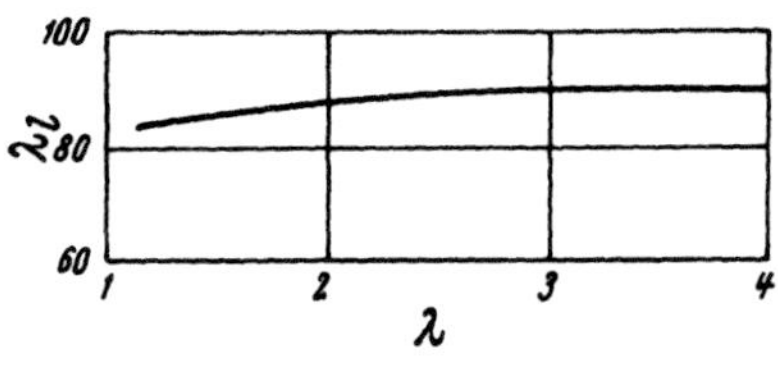

Abb. 32. Abhängigkeit des Liefergrades von Dieselmotoren von der Luftüberschußzahl λ. Nach F. A. F. Schmidt

Die Änderungen des Liefergrades von raschlaufenden Dieselmotoren durch den Wandeinfluß lassen sich nach Kress durch die früher für τ_e angegebene Beziehung erfassen.

Es ist $\lambda_l = \lambda_{l(\lambda=\infty)} \cdot \left(1 - \frac{a}{\lambda}\right)$ (Angaben über a siehe Seite 34). F. A. F. Schmidt erhielt den in Abb. 32 gezeigten Zusammenhang zwischen der Luftüberschußzahl λ und λ_l.

Die Ermittlung des Restgaseinflusses setzt die Schätzung oder Berechnung von p'_{za} voraus.

p'_{za} nimmt im allgemeinen bei gegebenen Steuerzeiten mit zunehmender Belastung ab und mit zunehmender Drehzahl zu. Die Schwachfederdiagramme Abb. 33 nach Versuchen des Verfassers an einem Deutz-Fahrzeugdieselmotor zeigen diese Zusammenhänge.

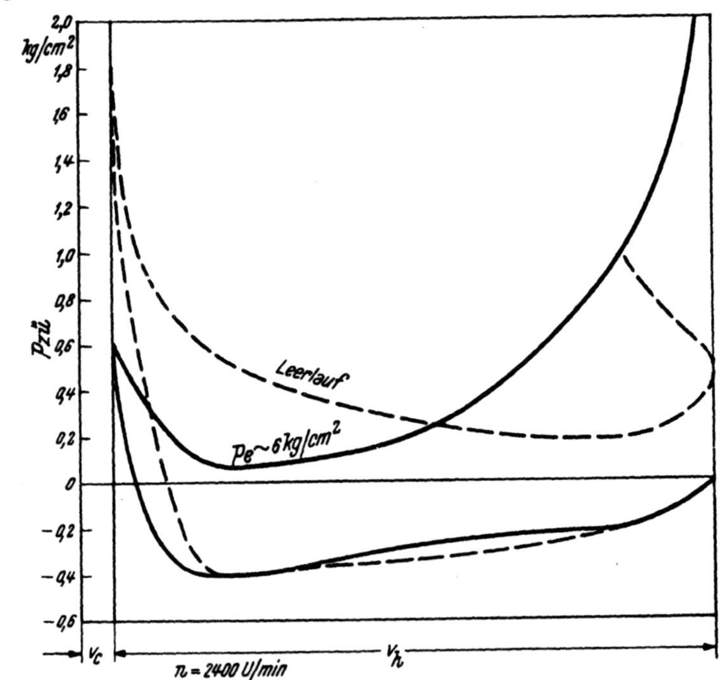

Abb. 33. Schwachfederdiagramme eines Fahrzeugdieselmotors. Versuche des Verfassers.

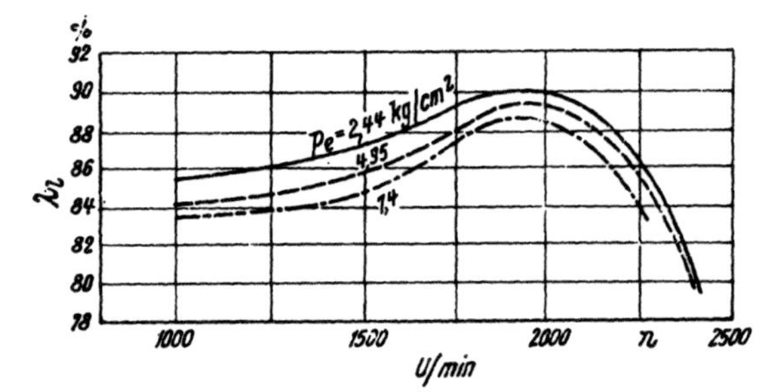

Abb. 34. Liefergradkurven eines Fahrzeugdieselmotors. Versuche des Verfassers.

Gemessene Liefergradkurven für den gleichen Fahrzeugdieselmotor zeigt Abbildung 34. Durch späten Ventilschluß und durch die Saugrohrdynamik liegt das Maximum im Gebiet der höheren Drehzahlen. Die Abhängigkeit des Liefergrades von der Belastung ist ausgeprägt, sie resultiert aus Restdruckeinfluß p'_{za} und Wandeinfluß.

Untersuchungen, die an einem Vergasermotor (Opel-Kapitän 2,5 l) durchgeführt wurden, ergaben die in Abbildung 35 und 36 dargestellten Liefergradkurven. Abb. 37 zeigt die entsprechenden Ventileröffnungskurven. Die Einsattelung der Liefergradkurve in Abb. 35 bei u = 1500 U/min ist durch die Saugrohrdynamik verursacht. Die Vergrößerung

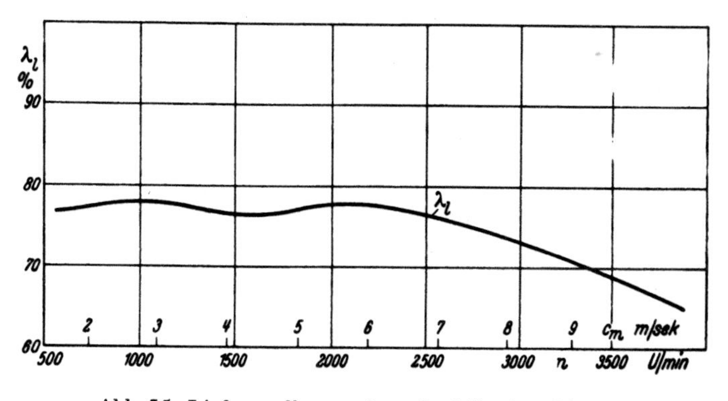
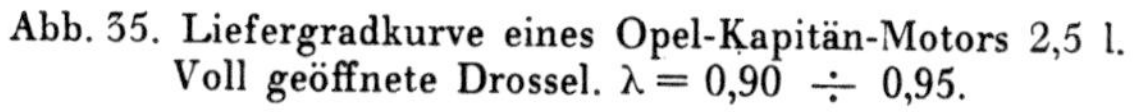

Abb. 35. Liefergradkurve eines Opel-Kapitän-Motors 2,5 l. Voll geöffnete Drossel. $\lambda = 0{,}90 \div 0{,}95$.

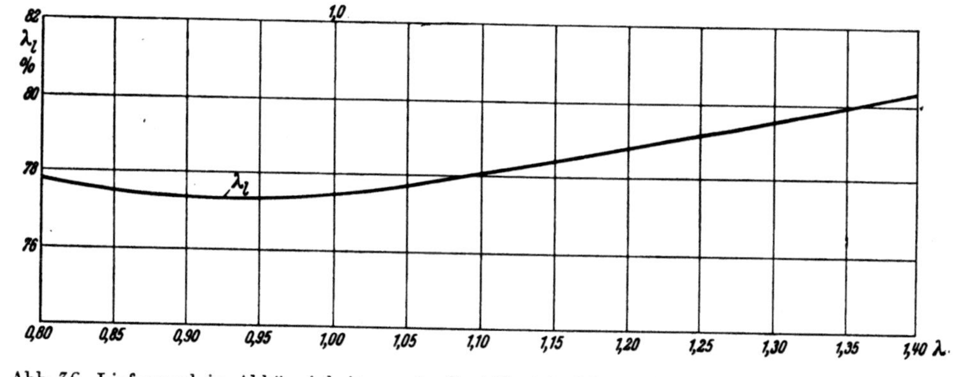

Abb. 36. Liefergrad in Abhängigkeit von λ. Opel-Kapitän-Motor, 2,5 l. Voll geöffnete Drossel. u = 2200 U/min.

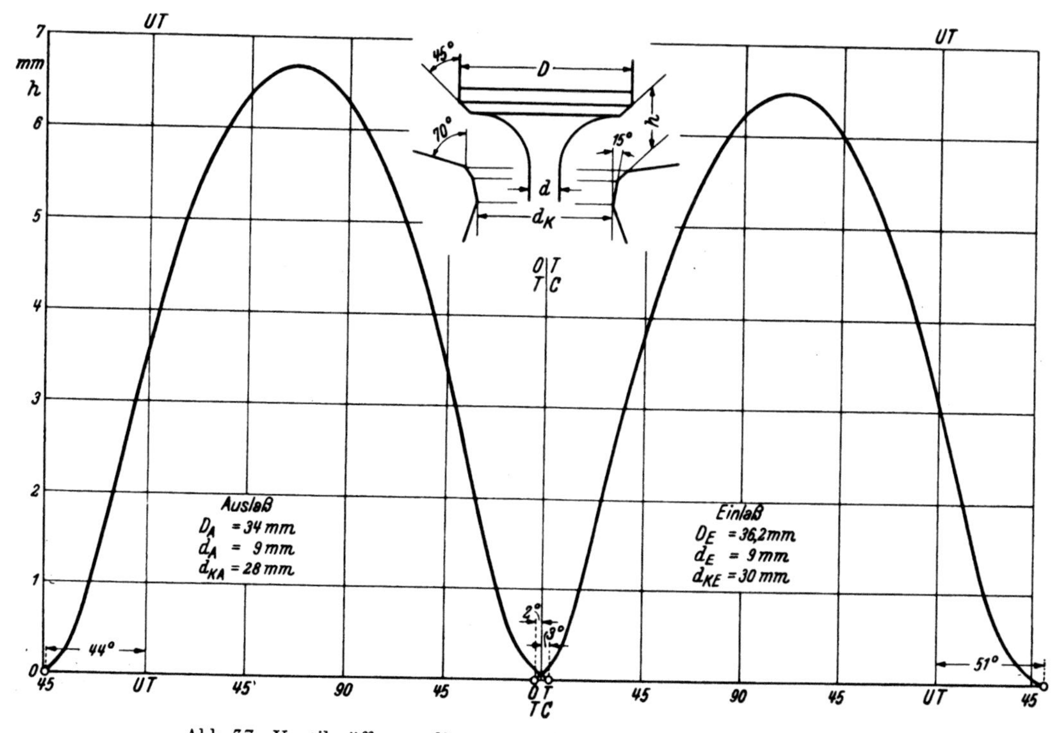

Abb. 37. Ventileröffnungsdiagramme des Opel-Kapitän-Motors, 2,5 l.

des Liefergrades in Abb. 36, von etwa $\lambda = 0{,}95$ ausgehend nach beiden Seiten, ist verursacht im Bereich $\lambda < 0{,}95$ durch die zunehmende innere Kühlung des Motors infolge Kraftstoffverdampfung, im Gebiet $\lambda > 0{,}95$ durch die Verringerung der Wandtemperatur infolge der abnehmenden Verbrennungstemperaturen. Eine rechnerische Erfassung des Einflusses der Verdampfungswärme des Kraftstoffes ist nicht möglich. Allgemein kann festgestellt werden, daß mit zunehmendem Kraftstoffüberschuß und zunehmender spezifischer Verdampfungswärme (z. B. Benzin gegenüber Alkohol) die Ladungstemperatur zu Beginn der Verdichtung abnimmt, der Liefergrad daher zunimmt.

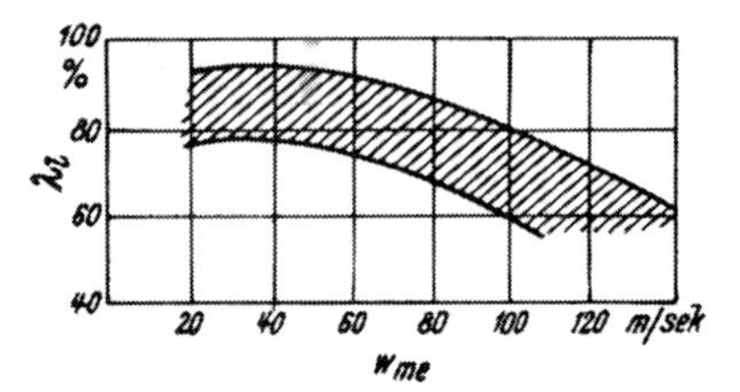

Abb. 38. Überblick über den Bereich von Liefergradkurven. Nach Richter.

Bei langsam laufenden Motoren, z. B. Groß-Dieselmotoren, kann mit Liefergraden von 0,82—0,90 gerechnet werden.

Einen Überblick über den Bereich, in dem Liefergradkurven im allgemeinen liegen, gibt Abb. 38 nach Richter [8].

Zur Vorausermittlung des Liefergrades kann entweder die Näherungsformel mit geschätzten Werten für die einzelnen Erfahrungsgrößen benützt werden, oder man kann den Liefergrad mit im allgemeinen größerer Treffsicherheit, aber auch größerem Arbeitsaufwand, schrittweise berechnen.

Über den Einfluß des Außenzustandes auf den Liefergrad liegen folgende Erfahrungen vor:

Durch zahlreiche Liefergradmessungen konnte das früher theoretisch erhaltene Ergebnis bestätigt werden, daß der Liefergrad von dem Außendruck unabhängig ist.

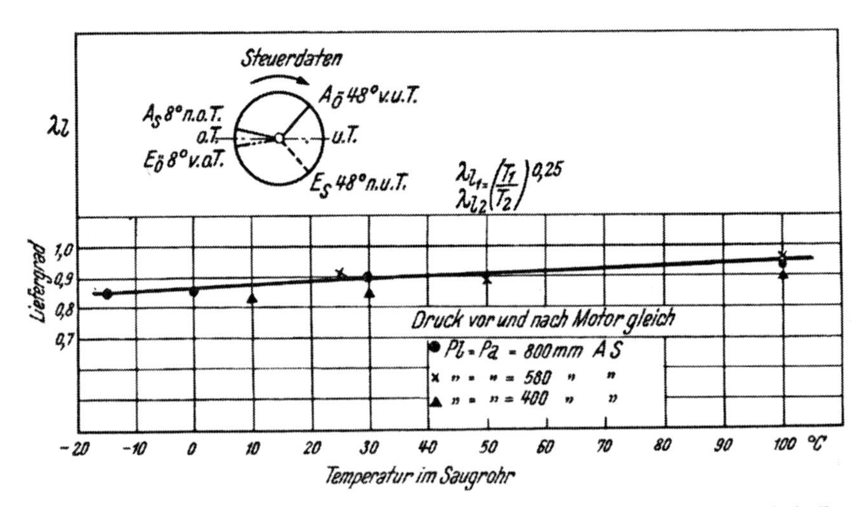

Abb. 39. Abhängigkeit des Liefergrades von der Temperatur im Saugrohr. Nach Zeyns.

Für die Temperaturabhängigkeit des Liefergrades läßt sich nach Zeyns [9] mit guter Annäherung in den meisten Fällen nach Abb. 39 und 40

$$\frac{\lambda_{l1}}{\lambda_{l2}} = \left(\frac{T_1}{T_2}\right)^{0,25} \qquad (48)$$

setzen. Darin ist der Temperatureinfluß auf die Drosselung im Einströmquerschnitt und auf τ_e enthalten. Dieser Ausdruck gilt für mittlere Werte von w_{me} und mittlere

Wärmeübergangsverhältnisse und kann allgemeinen Berechnungen zugrunde gelegt werden.

F. A. F. Schmidt [10] gibt für die Temperaturabhängigkeit Exponenten an, die zwischen 0,1 und 0,3 liegen.

Das Verhältnis der Ladungsgewichte wird mit den Ausdrücken für den Liefergrad

$$\frac{G_1}{G_2} = \frac{p_1}{p_2}\left(\frac{T_2}{T_1}\right)^{0,75} \text{ bzw. } \frac{p_1}{p_2}\left(\frac{T_2}{T_1}\right)^{0,9} \text{ und } \frac{p_1}{p_2}\left(\frac{T_2}{T_1}\right)^{0,65}.$$

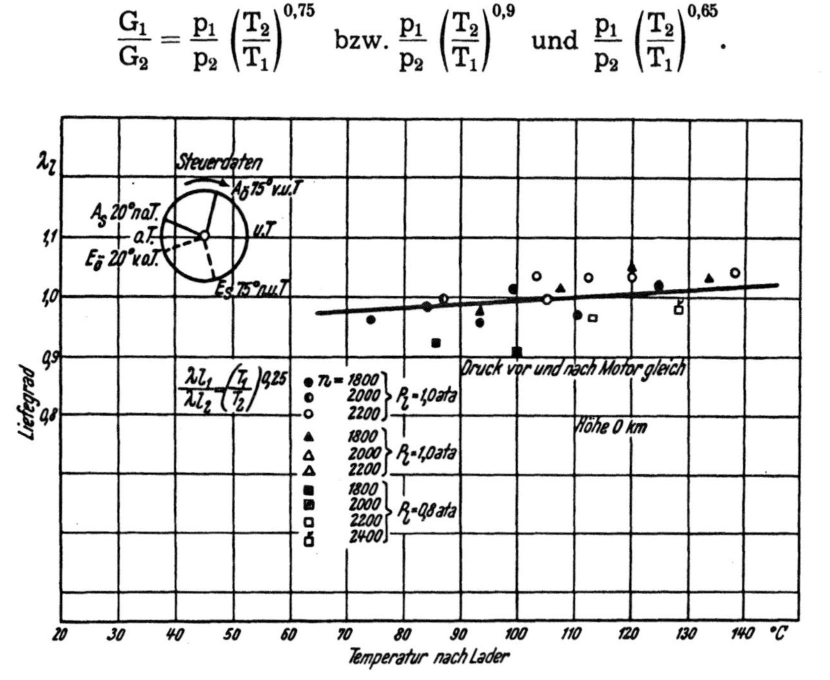

Abb. 40. Abhängigkeit des Liefergrades von der Temperatur im Saugrohr. Nach Zeyns.

b) Der aufgeladene Motor ohne Spülung.

Durch die Aufladung ist an Stelle des Außenzustandes für die Ermittlung des Liefergrades der Zustand p_L, T_L vor dem Einlaßventil zu setzen.

Würde der Druck p'_{za} am Ende des Ausströmens im Verhältnis $\frac{p_L}{p_0}$ ansteigen, so würde durch die Druckerhöhung bei der Aufladung allein keine Änderung des Liefergrades bewirkt werden. p'_{za} steigt jedoch im allgemeinen gegenüber den nichtaufgeladenen Maschinen nicht wesentlich an, da die Höhe dieses Druckes vor allem durch p_0 bestimmt wird.

Meist schließt man beim aufgeladenen Motor das Auslaßventil etwas später als bei selbstansaugenden Motoren und erreicht dadurch eine gute Entleerung des Zylinders, also ein p'_{za}, das nahe an p_0 liegt. Dadurch wird im allgemeinen $p_L > p'_{za}$, d. h. der Abgasrest expandiert nicht beim Öffnen des Einlaßventils, sondern wird durch die hereinströmende Spülluft auf p_L verdichtet.

Die durch die Verwirbelung der kinetischen Energie des Luftstromes beim Eintritt in den mit Abgasen gefüllten Verdichtungsraum entstehende Wärme der eintretenden Luft erhöht die Temperatur.

Der durch die Kolbenbewegung und Abgaszusammendrückung freiwerdende Raum wird daher mit Luft geringer Dichte, daher geringerem Gewicht gefüllt, als es dem Zustand vor dem Einlaßventil entsprechen würde.

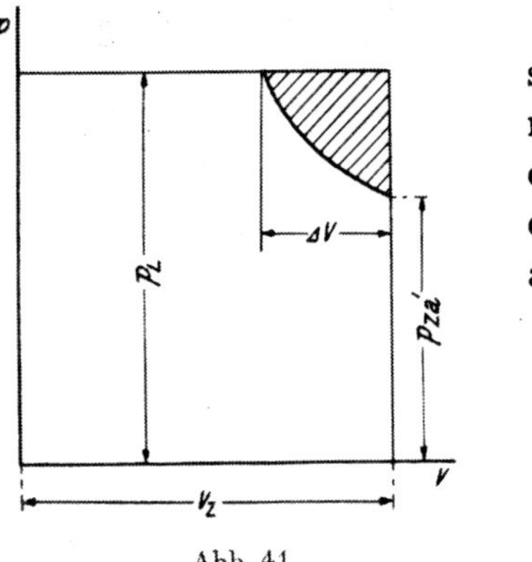

Abb. 41.

Die in Wärme umgesetzte kinetische Energie entspricht der in Abb. 41 schraffierten Arbeitsfläche. Sie nimmt fast im Verhältnis zum Quadrat der Druckdifferenz $p_L - p_{za}'$ zu. Durch sinngemäße Anwendung der Ableitung im Abschnitt 4, a erhält man für den aufgeladenen Motor mit Restgasverdichtung

$$\lambda_1 = \frac{T_L}{T_1} \cdot \frac{p_1}{p_L} \cdot \left[1 + \frac{1 - \left(\frac{p_{za}'}{p_L}\right)}{\varkappa\,(\varepsilon - 1)}\right] \cdot \frac{p_1'}{p_1} = \frac{T_L}{T_1} \cdot \frac{p_1}{p_L} \cdot C \cdot \frac{p_1'}{p_1}. \tag{49}$$

C ist für $\varkappa = 1{,}4$ in Abb. 42 dargestellt.

Gegenüber der nichtaufgeladenen Maschine mit dem Liefergrad $\lambda_{1,0}$ mit so reichlich bemessener Ventilüberschneidung, daß $p_{za}' = p_0$ ist, gibt die Aufladung eine Liefergradveränderung

1. durch Veränderung der Temperatur,
2. durch die Restgaszusammendrückung.

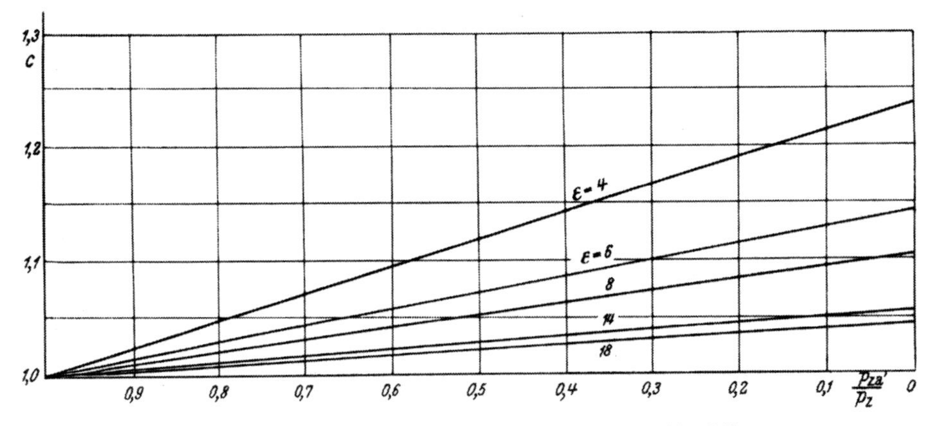

Abb. 42. Diagramm zur Ermittlung von C in Gl. (49).

Es ist daher

$$\lambda_{1L} = \lambda_{1,0} \left(\frac{T_L}{T_0}\right)^{0,25} \cdot \left[1 + \frac{1 - \left(\frac{p_0}{p_L}\right)}{\varkappa\,(\varepsilon - 1)}\right] \tag{50}$$

und damit das Verhältnis der Ladegewichte und damit auch der Innendrucke (jedoch noch ohne Berücksichtigung der Ladungswechselarbeit)

$$\frac{(p_{i-1})_L}{(p_{i-1})_0} = \frac{p_L}{p_0} \cdot \left(\frac{T_0}{T_L}\right)^{0,75} \cdot \left[1 + \frac{1 - \left(\frac{p_0}{p_L}\right)}{\varkappa\,(\varepsilon - 1)}\right]. \tag{51}$$

Abb. 43 zeigt nach F. A. F. Schmidt [10] die gute Erfassung der Zusammenhänge durch die Rechnung.

Das Temperaturverhältnis $\frac{T_L}{T_0}$ kann durch das Druckverhältnis und den Wirkungsgrad des Laders ausgedrückt werden, sofern keine Ladungsrückkühlung vorgesehen wird.

Es ist sinngemäß nach 32/II

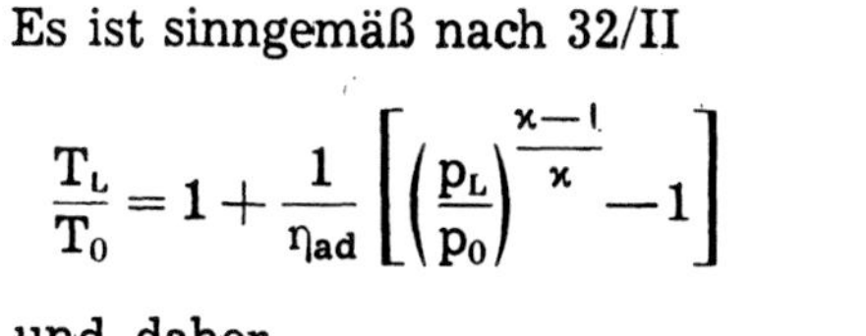

$$\frac{T_L}{T_0} = 1 + \frac{1}{\eta_{ad}} \left[\left(\frac{p_L}{p_0} \right)^{\frac{\varkappa - 1}{\varkappa}} - 1 \right] \tag{52}$$

und daher

$$\frac{(p_{i-l})_L}{(p_{i-l})_o} = \frac{p_L}{p_o} \cdot \left[\frac{1}{1 + \frac{1}{\eta_{ad}} \left[\left(\frac{p_L}{p_o} \right)^{\frac{\varkappa - 1}{\varkappa}} - 1 \right]} \right]^{0,75} \times$$

$$\times \left[1 + \frac{1 - \frac{p_o}{p_L}}{\varkappa (\varepsilon - 1)} \right]. \tag{53}$$

Abb. 44 zeigt die Zusammenhänge für ein Verdichtungsverhältnis $\varepsilon = 7$.

Man sieht, daß auch mit Rücksicht auf die Innenleistung des Motors ein möglichst hoher Laderwirkungsgrad angestrebt werden muß.

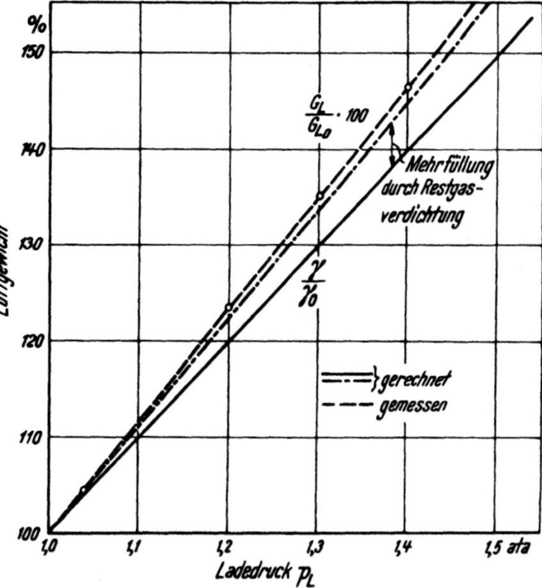

Abb. 43. Gerechnetes und gemessenes Verhältnis der Ladungsgewichte in Abhängigkeit vom Ladedruck. Otto-Motor, u = 2600 U/min, $\varepsilon = 7{,}0$. Nach F. A. F. Schmidt.

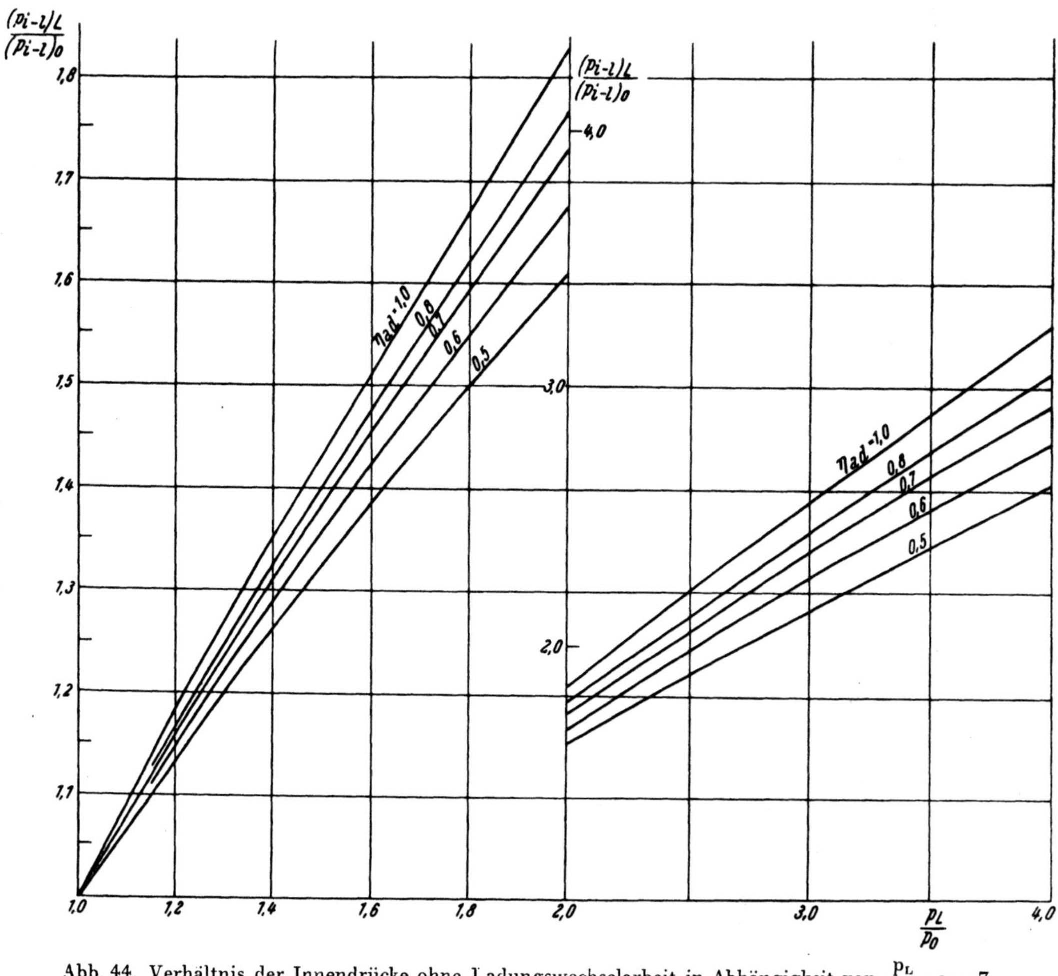

Abb. 44. Verhältnis der Innendrücke ohne Ladungswechselarbeit in Abhängigkeit von $\frac{p_L}{p_o}$ · $\varepsilon = 7$.

c) Der aufgeladene Motor mit Spülung.

Bei starker Ventilüberschneidung kann nahezu der ganze Abgasrest aus dem Zylinder entfernt und auch ein Teil der Frischladung, die durch die Berührung mit den Abgasen und durch das Hineinströmen in den Verbrennungsraum unter großem Druckgefälle erwärmt wurde, durch kühlere Frischluft ersetzt werden. C erreicht bei vollständiger Entfernung der Abgase den Grenzwert

$$C_{max} = \frac{\varepsilon}{\varepsilon - 1}.$$

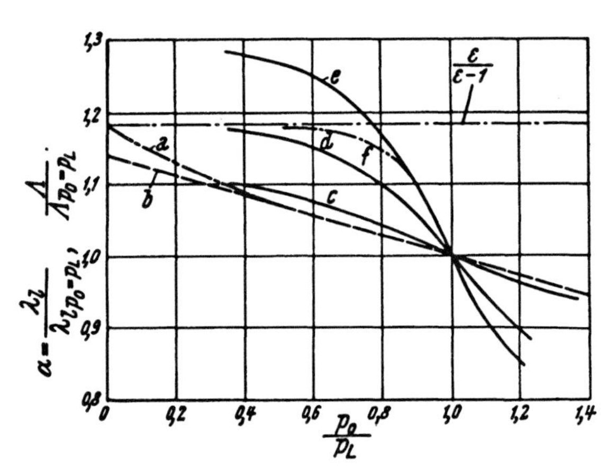

Abb. 45. Luftaufwand und Liefergrad in Abhängigkeit von $\frac{p_o}{p_L}$. Nach Franz.

Bei Spülmotoren hat man nach früherem zu unterscheiden zwischen Luftaufwand und Liefergrad. Die Differenz beider ist der Spülverlust.

Eine große Zahl von Versuchen, die Zeyns [11] vornahm, hat gezeigt, daß zwischen dem Luftaufwand $\Lambda_{p_o = p_L}$ bei Ladedruck p_L gleich Gegendruck p_o und Λ bei $p_L \lesseqgtr p_o$ charakteristische Zusammenhänge bestehen, die man zweckmäßig so darstellt, daß $\frac{\Lambda}{\Lambda_{p_o = p_L}}$ in Abhängigkeit von $\frac{p_L}{p_o}$ aufgetragen wird.

Abb. 45 zeigt nach Franz [12] den grundsätzlichen Verlauf dieser Richtkurven. Der im normalen Betriebsgebiet liegende linke Teil der Kurven läßt erkennen, wie der Luftaufwand bei Motoren mit schwacher (d) und starker Spülung (e) mit dem Verhältnis $\frac{p_L}{p_o}$ zunimmt. Zum Vergleich ist die entsprechende Kurve eines Motors nahezu ohne Spülung (c) und die Abhängigkeit (b) aufgezeichnet, die sich aus der Restgasverdichtung ergibt. Bei der Kurve a wurde nur die reine Restgasverdichtung berücksichtigt, die Verkleinerung des Liefergrades, die durch das Hereinstürzen der Ladeluft in den Verbrennungsraum infolge ihrer Erwärmung entsteht, nicht in Betracht gezogen.

Für $p_L = p_o$ ist nach Abb. 45 der Luftaufwand gleich dem Liefergrad. Mit zunehmendem $\frac{p}{p_o}$ steigt er zunächst wie der Luftaufwand. Die Kurve $\frac{\lambda_l}{\lambda_{l p_o = p_L}}$ geht dann asymptotisch in die Linie $\frac{\varepsilon}{\varepsilon - 1}$ über.

Der rechtsliegende Teil der Kurven für $\frac{p_o}{p_L} > 1$ entspricht dem Drosselbetrieb. Der Liefergrad von Motoren mit starker Spülung nimmt im Drosselbetrieb nach Abb. 45 sehr rasch ab, da die Abgase während der Ventilüberschneidung in den Zylinder rückgesaugt werden. Da im praktischen Motorbetrieb auch ohne Drosselung der Druck in der Auspuffleitung über dem Außendruck liegt, ist auch bei Betrieb ohne Aufladung mit einem Leistungsverlust bei Spülmotoren zu rechnen.

Bei der Ermittlung von Luftaufwand und Liefergrad unter Benützung der Richtkurven von Zeyns bestimmt man durch den Versuch $\Lambda_{p_o = p_L}$, ferner Λ für ein oder mehrere Druckverhältnisse $\frac{p_L}{p_0}$. Nun stellt man fest, auf welcher der Richtkurven in Abb. 46 die Meßpunkte liegen. Als Anhalt sind zu Abb. 46 die Motoren (Flugmotoren) angegeben, an welchen die einzelnen Richtkurven bei Vollastdrehzahl gemessen wurden. Diese Richtkurve gibt den Verlauf von $\frac{\Lambda}{\Lambda_{p_0 = p_L}}$ mit im allgemeinen guter Annäherung im ganzen Bereich der Druckverhältnisse $\frac{p_L}{p_0}$. Die Kurven verändern sich bei einem gegebenen Motor mit Ventilüberschneidung und Drehzahl. Für jede Kombination dieser Größen ist die Bestimmung der Richtkurve daher zu wiederholen.

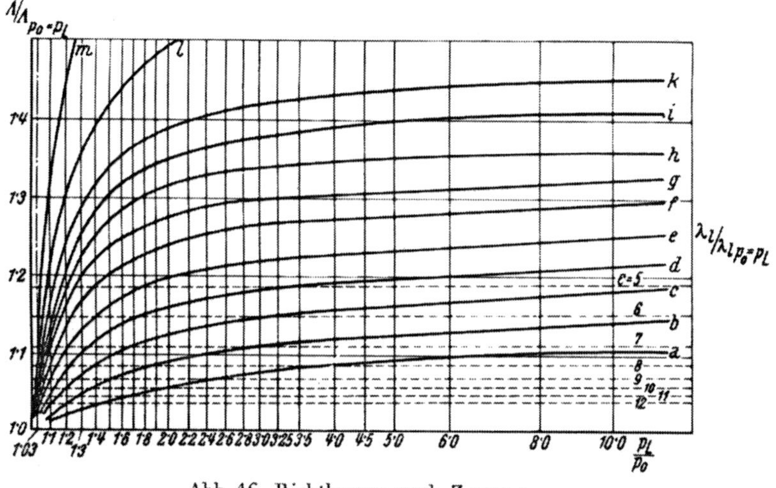

Abb. 46. Richtkurven nach Zeyns.

Die Liefergrade werden wie oben angegeben bestimmt.

Zur Umrechnung der für T_{L1} bestimmten Liefergrade und Luftaufwände auf T_l benützt man die Beziehung

$$\frac{\lambda_{l1}}{\lambda_{l2}} = \left(\frac{T_{L1}}{T_{L2}}\right)^{0,25},$$

vernachlässigt dabei aber die Verschiedenheiten in den Gesetzmäßigkeiten, denen Spülluftströmung und Einströmung in den Zylinder unterliegen. Bei kleinen Spülluftmengen ergeben sich auch dadurch nur unerhebliche Fehler.

Für mittlere Verhältnisse von Hochleistungsmotoren kann man bei kräftiger Spülung mit einem Wert

$$\lambda_l = (0,92 \div 0,95) \frac{\varepsilon}{\varepsilon - 1}$$

rechnen.

Wenn die Anwendung der Richtkurven von Zeyns nicht möglich ist, da Versuche nicht gemacht werden können, wird zur angenäherten Ermittlung des Luftaufwandes zweckmäßig von

$$\Lambda = \Lambda_{sp} + \lambda_l$$

ausgegangen, λ_l geschätzt und Λ_{sp}, wie auf Seite 17 angegeben, bestimmt.

Eine Ermittlung des Luftaufwandes und Liefergrades, die etwas mehr als das vorhin angegebene Verfahren den besonderen Verhältnissen der Steuerung Rechnung trägt, wird möglich, wenn die Liefergradkurve der nicht aufgeladenen Maschine ohne oder mit kleiner Ventilüberschneidung, jedoch sonst gleichen Steuerungsverhältnissen wie die gespülte Maschine, gegeben ist.

Ist $(\lambda_l)_{T_L}$ der Liefergrad der nichtaufgeladenen Maschine mit T_L und einer Aufheizzahl τ_e, die dem Aufladebetrieb entspricht, so hat der gut gespülte Motor annähernd den Liefergrad

$$\lambda_l = \frac{\varepsilon}{\varepsilon - 1} \cdot (\lambda_l)_{T_L} \tag{54}$$

und den Luftaufwand

$$\Lambda = \Lambda_{sp} + \frac{\varepsilon}{\varepsilon - 1} \cdot (\lambda_l)_{T_L}. \tag{55}$$

Λ_{sp} ist nach Abschnitt 2, b zu ermitteln. $(\lambda_l)_{T_L}$ ist aus der versuchsmäßig oder durch schrittweise Berechnung ermittelten Liefergradkurve zu bestimmen. Die Drehzahlabhängigkeit von Luftaufwand und Liefergrad werden bei diesem Vorgehen annähernd berücksichtigt. Der Einfluß von T_L läßt sich nach (49) oder nach Seite 38 berücksichtigen. Auch die Verminderung des Liefergrades durch die Aufheizung τ_e ist nach Seite 31 abschätzbar.

Im allgemeinen geben bei normalen Nockenanlaufkurven und nicht versenkten Ventilen Überschneidungen bis ca. 40° keine spürbare Spülwirkung. Trotzdem haben sie gegenüber kleinen Ventilüberschneidungen Vorteile, da die lange Eröffnung des Auspuffventils ein gutes Abfließen der Abgase ermöglicht und das Voröffnen des Einlaßventils bewirkt, daß das Einlaßventil im Gebiet der großen Kolbengeschwindigkeiten schon große Querschnitte freigibt. Bei Überschneidungswinkeln über 40° fließen merkbare Luftmengen durch den Zylinder und spülen ihn aus. Bei Motoren mit Spülung sind Überschneidungswinkel von 80° — 120° KW gebräuchlich.

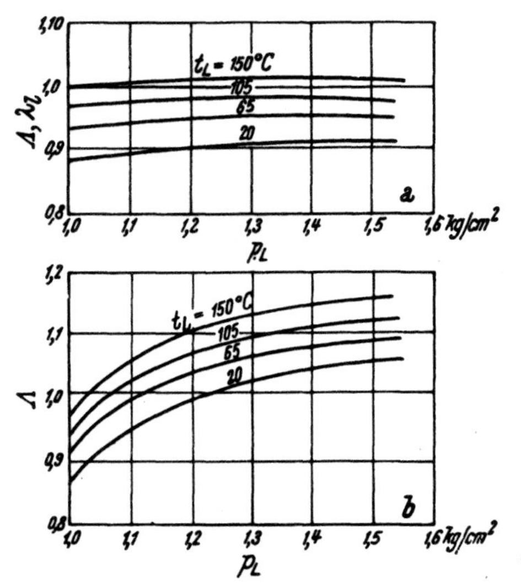

Abb. 47. Luftaufwand Λ und Liefergrad λ_l eines Dieselmotors in Abhängigkeit vom Ladedruck p_L. a ohne Ventilüberschneidung, b mit Ventilüberschneidung. Nach M. Scheuermeyer und H. Kress.

Bei Drosselbetrieb, also z. B. bei Leerlauf von Flugmotoren, wirkt starke Überschneidung ungünstig, da dadurch Auspuffgase in die Saugleitung des Zylinders zurückströmen und die Ladung daher einen sehr großen Abgasgehalt erhält. Bei Mehrzylindermotoren kann es vorkommen, daß sich die Abgase in der Saugleitung ungleichmäßig auf die einzelnen Zylinder verteilen und einzelne Zylinder eine so stark abgashältige Ladung ansaugen, daß es zu Aussetzern und damit zu unregelmäßigem Gang des Motors kommt.

Abb. 47 zeigt nach Scheuermeyer und Kress [13] den gemessenen Luftaufwand in Abhängigkeit vom Ladedruck p_L für einen Dieselmotor, der mit und ohne Ventilüberschneidung betrieben wurde. Der grundsätzlich verschiedene Verlauf der Kurven konstanter Ladungstemperatur ist erkennbar.

Berechnete Liefergradkurven für einen Flugmotor im Höhenflug bei verschiedenen Steuerungskonstruktionen enthält Abb. 48. Die Überlegenheit der Vier-Ventil-Steuerung mit schräggestellten Ventilen hinsichtlich der freien Steuerquerschnitte ist ausgeprägt.

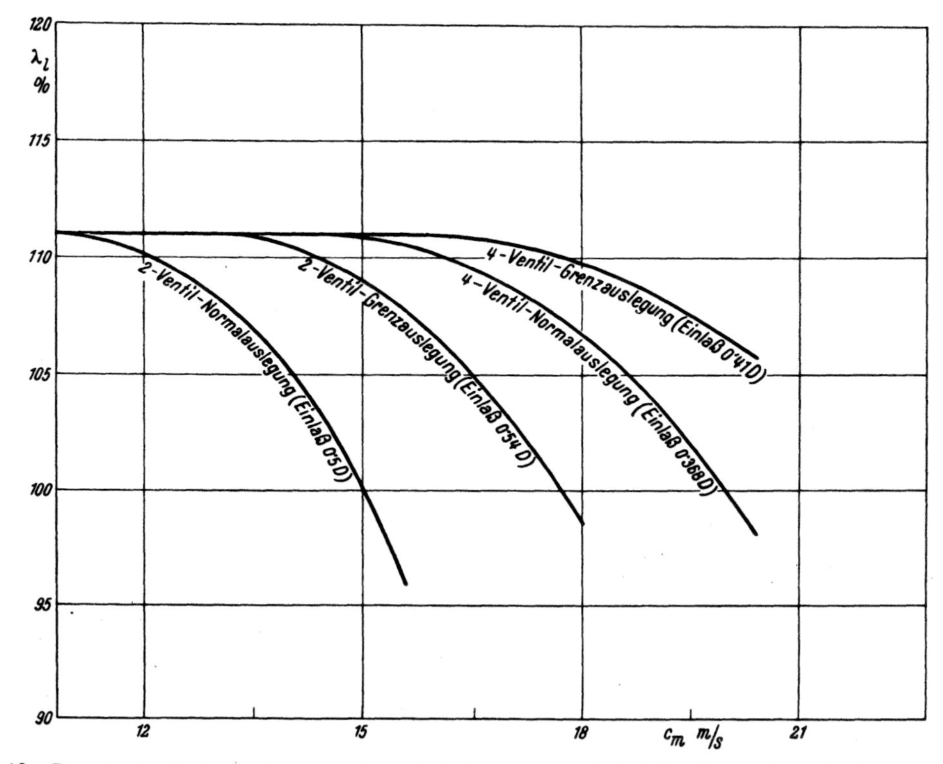

Abb. 48. Berechnete Liefergradkurven eines Otto-Flugmotors bei Höhenflug (10 km) für verschiedene Steuerungskonstruktionen. c_m = mittlere Kolbengeschwindigkeit.

5. Der Ladungswechselverlust.

Unter dem Ladungswechselverlust wird die Differenz zwischen der Ladungswechselarbeit der vollkommenen Maschine und der Ladungswechselarbeit der wirklichen Maschine verstanden.

Bei selbstansaugendem Motor ist die Ladungswechselarbeit der vollkommenen Maschine $L_{lv} = 0$. Die Ladungswechselarbeit ist daher gleich dem Ladungswechselverlust.

Mit dem mittleren Unterdruck gegenüber dem Außen- bzw. Ladedruck p_{ein} während des Einströmens und dem mittleren Überdruck gegenüber dem Außen- bzw. Gegendruck und dem Expansionsverlust während des Ausströmens p_{aus} wird

$$-p_l = p_{ein} + p_{aus}. \tag{56}$$

Abb. 49 zeigt den Ladungswechselverlust für einen Fahrzeugdieselmotor. Der Ladungswechselverlust nimmt mit der Drehzahl und im allgemeinen mit der Belastung des Motors zu.

Beim aufgeladenen Motor ist die Ladungswechselarbeit des vollkommenen Motors positiv.

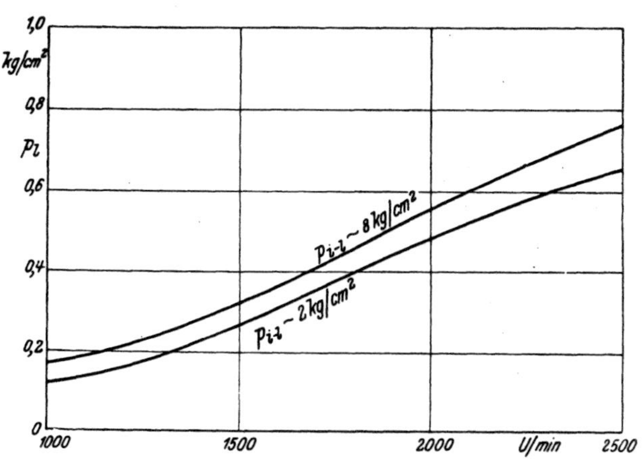

Abb. 49. Ladungswechselverlust p eines selbstansaugenden Fahrzeugdieselmotors.

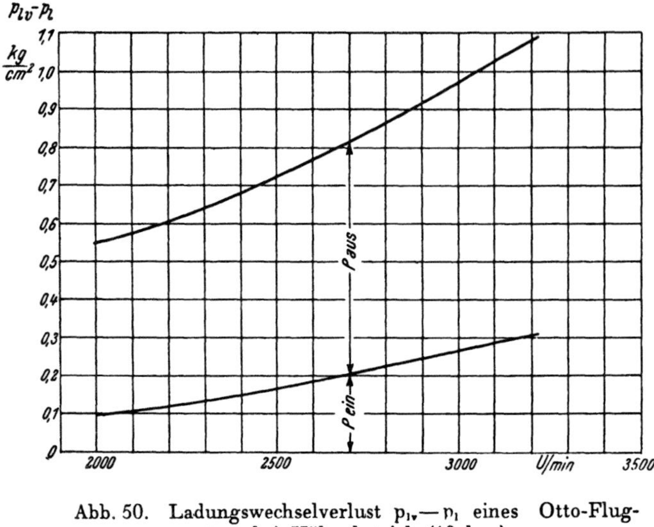

Abb. 50. Ladungswechselverlust $p_{lv} - p_l$ eines Otto-Flugmotors bei Höhenbetrieb (10 km.)

Ihr Mitteldruck ist

$$p_{lv} = (p_L - p_0). \qquad (57)$$

Die Ladungswechselarbeit des wirklichen Motors ist um $p_{ein} + p_{aus}$ kleiner.

$$p_l = (p_L - p_0) - (p_{ein} + p_{aus}).$$

Der Ladungswechselverlust ist in diesem Fall

$$p_{lv} - p_l = p_{ein} + p_{aus}. \qquad (58)$$

Als Beispiel ist in Abb. 50 der Ladungswechselverlust eines Flugmotors bei Höhenbetrieb (10 km Höhe) dargestellt. Auch hier zeigt sich eine starke Zunahme des Verlustes mit der Drehzahl. Der Auslaßverlust ist infolge der für den Auslaß ungünstigen Verhältnisse in diesem Fall wesentlich größer als der Einströmverlust.

Die Ermittlung des Ladungswechselverlustes erfolgt entweder durch punktweise Berechnung des Druckverlaufes beim Ein- und Ausströmvorgang oder auf dem Versuchsweg durch Aufzeichnen eines Schwachfederdiagramms mit einem entsprechend genauen Indiziergerät.

Für Vorausermittlungen lassen Versuche, die G n a m [14] durchführte, eine Abschätzung des Ladungswechselverlustes zu. Aus den Differentialgleichungen für den Druckverlauf ergibt sich, daß bei gleichem Verhältnis zwischen Ladedruck und Gegendruck und gleicher Drehzahl der Ladungswechselverlust dem Ladedruck verhältig ist. Experimentelle Untersuchungen haben diese Abhängigkeit bestätigt.

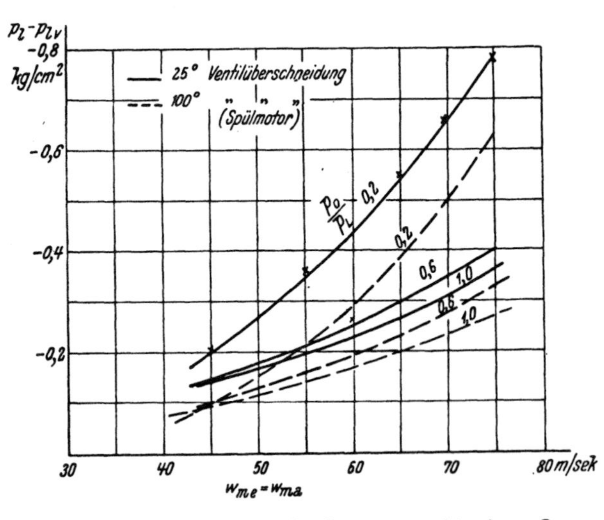

Abb. 51. Ladungswechselverlust $p_{lv} - p_l$ für einen Otto-Flugmotor bei $p_L = 1{,}0$ ata und verschiedenen Druckverhältnissen $\frac{p_0}{p_L}$. Nach G n a m.

In Abb. 51 sind für einen Ladedruck $p_L = 1$ ata für verschiedene mittlere Gasgeschwindigkeiten in den Ventilen und verschiedene Werte $\frac{p_0}{p_L}$ die Ladungswechselverluste aufgetragen. Um sie für davon abweichenden Ladedruck zu erhalten, hat man die Werte mit $\frac{p_L}{1{,}0}$ zu multiplizieren. Sie gelten dann allerdings mit größerer Genauigkeit nur für gleiche Steuerungsverhältnisse (Öffnungsgesetz, Durchflußzahl), wie sie den Ausmittlungen von G n a m zugrunde lagen. Auch eine Veränderung des Verhältnisses der Querschnitte der Ein- und Auslaßventile verändert die Kurven. Anhaltspunkte zur Abschätzung der ungefähren Höhe des Ladungswechselverlustes werden sie in den meisten Fällen geben können.

Der Ladungswechselverlust ist bei raschlaufenden Motoren einer der größeren Verluste, beeinflußt daher Kraftstoffverbrauch und Leistung bei solchen Motoren spürbar.

6. Der Gesamtwärmeübergang während des Ladungswechsels.

Der gesamte Wärmeübergang an die Wände während des Ladungswechsels ergibt sich aus

$$Q_{wL} = \frac{\Lambda}{\lambda_l + \lambda_r} \cdot \left(u_{L,o} + 1{,}986\, T_{L,o}\right) + \frac{\lambda_l \,.\, \delta + \lambda_r}{\lambda_l + \lambda_r} \cdot u_z + AL - Q_A - u_z' - \\ - \frac{\Lambda + \lambda_l(\delta - 1)}{\lambda_l + \lambda_r} \cdot \left(u_{aus} + 1{,}986\, T_{aus}\right). \qquad (59)$$

Q_{wL} bezieht sich wieder auf 1 Mol Zylinderladung am Beginn der Verdichtung. u_z ist die innere Energie von 1 Mol Zylinderladung zu Beginn des Vorauspuffs, u_z' ist die innere Energie der Zylinderladung zu Beginn der Verdichtung. Die entsprechenden Gaszusammensetzungen ergeben sich aus Kraftstoffanalyse und Luftüberschußzahl, bei unvollständiger Verbrennung müssen auch die brennbaren Gasbestandteile bestimmt oder angenommen werden.

Die Arbeit L wird auf ein Mol reduziert, wenn man die mittleren Drücke während des Aus- und Einströmens p_{zma} und p_{zme} mit dem einem Mol Zylinderladung entsprechenden Hubvolumen

$$\frac{\varepsilon - 1}{\varepsilon} \cdot V_1$$

multipliziert. Darin ist

$$V_1 = 22{,}4 \cdot \frac{1{,}033}{p_{L,o}} \cdot \frac{T_{L,o}}{273} \cdot \frac{1}{\lambda_l + \lambda_r}.$$

Man erhält damit

$$L = \frac{\varepsilon - 1}{\varepsilon} \cdot 22{,}4 \cdot \frac{1{,}033}{p_{L,o}} \cdot \frac{T_{L,o}}{273} \cdot \frac{1}{\lambda_l + \lambda_r} (p_{zma} + p_{zme}). \qquad (60)$$

Q_A ist die im Abgaskalorimeter je 1 Mol Zylinderinhalt abgeführte Wärmemenge, „aus“ kennzeichnet wieder den Zustand nach dem Abgaskalorimeter.

Die während des Ladungswechsels übergehende Wärme, die während der Arbeitsvorgänge übergehende Wärme und die durch mechanische Reibung zugeführte Wärme geben zusammen die Wärmebelastung des Motors, also die Wärme, die durch die Wände nach außen abgeführt werden muß. Diese Gesamtwärme ist maßgebend für die thermische Beanspruchung der Bauteile im allgemeinen. Sie gibt die Grundlage für die Berechnung der Kühlung.

7. Die strömungstechnische Durchbildung der Ventile und der Kanäle im Zylinderdeckel.

a) Die Strömung durch Ventile.

Tanaka [15] hat Kegelventile für Verbrennungsmotoren bei Durchströmen nach beiden Richtungen untersucht und die Abhängigkeit der Strömungswiderstände von der Ventil- und Sitzform bestimmt.

Abb. 52 zeigt die untersuchten Ventile und die Versuchsanordnung. Bei den Versuchen wurde eine konstante Druckdifferenz eingestellt und die Geschwindigkeit v_c an der Stelle P mit einem Pitot-Rohr gemessen. Die Messung der Druckdifferenz erfolgte beim Einlaßventil zwischen Außenluft und Unterdruckkammer, beim Auslaßventil zwischen Außenluft und Ventilsitz.

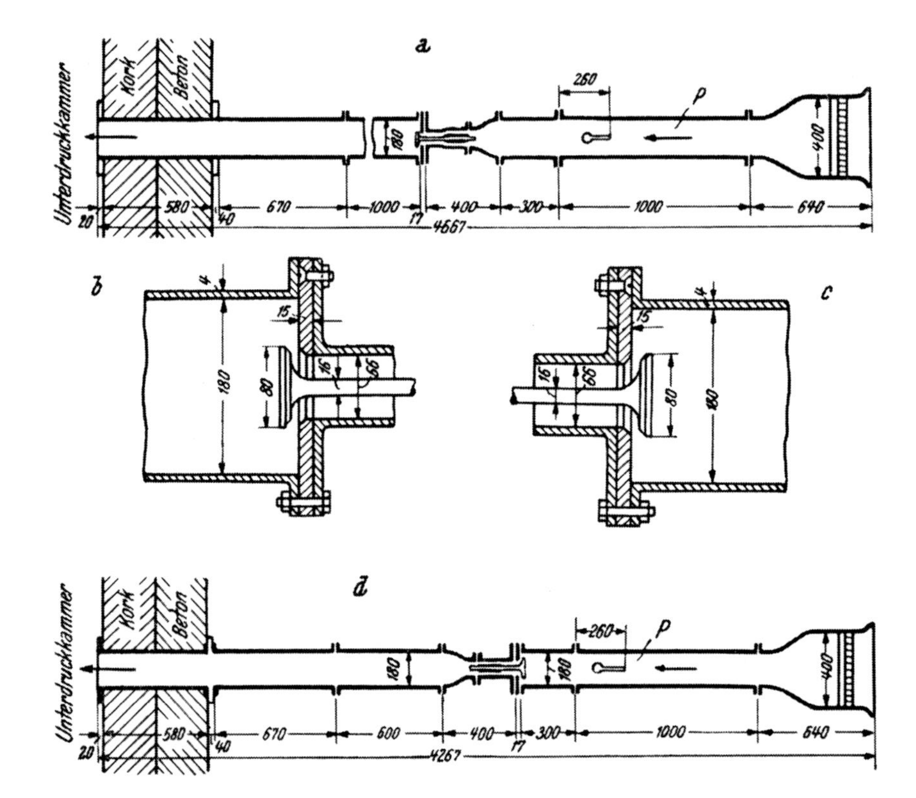

Abb. 52. Versuchseinrichtung nach Tanaka zur Messung des Strömungswiderstandes von Ventilen.

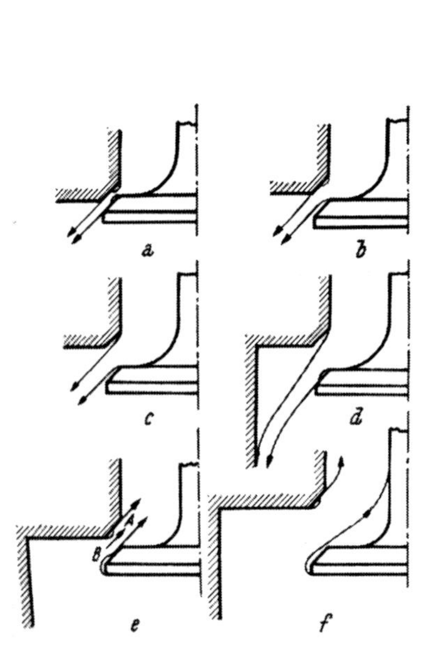

Abb. 53. Beobachtete Strömungsformen bei der Ein- und Auslaßströmung. Nach Tanaka.

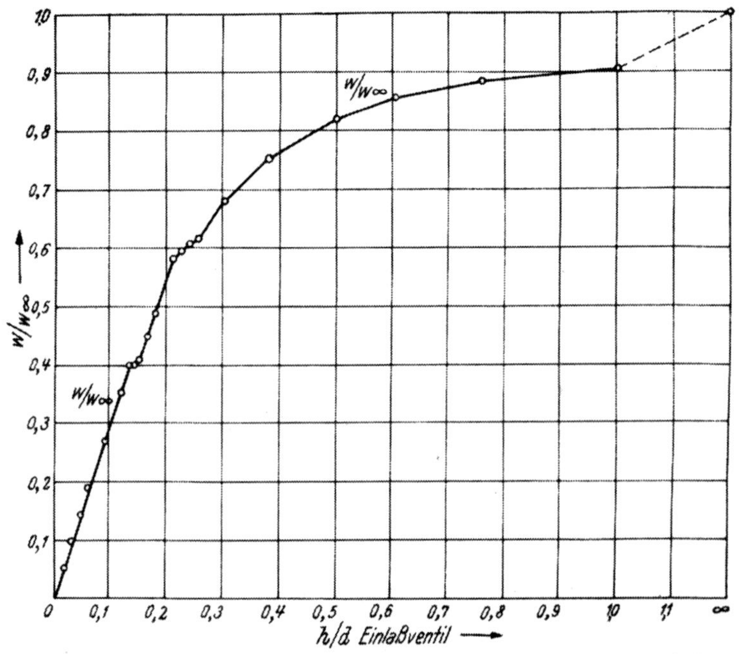

Abb. 54. Verhältnis der mit und ohne Ventil bei gleichem Druckverhältni durch den Einlaßquerschnitt strömenden Luftgewichte. Nach Tanaka.

Durch photographische Strömungsaufnahmen eines Luft-Aluminiumstaub-Gemisches konnten bei der Einlaßventilströmung vier Strömungsformen nach Abb. 53 a, b, c und d festgestellt werden. Der Strahl wird bei kleinem Ventilhub zuerst von Ventil und Sitz geführt und löst sich mit zunehmendem Hub zuerst vom Sitz (Abb. 53 b), dann vom Ventil und Sitz (Abb. 53 c) ab und wird bei weiterer

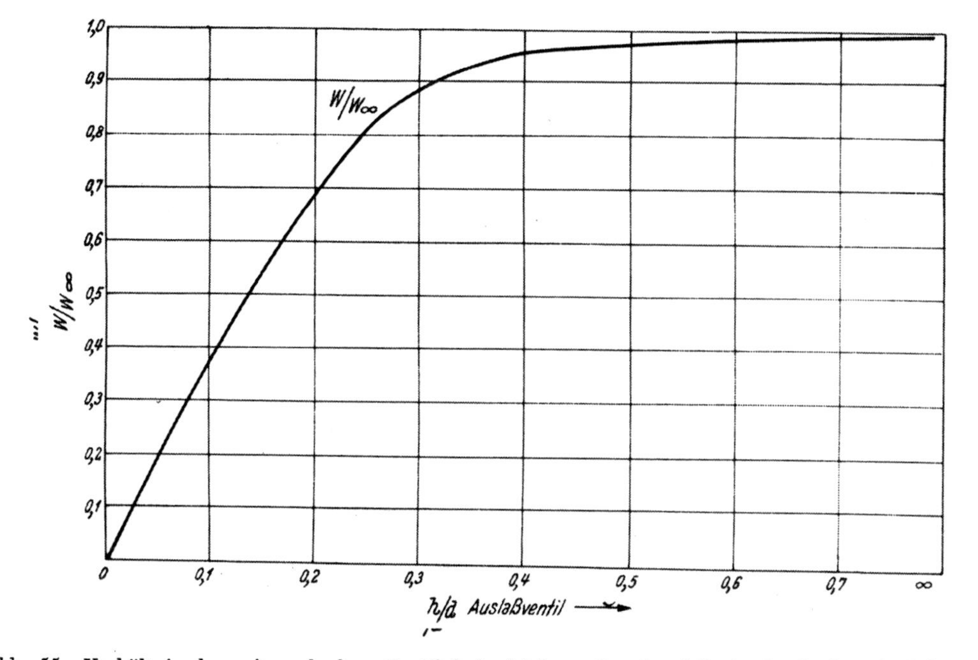

Abb. 55. Verhältnis der mit und ohne Ventil bei gleichem Druckverhältnis durch den Auslaßquerschnitt strömenden Luftgewichte. Nach Tanaka.

Eröffnung auch wesentlich von der Zylinderwand beeinflußt (Abb. 53 d). Die Strömungsformen gehen nach Abb. 54 unstet ineinander über. Die Kurve W/W_∞ entspricht dem Verhältnis des bei einem bestimmten Ventilhub beim normalen Ventil durchströmenden Luftgewichtes zum Luftgewicht W_∞, das beim Hub unendlich, demnach also bei weggenommenem Ventil bei gleichem Druckunterschied durch den Sitz strömt. Bei Vernachlässigung der außerhalb des Ventils liegenden Widerstände wird bei den vorliegenden Versuchen $W/W_\infty \sim \mu\sigma$. Darin ist μ die Durchflußzahl durch den jeweilig freigegebenen Querschnitt, σ die Öffnungsweite, bezogen auf den Sitzquerschnitt.

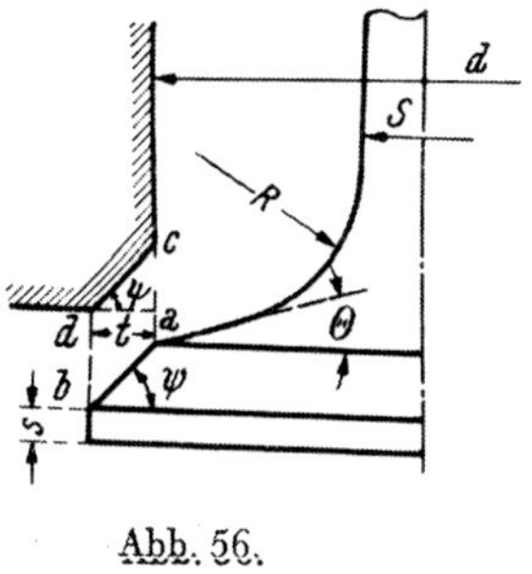

Abb. 56.

Beim Auslaßventil geht die geführte Strömung nach Abb. 53 e, f in stetem Übergang in die vom Ventil abgelöste Strömung über. Die Kurve $W/W_\infty \sim \mu\sigma$ in Abb. 55 zeigt demnach keine Unstetigkeitsstellen. Sie liegt höher als beim Einlaßventil, die Auslaßströmung hat demnach geringere Widerstände.

Ein wesentlicher Einfluß der Ventilform auf die Durchflußwiderstände wurde bei diesen Versuchen festgestellt.

Den Einfluß des Kopfwinkels Θ in Abb. 56 beim Einlaßventil auf den Widerstand zeigt Abb. 57. Nach Abb. 58 sind Sitzwinkel von $\psi = 30^0$ und 45^0 den Sitzwinkeln 0^0 und 60^0 hinsichtlich der Strömungswiderstände überlegen. Durch Abrundungen am Ventil und Ventilsitz kann nach Abb. 59 eine wesentliche Verbesserung des Durchflusses beim Einlaßventil erzielt werden.

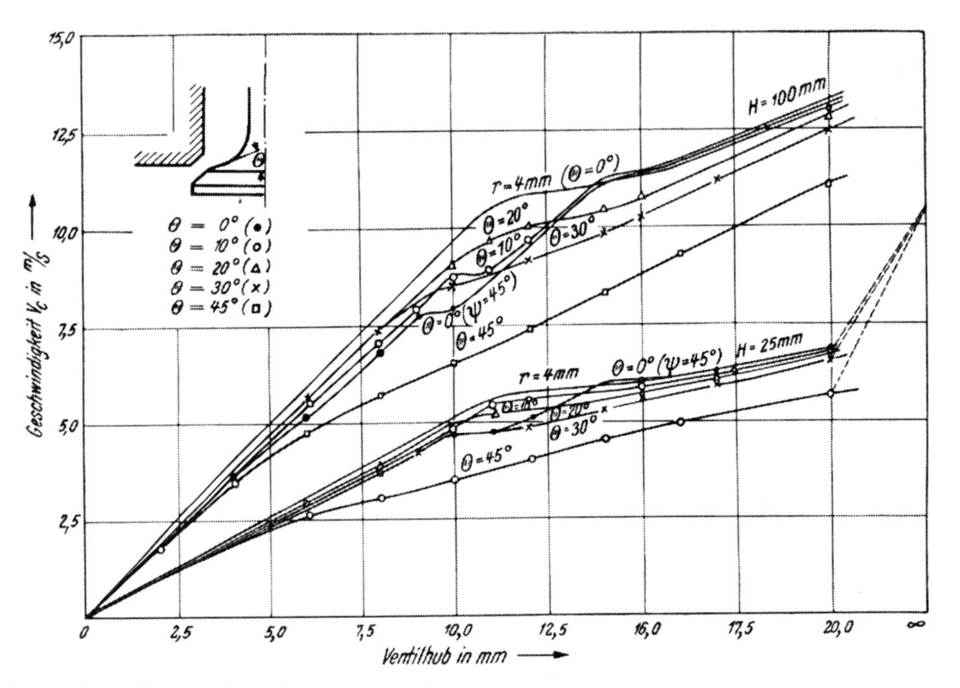

Abb. 57. Einfluß des Kopfwinkels Θ auf die bei konstantem Druckunterschied durch das Einlaßventil strömende Luftmenge. Nach Tanaka.

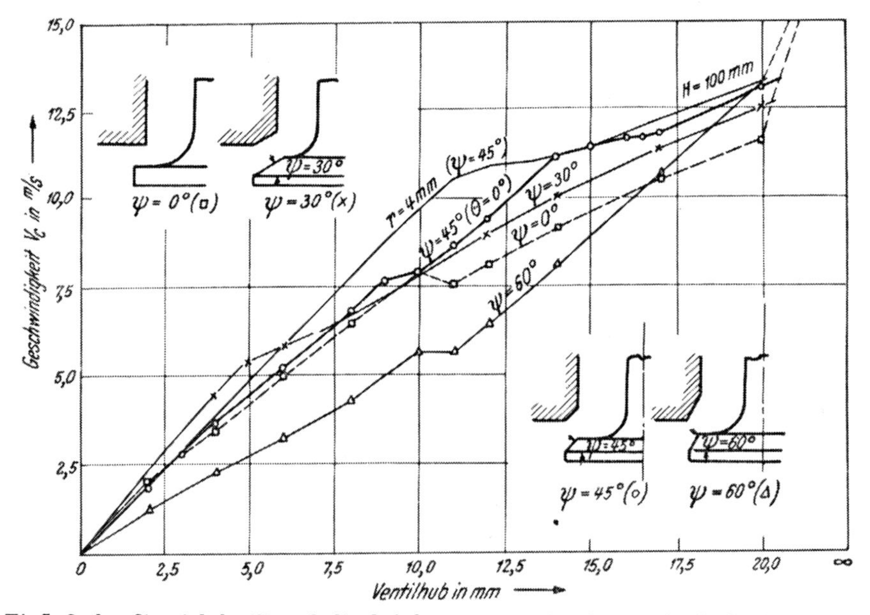

Abb. 58. Einfluß des Sitzwinkels Ψ auf die bei konstantem Druckunterschied durch das Einlaßventil strömende Luftmenge. Nach Tanaka.

Die Abb. 60 und 61 zeigen den Einfluß des Sitzwinkels und der Abrundungen beim Auslaßventil.

Die $W/W_{\infty} \sim \mu\sigma$-Werte in den Abb. 54 und 55, die durch Umrechnung der Originaldiagramme bei Vernachlässigung der außerhalb des Ventils liegenden Strömungswiderstände erhalten wurden, sind nur zu Vergleichen benutzbar. Berechnungen können diese Werte nicht zugrunde gelegt werden, da sie den Einfluß des

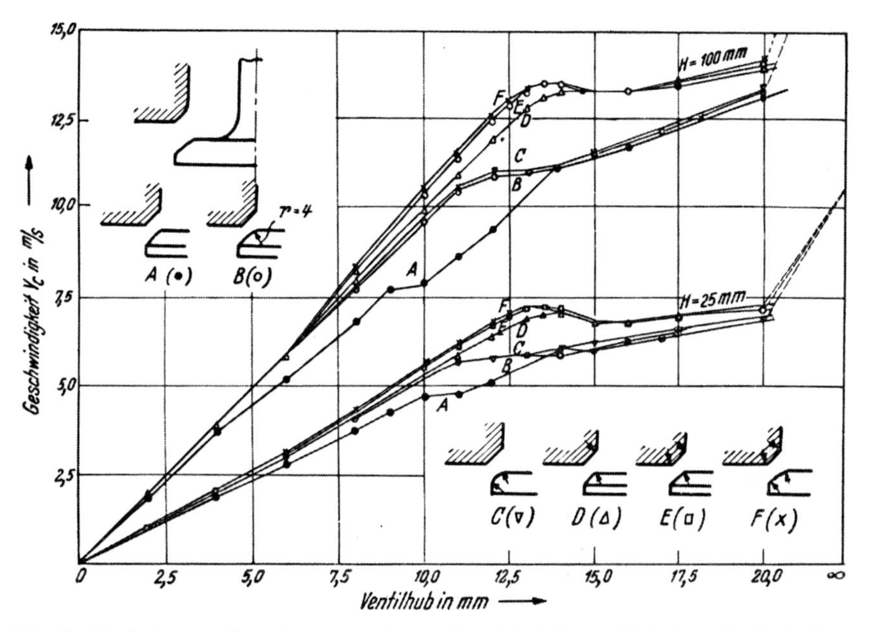

Abb. 59. Einfluß von Abrundungen auf den Durchfluß beim Einlaßventil. Nach Tanaka.

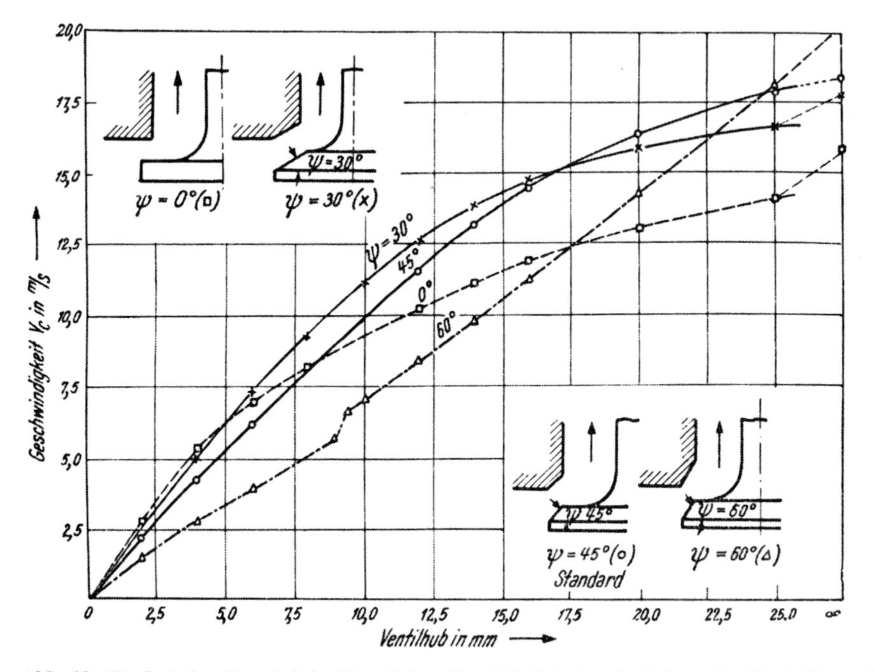

Abb. 60. Einfluß des Sitzwinkels Ψ auf den Durchfluß beim Auslaßventil. Nach Tanaka.

Kanals im Zylinderdeckel und der Ventilführung auf die Strömung nicht enthalten. Die Untersuchung von Tanaka gibt vor allem qualitative Hinweise über die strömungsmäßige Gestaltung von Ventilen.

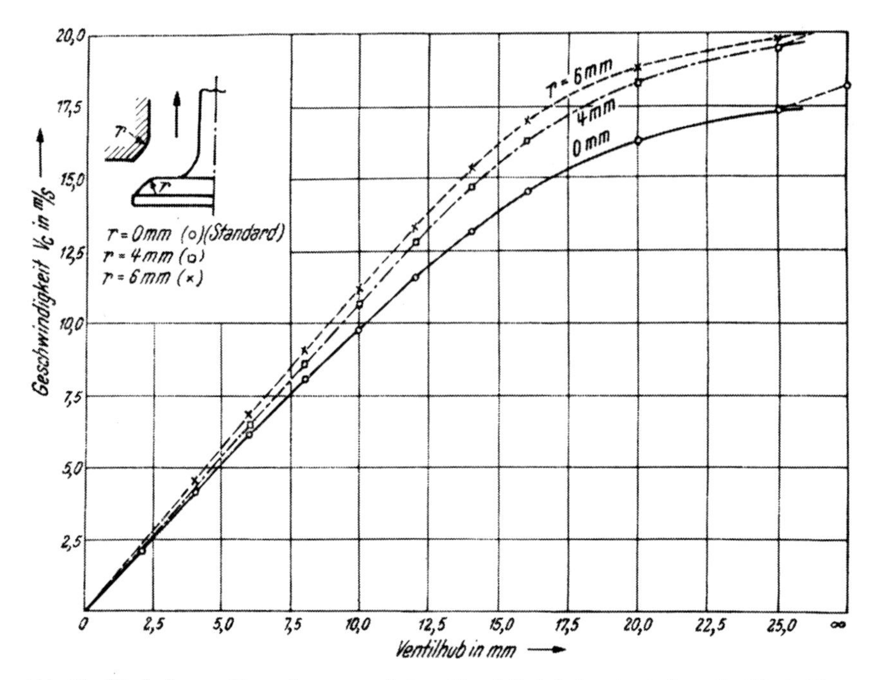

Abb. 61. Einfluß von Abrundungen auf den Durchfluß beim Auslaßventil. Nach Tanaka.

b) Die Strömung im Einlaßkanal und Einlaßventil.

Man berücksichtigt bei der Ermittlung von $\mu\sigma$ im allgemeinen auch den Widerstand des Kanals im Zylinderdeckel und erhält, wenn wieder $\mu\sigma$ in Abhängigkeit von $\frac{h}{d}$ (Ventilhub/Sitzringdurchmesser) aufgetragen wird, eine Kurve, welche die Güte der strömungstechnischen Ausbildung von Ventil und Einlaßkanal beurteilen läßt.

Bei den Messungen zur Bestimmung von $\mu\sigma$ wird der Druckunterschied zwischen Außenluft und dem Zylinder und die stationär durchströmende Menge in Abhängigkeit vom Ventilhub gemessen. Die Durchflußzahlen sind im unterkritischen Bereich, der vor allem in Betracht kommt, nur wenig vom Druckverhältnis abhängig, so daß es im allgemeinen genügt, sie für ein Druckverhältnis zu bestimmen.

Untersuchungen, die im Institut des Verfassers in Graz von Keckstein [16] durchgeführt wurden, ergaben im wesentlichen die in Abb. 62 dargestellten Zusammenhänge.

Zahlentafel 1 enthält die Abmessungen der Kanäle, die den einzelnen Kurven zugeordnet sind.

Zahlentafel 1

Kurve	Maße	a	b	r_i	r_a		in Bruchteilen von d
1		0,6	0,65	0,3	1,0		Abb. 62 a
2		1,0	0,95	0,2	1,0	ohne Nase	Abb. 62 a
3		0,4	0,45	0,4	1,45	ohne Nase	Abb. 62 a
4		0,6	0,75	0,5	0,6	ohne Nase	Abb. 62 a
5		—	—	0,3	1,0	ohne Nase	Abb. 62 b

Das untersuchte Ventil hatte 48 mm Sitzdurchmesser.

Die Abmessungen in den Skizzen sind auf diesen Durchmesser bezogen. Mit zunehmendem r_i, abnehmendem r_a steigt die Durchflußzahl (Kurven 2, 3 und 4). Durch

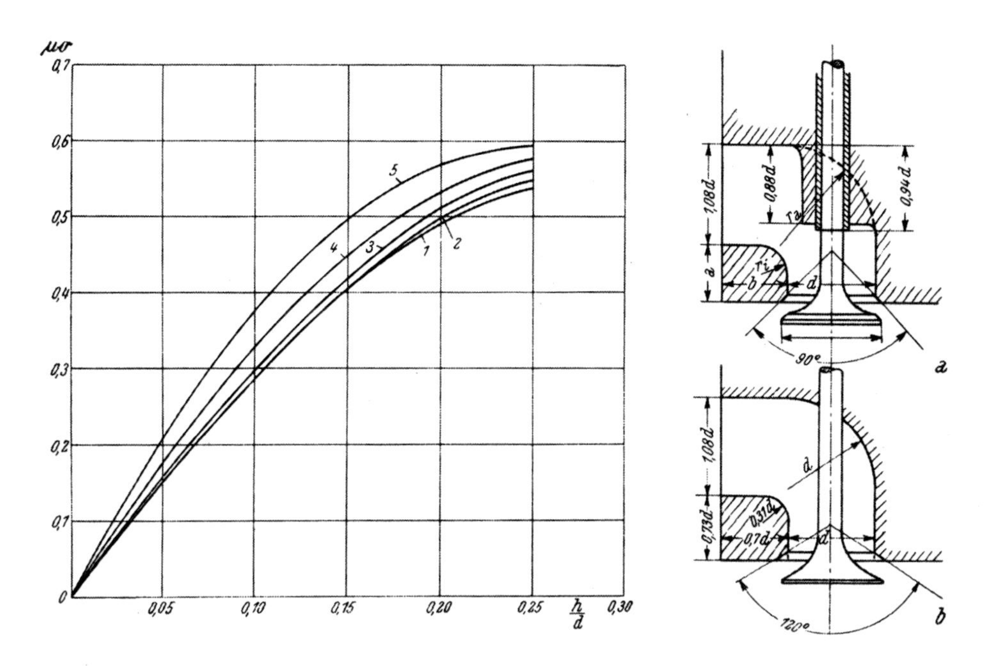

Abb. 62. μσ-Werte für Einlaßventile und Abmessungen nach Zahlentafel 1. Nach Keckstein.

die Vergrößerung von r_i wird die Einschnürung des Gasstromes herabgesetzt, die Verkleinerung von r_a vergrößert den Querschnitt des Krümmers.

Eine wesentliche Erhöhung der Durchflußzahl wird durch Herabsetzen des Sitzwinkels von 45° auf 30° (Kurve 5 und 4) erreicht. Die Ventilführung und die angegossene Nase verkleinert die Durchflußzahl etwas (Kurven 1 und 2), der Einfluß ist im allgemeinen aber geringer, als man erwarten würde und läßt sich durch strömungsmäßig günstige Ausbildung (Stromlinienkörper) sehr klein halten.

Aus anderen Untersuchungen ergab sich, daß die Strömungsverhältnisse durch eine Ausführung des Krümmers mit abnehmendem Querschnitt, die eine Beschleunigungsströmung verursacht, verbessert werden können. Weiter ist ein möglichst ausgerundeter Übergang zum Ventilsitz etwa nach Abb. 63 strömungstechnisch günstig. Die Versperrung durch die für die Ventil-

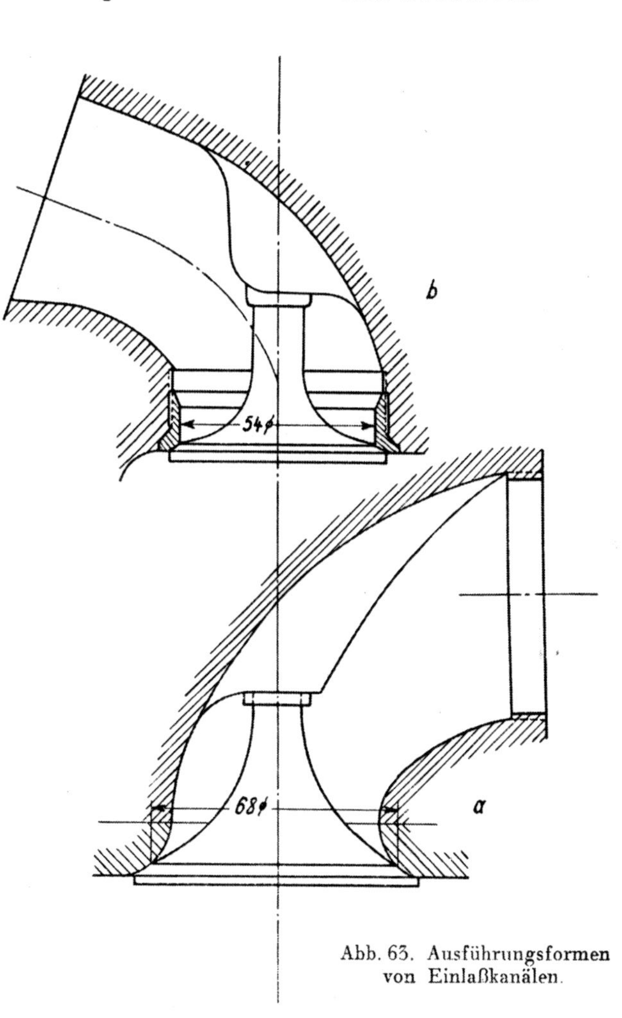

Abb. 63. Ausführungsformen von Einlaßkanälen.

führung erforderliche Nase kann auch durch eine seitliche Ausweitung des Kanals ausgeglichen werden. Die Durchflußzahlen nehmen mit abnehmendem Umlenkwinkel des Einströmkanals zu.

Abb. 64 zeigt den Verlauf von $\mu\,\sigma$ für die Einlaßkanäle und Ventile nach Abb. 63.

c) Auslaßkanal.

Untersuchungen über die Strömungswiderstände des Auslaßkanals sind nur in geringem Umfang ausgeführt worden. Da ein großer Teil des Ausströmvorganges im überkritischen Bereich erfolgt, müssen die Messungen der Durchflußzahl zur Gewinnung von Rechnungs- oder Vergleichsunterlagen auch auf überkritisches Gebiet ausgedehnt werden. Abb. 3 zeigt das Ergebnis einer solchen Untersuchung. Der Kanal hatte eine der Abb. 63 ähnliche Form.

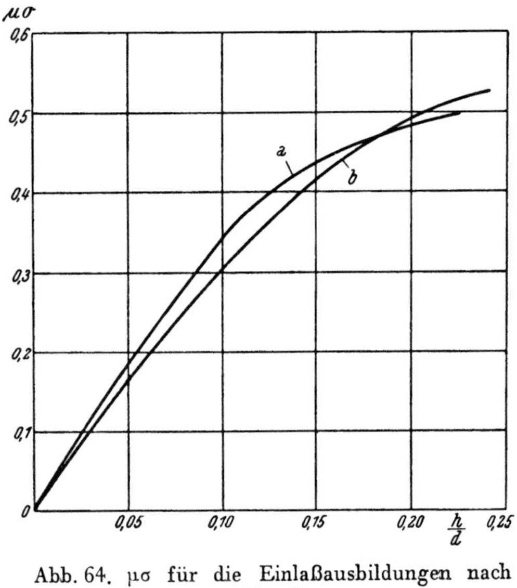

Abb. 64. $\mu\sigma$ für die Einlaßausbildungen nach Abb. 63.

Eine Ermittlung der Zusammenhänge zwischen Kanalausbildung und Durchflußzahl, wie sie bei Einlaßventilen an verschiedenen Stellen durchgeführt wurde, ist nicht veröffentlicht worden. Für die Durchflußzahlen im überkritischen Gebiet, die von besonderem Interesse bei Höhenmotoren mit Freiauspuff sind, ist die Kanalausbildung ohne Bedeutung, allein der engste Ventilquerschnitt ist maßgebend.

Bei Bodenmotoren ohne und mit geringer Aufladung ist der Auspuffvorgang bei normal bemessenem Auslaßventil für den Gesamtwirkungsgrad des Motors von nicht sehr großer Bedeutung.

Von Bedeutung ist die strömungstechnische Ausbildung des Auslaßkanals bei Rückstoßdüsen, in denen ein möglichst großer Teil der Auspuffenergie in kinetische Energie des Strahles an der Düsenmündung umgesetzt werden soll, und bei der Anordnung von Abgasturbinen. Auf diese Verhältnisse wird in einem späteren Abschnitt eingegangen.

8. Schiebersteuerungen.

a) Allgemeines.

Neben den Ventilsteuerungen sind eine Reihe von anderen Steuerungsbauarten entwickelt bzw. vorgeschlagen worden. Band 9 enthält die Beschreibung einiger derselben. Von allen diesen Bauarten hat sich bisher nur die Einschiebersteuerung von Burt Mac Collum in etwas größerem Umfang in England durchgesetzt. Es ist jedoch nicht ausgeschlossen, daß in weiterer Zukunft auch andere Steuerungsbauarten, vor allem solche mit gleichmäßiger Drehbewegung, größere Bedeutung erlangen, da diese für höhere Drehzahlen durch den Wegfall der Beschleunigung, durch große Eröffnungs- und Abschlußgeschwindigkeiten und durch große Steuerquerschnitte besonders geeignet sind. Voraussetzung für ihre Einführung ist allerdings die Entwicklung brauchbarer Lösungen für die Abdichtung.

Die rechnerische Ermittlung der Kenngrößen des Ladungswechsels, wie Liefergrad, Luftaufwand, Ladungswechselarbeit, erfolgt bei allen diesen Steuerungen grundsätzlich gleich wie bei den Ventilsteuerungen. Es sind die wirksamen Querschnittflächen in Abhängigkeit vom Kolbenwinkel zu bestimmen und durch schrittweise Berechnung die Kenngrößen zu ermitteln. Dazu sind Versuche zur Bestimmung der Durchflußzahlen am Modell oder Maschinenzylinder durchzuführen. Ist eine experimentelle Ermittlung der Durchflußzahlen nicht möglich, so muß unter Verzicht auf größere Genauigkeit mit geschätzten Werten gerechnet werden.

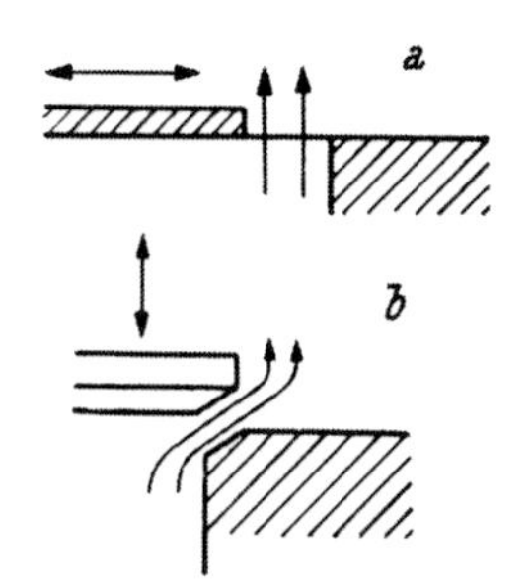

Abb. 65. a Schieber. b Ventil.

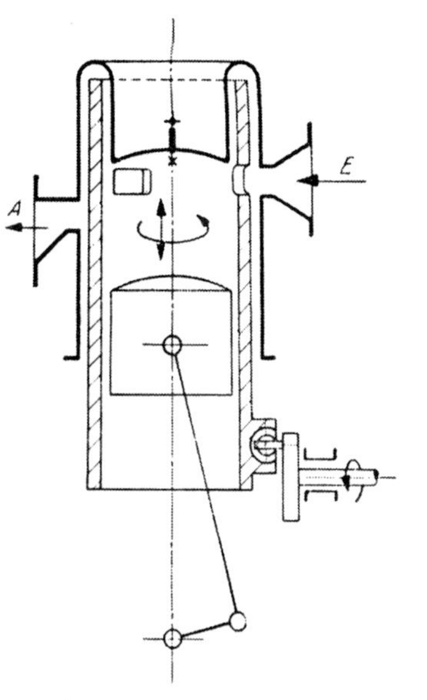

Abb. 66. Schema eines Burt-Mac-Collum-Schieber-Motors.

Hinsichtlich des Eröffnungsverlaufes haben die Schiebersteuerungen gegenüber den Ventilsteuerungen den grundsätzlichen Vorteil, daß die Steuerbewegung nach Abb. 65a in der Abdichtungsfläche erfolgt, Abschluß und Eröffnung daher mit großer Geschwindigkeit möglich sind. Beim Ventil Abb. 65 b bewegen sich die Dichtflächen beim Abschluß gegeneinander. Um eine übermäßige Beanspruchung der Dichtflächen und des Antriebes durch Stöße zu vermeiden, muß der Abschluß daher mit geringer Geschwindigkeit erfolgen. Die Abschluß- und die Öffnungsbewegung muß stark verzögert bzw. beschleunigt werden.

Ein weiterer Vorteil der Schiebersteuerungen liegt darin, daß das Durchströmen nach Abb. 64 a ablenkungsfreier als bei Ventilsteuerung erfolgt, wodurch sich bessere Durchflußzahlen ergeben. Ausführliche vergleichende Untersuchungen über die Durchflußzahlen verschiedener Bauarten würden hier wesentliche Aufklärung bringen.

Im folgenden wird auf die verbreitetste Schiebersteuerung, auf den Burt-Mac-Collum-Schieber, näher eingegangen.

b) Der Burt-Mac-Collum-Schieber*.

B e s c h r e i b u n g.

Ein Rohrschieber wird nach Abb. 66 durch ein Kugelgelenk und einen Zapfen angetrieben und erhält dadurch gleichzeitig:

1. eine schwingende Bewegung in Richtung der Zylinderachse,
2. eine schwingende Drehbewegung.

Diese Bewegungen setzen sich so zusammen, daß ein Punkt der Schiebermantelfläche abgewickelt eine annähernd ellipsenförmige Bahn beschreibt.

---

* Nach einer Arbeit von Z e n k e r im Institut des Verfassers.

Im oberen (brennraumseitigen) Ende des Schiebers befinden sich Steuerungsöffnungen, die mit entsprechenden Steuerungsöffnungen des Zylinders zusammenarbeiten und Ein- und Auslaß steuern. Von oben ragt nach Abb. 66 ein kolbenartig ausgebildeter Zylinderkopf in den Schieber. Die Abdichtung zwischen Schieber und Zylinder erfolgt durch genau geschliffene Flächen ohne Anpreßdruck, zwischen Schieber und Zylinderkopf durch selbstspannende Kolbenringe. Abb. 67 zeigt die Anordnung der Öffnungen im Zylinder für eine Ausführung der Steuerung. Der Zylinder hat bei dieser Ausführung drei Einlaß- und zwei Auslaßöffnungen, der Schieber zwei Einlässe, einen Auslaß und eine Öffnung, die abwechselnd Einlaß und Auslaß steuert.

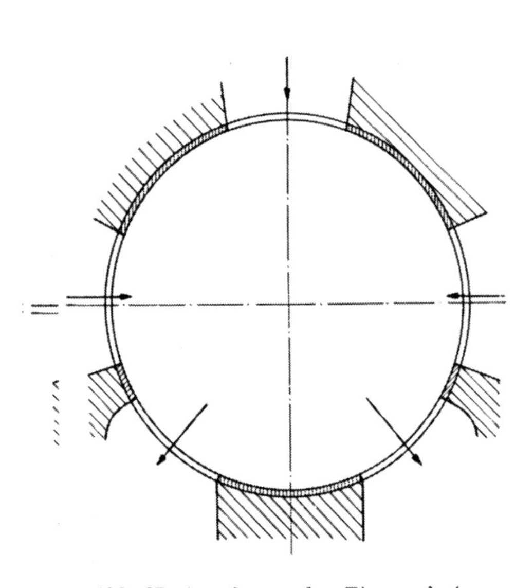

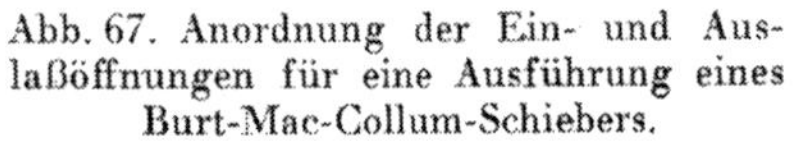

Abb. 67. Anordnung der Ein- und Auslaßöffnungen für eine Ausführung eines Burt-Mac-Collum-Schiebers.

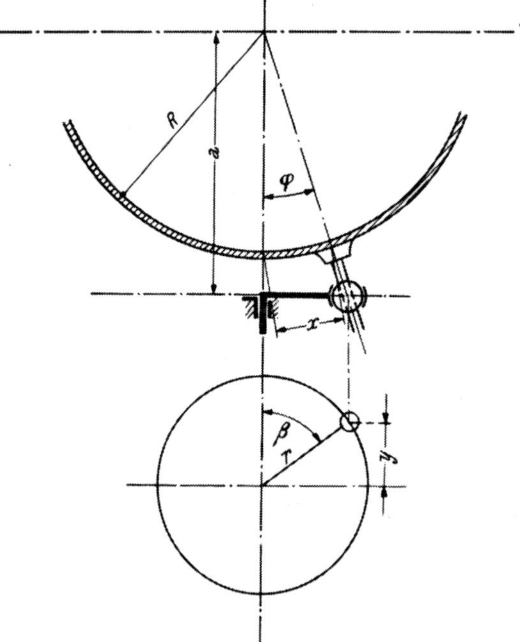

Abb. 68. Kinematische Zusammenhänge bei der Schieberbewegung.

Die Ermittlung der Eröffnungsgesetze für Ein- und Auslaß. Zur Bestimmung der freien Durchtrittsquerschnitte muß der Weg ermittelt werden, den ein Punkt des Schieberumfanges gegenüber dem Zylinderumfang beschreibt. Abb. 68 zeigt die kinematischen Zusammenhänge.

Mit den Bezeichnungen nach Abb. 68 wird die Bewegung des Schiebers in der y-Richtung (Richtung der Zylinder-Achse)

$$y = r \cos \beta,$$

in der x-Richtung:

$$x = \pi \, . \, R \, \frac{\varphi}{180}, \qquad \varphi = \operatorname{arc\,tg} \frac{r \, . \sin \beta}{a}.$$

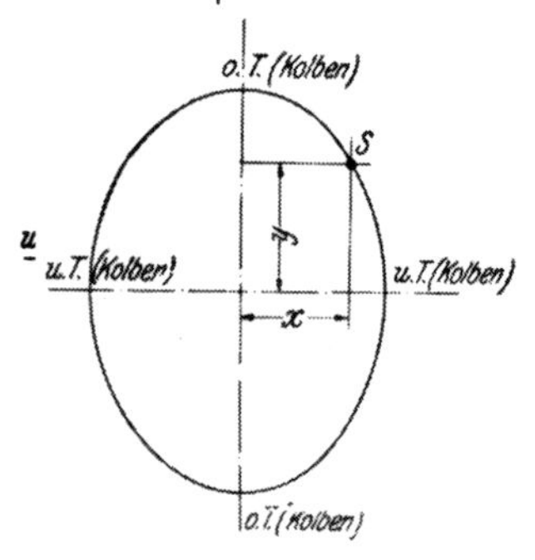

Abb. 69. Schieberbahn.

Damit ist die Schieberbahn in Abhängigkeit von der Kurbelstellung zu errechnen und aufzuzeichnen.

Bei symmetrischen Steuerzeiten werden Kurbelwelle und Schieberantriebswelle so verbunden, daß die Totpunkte des Kolbens nach Abb. 69 mit den Schnittpunkten der Achsen der ellipsenähnlichen Schieberbahn zusammenfallen.

Die eigentümliche Form der Öffnungen ergibt sich zwangsläufig aus der Form der Bahn, der vorgegebenen Breite und Höhe der Öffnungen und aus der Forderung nach möglichst hoher Abschluß- und Eröffnungsgeschwindigkeit.

Die **Breite** der Öffnungen ist gegeben aus dem Zylinderumfang, der Anzahl der Öffnungen und der zur Abdichtung erforderlichen Überdeckung. Abb. 70 zeigt die Abwicklung des Zylinderumfanges. Es muß mit D als Zylinderdurchmesser und δ als Wandstärke des Schiebers sein

$$\pi (D + 2\delta) = 8b + 6z_1 + 2z_2 .$$

Darin ist b die Öffnungsbreite, z_1 die Dichtungsüberdeckung (es genügen 2,5—3 mm) und z_2 der Abstand zwischen Einlaß- und Auslaßöffnung, der durch die Ausbildung der Kanäle im Zylinder gegeben ist. Man erhält daraus b.

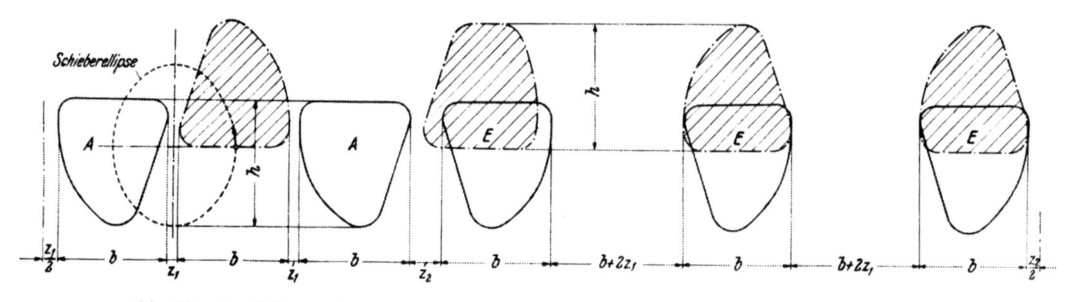

Abb. 70. Abwicklung des Zylinderumfanges einer Burt-Mac-Collum-Schiebersteuerung. —·— Schieberöffnungen. — Zylinderöffnungen.

Die Höhe h der Öffnung ist nach Abb. 71 gleich dem Abstand des Auslaßöffnungs- bzw. Einlaßschlußpunktes vom unteren Scheitelpunkt der Schieberbahn. Die das Öffnen und den Abschluß steuernden Kanten werden als Gerade ausgeführt, die übrige Begrenzung der Öffnung ist annähernd ellipsenförmig. Die Übergänge sind abgerundet. Abb. 72 zeigt das Zusammenspiel der beiden Öffnungen. Der Radius des Schieberantriebes ist so anzunehmen, daß die Ausschläge in Umfangsrichtung eine Amplitude von $b + z_1$ haben. Die Ausschläge in Richtung der Zylinderachse liegen damit fest. Der gegebenen Breite der Öffnungen ist daher bei gegebenen Steuerdaten eine Höhe eindeutig zugeordnet.

Die erwähnte Austeilung, bei welcher der gesamte Zylinderumfang ausgenützt wird, gibt sehr großen Steuerquerschnitt und eignet sich daher für sehr hohe Drehzahlen.

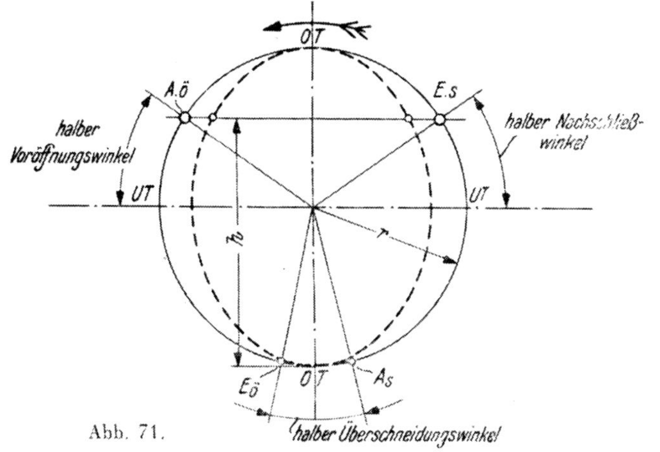

Abb. 71.

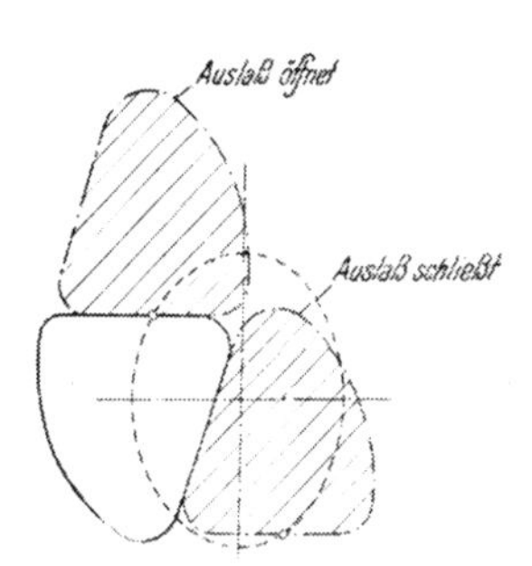

Abb. 72. Zusammenspiel der Auslaßöffnungen von Zylinder und Schieber.

Die Steuerung kann bei niederen Drehzahlen auch mit einer geringen Zahl von Öffnungen ausgeführt werden.

Die Flächenbestimmung erfolgt am besten in der Weise, daß die Zylinderöffnungen (in vergrößertem Maßstab) aufgezeichnet werden und die auf Transparentpapier gezeichneten Schieberöffnungen nach der entworfenen Schieberbahn über die Zylinderöffnungen geführt werden. Für eine Anzahl von Schieberstellungen wird dann die freie Fläche planimetriert und die Ergebnisse als Flächenkurve über dem Kurbelwinkel aufgetragen.

Man erhält den Öffnungswert σ, wenn man die jeweilige Fläche zum Maximalwert der Eröffnung ins Verhältnis setzt. w_{me} und w_{ma} sind für die entsprechenden maximalen Eröffnungen zu ermitteln und in die Ausdrücke für die Berechnung des Druckverlaufes einzusetzen.

Bei der Bestimmung der Steuerquerschnitte darf nicht außer acht gelassen werden, daß der Kolben in der Nähe des oberen Totpunktes einen Teil der Flächen abdeckt. Die Kolbenstellung relativ zu den Öffnungen ergibt sich aus dem Entwurf des Motors, dem die erforderlichen Maße, wie Pleuelstangenlänge, Kolbenhöhe usw., zu entnehmen sind. Den Einfluß der Kolbenüberdeckung auf die Eröffnungskurve zeigt die Abb. 73. Das Gebiet der Überschneidung (Spülperiode) wird durch die Kolbenüberdeckung stark beeinflußt.

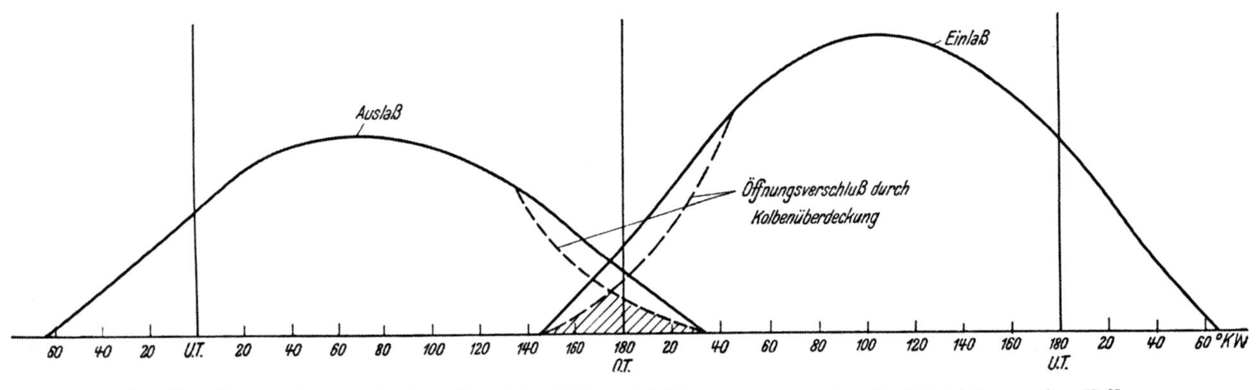

Abb. 73. Querschnittverlauf einer Burt-Mac-Collum-Schiebersteuerung unter Berücksichtigung der Kolbenüberdeckung.

Der Durchflußwert μ muß durch Versuche bestimmt werden. Dazu sind für eine Reihe von Schieberstellungen und für mehrere Druckverhältnisse die bei stationärer Strömung je Zeiteinheit durch den Steuerquerschnitt fließenden Mengen zu messen und daraus μ zu berechnen. Das Ergebnis solcher Durchflußmessungen liegt nicht vor, es ist jedoch anzunehmen, daß sich beim Schieber bedeutend günstigere Durchflußbeiwerte als beim Ventil ergeben. Man kann überschlägig Werte von μ zwischen 0,75 und 0,85 annehmen.

Durch Variation der Hauptabmessungen der Steuerung können gewünschte Verhältnisse hergestellt werden.

Für die überschlägige Beurteilung der Steuerverhältnisse benutzt man die Werte von w_{me} und w_{ma}, die größenordnungsmäßig den für Ventilsteuerungen angegebenen Werten gleich sein müssen, und die Öffnungs- und Abschlußwinkel, für die gleichfalls annähernd die bei den Ventilsteuerungen gemachten allgemeinen Angaben gelten. Die Schiebersteuerung hat gegenüber der Ventilsteuerung den Vorteil, raschere

Eröffnung und Abschluß der Steuerquerschnitte zu geben und die Unterbringung großer Öffnungsquerschnitte mit großen Durchflußzahlen zu ermöglichen. Dem stehen jedoch auch verschiedene Nachteile gegenüber. Die Wärmeabfuhr vom Kolben erfolgt zum größten Teil über den Schieber, daher durch zwei Gleitflächen. Sie erfordert daher ein höheres Temperaturgefälle als bei dem unmittelbar auf der gekühlten Zylinderlauffläche gleitenden Kolben. Die Kolbentemperaturen werden daher höher liegen als bei Ventilmaschinen und die Grenze der thermischen Belastbarkeit früher erreicht werden. In bezug auf die Konstruktion macht die Beherrschung der großen Massenkräfte im Kugelgelenk Schwierigkeiten, so daß die Eignung der Schiebersteuerung für hohe Drehzahlen aus diesem Grunde nicht voll ausgenützt werden kann.

9. Der Viertaktmotor bei geänderten Betriebsbedingungen.

Im folgenden werden die Zusammenhänge besprochen, die infolge des Einflusses des Ladungswechsels zwischen Drehmoment und Drehzahl (Drehmomentkennlinie) und zwischen Außenzustand und Leistung und Verbrauch bestehen.

Während beim Zweitakt sich die Übergänge zwischen nichtaufgeladenen und aufgeladenen Motoren verwischen, beide daher gemeinsam besprochen werden konnten, ist beim Viertakt eine getrennte Behandlung der aufgeladenen und der nichtaufgeladenen Maschine erforderlich.

a) Drehmomentkennlinie von Viertaktmotoren.

α) Selbstansaugender Motor.

Der Höchstwert des Drehmoments bei einer bestimmten Drehzahl ist bei kleinen Dieselmotoren im allgemeinen durch die Rauchgrenze des Verbrennungssystems gegeben, bei größeren Dieselmotoren durch die thermische Belastung der höchstbeanspruchten Teile, vor allem des Kolbens, bestimmt. Die Rauchgrenze läßt sich durch Versuche einigermaßen genau bestimmen, besonders dann, wenn zur Feststellung der beginnenden Auspufftrübung objektiv wirkende Meßeinrichtungen verwendet werden. In bezug auf die thermische Belastung der Maschine ist die Kennzeichnung der Grenzen weniger einfach, aber durch geeignete Meßeinrichtungen, z. B. solche zur Bestimmung der Kolbentemperatur, auch feststellbar, wenn Erfahrungen über die zulässige Höhe der gemessenen Temperaturen vorliegen.

Die Abhängigkeit des Drehmoments an der Rauchgrenze oder an der Grenze der thermischen Belastung des Motors von der Drehzahl kann als natürliche Kennlinie des Motors bezeichnet werden. Diese natürliche Kennlinie hängt bei Maschinen, bei denen die Rauchgrenze maßgebend ist, ab von der Lieferkurve, den Luftüberschüssen λ und den Wirkungsgraden η_{i-1} an der Rauchgrenze, ferner von der Abhängigkeit des Reibungsdruckes p_r und der Ladungswechselarbeit p_l von der Drehzahl.

Der Ladungswechsel beeinflußt Liefergradkennlinie und den Druck der Ladung am Beginn der Verdichtung p_1, von Seite des Verbrennungssystems werden λ und η_{i-1} bestimmt. p_r hängt von der Konstruktion und Herstellungsgenauigkeit des Motors ab.

Man wird meist trachten, die natürliche Drehmomentkennlinie den Anforderungen entsprechend zu gestalten. So ist z. B. bei Fahrzeugmotoren im allgemeinen ein mit steigender Drehzahl abnehmendes Drehmoment, eine „elastische" Kennlinie, mit Rücksicht auf die Fahrteigenschaften erwünscht.

Von Seite des Ladungswechsels kann durch Wahl der Steuerzeiten und der Eröffnungskurven der Ventile die Liefergradkurve und damit die Drehmomentkennlinie innerhalb allerdings meist nicht sehr weit auseinanderliegender Grenzen verändert werden.

Die praktische Verwirklichung der natürlichen Drehmomentkennlinie würde voraussetzen, daß die Kraftstoffpumpe bei jeder Drehzahl höchstens die an der Belastungsgrenze benötigte Kraftstoffmenge einspritzt, daher ihre Regelstange bei dieser Kraftstoffmenge an einen Anschlag stößt. Es würde nun umständlich sein, wenn dieser Anschlag mit der Drehzahl verstellt werden müßte, man sucht daher, wie von Pischinger im Band 7 ausgeführt wurde, die Förderkennlinie der Kraftstoffpumpe möglichst so zu gestalten, daß bei gleichbleibendem Anschlag bei jeder Drehzahl die Brennstoffmenge eingespritzt wird, die der Motor an der Belastungsgrenze benötigt.

Durch entsprechende Gestaltung der Förderkennlinie der Kraftstoffpumpe können innerhalb der durch die natürliche Drehmomentkennlinie gegebenen Grenzen beliebige Kennlinien verwirklicht werden. Zur guten Ausnützung des Motors wird man natürlich mit der durch die Kraftstoffpumpe gegebenen Kennlinie bis auf einen Sicherheitsabstand möglichst nahe an die natürliche Kennlinie heranrücken. Die Mittel zur Gestaltung der Förderkennlinie der Kraftstoffpumpen sind von Pischinger in Band 7 besprochen.

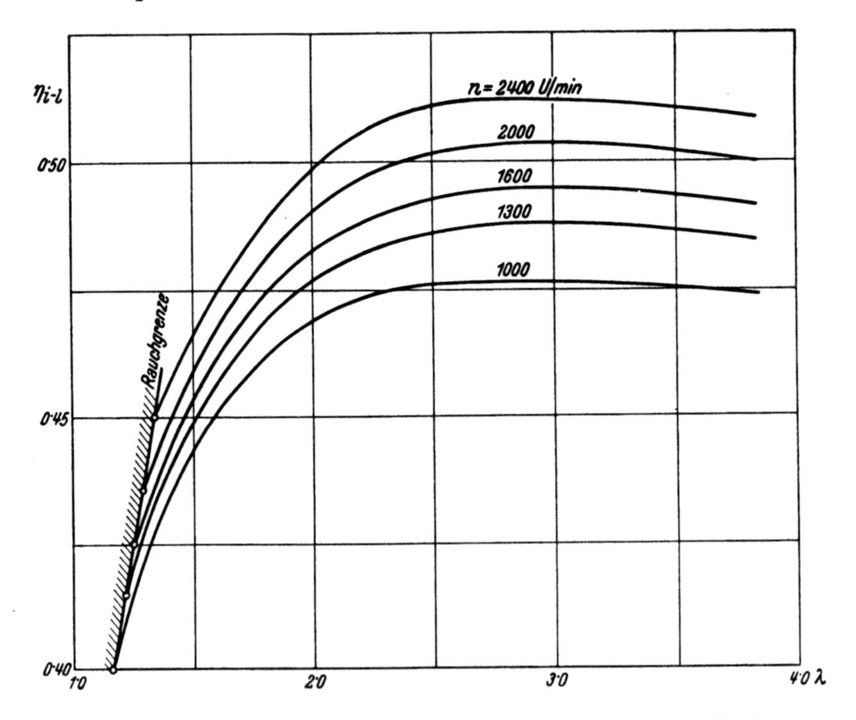

Abb. 74. Zusammenhänge zwischen η_{i-l}, n und λ beim Fahrzeugdieselmotor GM 145 der Klöckner-Humboldt-Deutz-AG.

Zur Ermittlung der Kennlinie benützt man die Beziehung

$$p_{i-l} = 0{,}0427 \cdot \frac{H_u \cdot \eta_{i-l}}{\lambda \cdot L_o} \lambda_l = C \cdot \frac{\eta_{i-l} \cdot \lambda_l}{\lambda}. \quad (61)$$

λ_l ist aus der Liefergradkurve zu nehmen. η_{i-l} und λ müssen für das Verbrennungssystem gegeben sein.

$p_l = f(n)$ kann nach Abschnitt II, 5 durch Rechnung oder Schätzung ermittelt, p_r auf Grund von Erfahrungswerten (Bd. 2, II. Auflage) angenommen werden. Man erhält

$$p_e = p_{i-l} + p_l - p_r. \tag{62}$$

Die Ermittlung der Drehmomentkennlinie wird im folgenden an einem Beispiel gezeigt:

Das Verbrennungssystem des vom Verfasser [17] untersuchten Wirbelkammer-Fahrzeugdieselmotors GM 145 der Klöckner-Humboldt-Deutz-AG. hat die in Abb. 74 dargestellten Zusammenhänge zwischen η_{i-l}, n und λ. Die Rauchgrenze ist in Abb. 74 eingezeichnet.

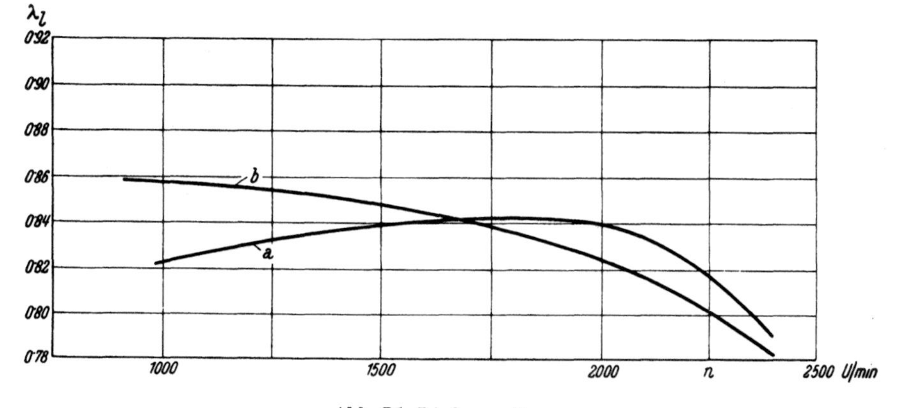

Abb. 75. Liefergradkurven.

Mit der Abb. 75 gezeichneten Liefergradkurve a ist z. B. für $n = 1000$ U/min der Nutzdruck an der Rauchgrenze wie folgt zu ermitteln. Man erhält aus Abb. 74 die Werte $\eta_{i-l} = 0{,}40$, $\lambda = 1{,}18$, $\lambda_l = 0{,}82$, bei $L_0 = 12{,}3\ m^3/kg$ und $H_u = 10.100$ kcal/kg. Damit wird

$$p_{i-l} = 0{,}0427 \cdot \frac{10.100}{1{,}18 \cdot 12{,}3} \cdot 0{,}40 \cdot 0{,}82 = 9{,}8\ kg/cm^2.$$

Aus Abb. 76 entnimmt man $p_l = 0{,}2\ kg/cm^2$ und $p_r = 1{,}4\ kg/cm^2$ und erhält demnach

$$p_e = 9{,}8 - 1{,}6 = 8{,}2\ kg/cm^2.$$

Die einzuspritzende Kraftstoffmenge ist

$$B\,[g/Hub] = \frac{V_h^{lit} \,.\, \lambda_l}{L_0 \,.\, \lambda} \tag{63}$$

$$B = \frac{1{,}21 \cdot 0{,}82}{12{,}3 \cdot 1{,}18} = 0{,}068\ g/Hub$$

oder bei $\gamma = 0{,}86\ g/cm^3$ $\qquad V_{Hub} = 85\ mm^3$.

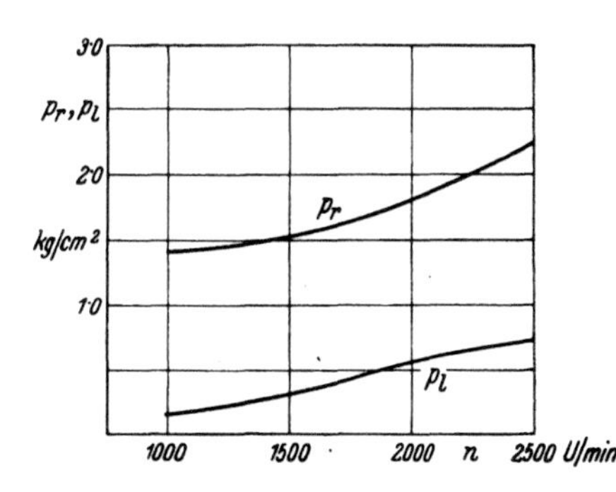

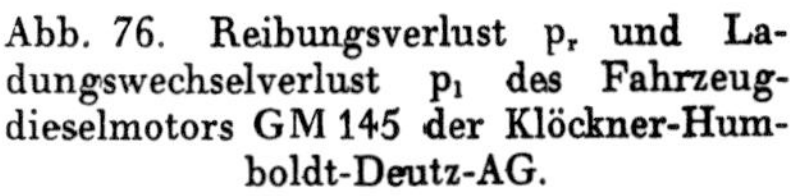

Abb. 76. Reibungsverlust p_r und Ladungswechselverlust p_l des Fahrzeugdieselmotors GM 145 der Klöckner-Humboldt-Deutz-AG.

Bei gegebener Fördercharakteristik der Pumpe hat man von V_{Hub} auszugehen, für die Drehzahl aus Liefergradkurven λ_l zu entnehmen und aus (63) λ zu rechnen. Aus dem Kennlinienfeld des Verbrennungssystems entnimmt man das zugehörige η_{i-l} und rechnet daraus p_{i-l}.

In Abb. 77 ist a die natürliche Drehmomentkennlinie des Motors mit der Liefergradkurve a. Abb. 78 zeigt die zugehörige Förderkennlinie (a) einer Einspritzpumpe, mit der gerade die natürliche Drehmomentkennlinie erreicht, d. h. im ganzen Drehzahlbereich an der Rauchgrenze gefahren werden kann. Erreicht man durch entsprechende Maßnahmen die Liefergradkurve b in Abb. 75, so erhält man an der Rauchgrenze die Drehmomentkennlinie b in Abb. 77, die noch etwas elastischer ist als a.

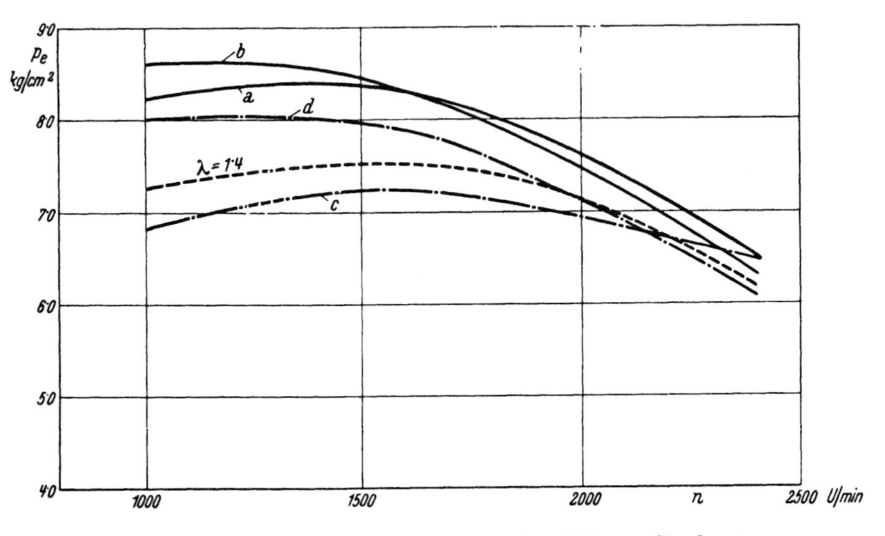

Abb. 77. Berechnete Drehmomentkennlinien eines Fahrzeugdieselmotors.

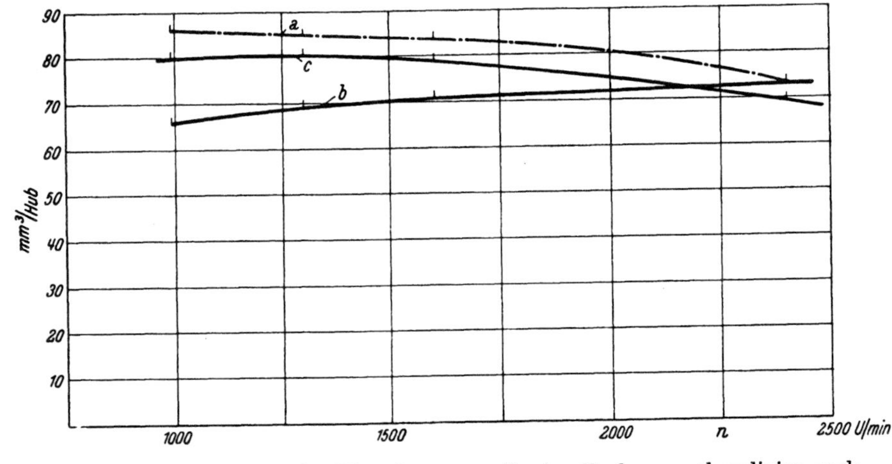

Abb. 78. Förderkennlinien der Einspritzpumpe, die den Drehmomentkennlinien nach Abb. 77 zugeordnet sind.

Geht man von der Förderkennlinie der Pumpe bei gleichbleibender Regelstangenstellung aus, so erhält man z. B. mit der Liefergradkurve a, für die Kurve b in Abb. 78 die Drehmomentkennlinie c in Abb. 77, die infolge der mit der Drehzahl steigenden Förderung der Pumpe nicht elastisch ist. Eine mit der Drehzahl fallende Förderkennlinie der Pumpe z. B. nach Kurve c in Abb. 78 gibt die recht elastische Drehmomentkurve d in Abb. 77, die sich in ihrem Verlauf gut der Kurve a in Abb. 77 anpaßt, also den im allgemeinen gewünschten, annähernd gleichbleibenden Sicherheitsabstand von der Rauchgrenze hat. In Abb. 77 wurde auch die Drehmomentkennlinie für gleichbleibenden Luftüberschuß $\lambda = 1{,}4$ eingezeichnet.

Beim vorliegenden Verbrennungssystem verändert sich das λ an der Rauchgrenze mit der Drehzahl. Innerhalb nicht sehr großer Drehzahlbereiche kann bei vielen Verbrennungssystemen mit einem gleichbleibenden λ für die Rauchgrenze gerechnet werden. In diesem Fall vereinfacht sich die Ermittlung der natürlichen Kennlinie, da an ihr $\lambda =$ konstant ist. Soferne keine Untersuchungsergebnisse über das Verbrennungssystem vorliegen, wie z. B. bei Vorausberechnungen, wird man im allgemeinen an der Rauchgrenze $\lambda =$ konstant setzen und die von Pischinger im Band 7 angegebenen Werte benützen.

β) Aufgeladene Motoren mit mechanisch angetriebenem Gebläse.

Die natürlichen Kennlinien des Motors entstehen durch das Zusammenarbeiten von Gebläse und Motorzylinder. Dieses ist daher zunächst zu behandeln.

Trägt man für konstante Drehzahl die zusammengehörigen Punkte von sekundlicher Liefermenge V_{sek} und Druckverhältnis $\frac{p_L}{p_o}$ für das Gebläse auf, so erhält man Kurve a in Abb. 79. Die Kurve a schneidet die Linien konstanten Wirkungsgrades des Gebläses nach Abb. 79. Trägt man diese Schnittpunkte ein, so kann durch Interpolation der zu jedem Punkt der Kurve a zugehörige Wirkungsgrad ermittelt werden.

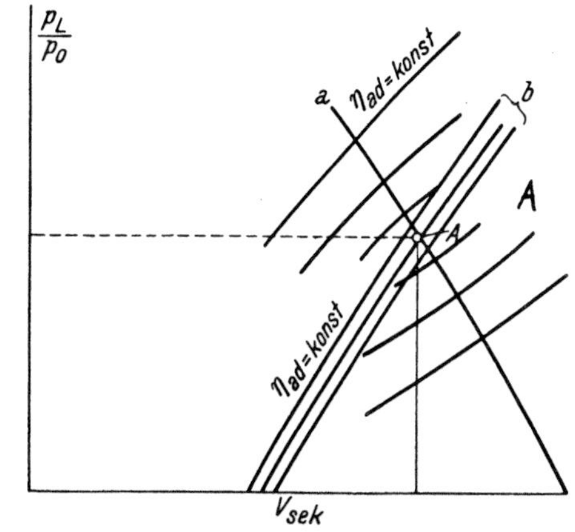

Abb. 79. Zusammenspiel zwischen Gebläse und Motorzylinder. a Kennlinie des Gebläses, b Schlucklinien des Motorzylinders.

Die vom Zylinder in Abhängigkeit von $\frac{p_L}{p_o}$ aufgenommene Ladungsmenge kann als Schlucklinie b in Abb. 79 eingezeichnet werden. Da der Schnittpunkt und damit der maßgebende Gebläsewirkungsgrad (Ladungstemperatur) zunächst nicht bekannt ist, zeichnet man die Schluckfähigkeitslinie b für mehrere Wirkungsgrade auf. Der Betriebspunkt A wird durch den Schnitt jener Kurve b mit a erhalten, deren Wirkungsgrad dem Gebläsewirkungsgrad des Schnittpunktes entspricht. Man erhält so p_L und V_{sek}.

Die Schluckfähigkeitslinien b des Zylinders werden in verschiedener Weise erhalten, je nachdem der Motor nicht wesentlich überschneidende Ventilöffnungszeiten hat oder ein Spülmotor ist.

Für nichtgespülte Motoren gilt nach Abschnitt 4, b

$$V_{sek} = \frac{V_h \cdot n}{120} \cdot (\lambda_l)_{T_o} \cdot \frac{p_L}{p_o} \cdot \left(\frac{T_o}{T_L}\right)^{0,75} \cdot \left[1 + \frac{1 - \frac{p_o}{p_L}}{\varkappa\,(\varepsilon - 1)}\right]. \tag{64}$$

$(\lambda_l)_{T_o}$ ist durch die Liefergradkurve der nichtaufgeladenen Maschine für T_o gegeben, die durch Versuch oder Rechnung erhalten werden kann. An Stelle von

$$(\lambda_l)_{T_o} \cdot \left(\frac{T_o}{T_L}\right)^{0,75} \text{ kann man etwas genauer } (\lambda_l)_{T_L} \cdot \frac{T_o}{T_L}$$

setzen und $(\lambda_l)_{T_L}$ nach Abschnitt 3, e aus der gegebenen Liefergradkurve und dem nach Abschnitt 3, f ermittelten Wert für τ_e bestimmen. T_L ist nach (32/II) durch den Gebläsewirkungsgrad ausdrückbar, wenn keine Rückkühlung der Ladung erfolgt und die Gebläsearbeit — wie meist — als Wärme durch die geförderte Luft abgeführt wird.

Der damit erzielte Innendruck wird

$$p_{i-l} = 0{,}0427 \cdot \frac{H_u \cdot \eta_{i-l}}{L_o \cdot \lambda} \cdot (\lambda_l)_{T_o} \cdot \left(\frac{p_L}{p_o}\right) \cdot \left(\frac{T_o}{T_L}\right)^{0{,}75} \cdot \left[1 + \frac{1 - \frac{p_o}{p_L}}{\varkappa\,(\varepsilon - 1)}\right] \text{kg/cm}^2. \quad (65)$$

Die Abhängigkeit des η_{i-l} von dem Ladungsdruck und der Ladungstemperatur kann meist vernachlässigt werden.

Führt man die gleiche Ermittlung für verschiedene Drehzahlen durch, so erhält man $p_{i-l} = f(n)$ und daraus entsprechend den späteren Ausführungen die Drehmomentkennlinie.

Bei gespülten Motoren ist die Ermittlung der Schluckfähigkeitslinie des Zylinders etwas umständlicher. Es ist, wie schon erwähnt, zwischen dem Liefergrad entsprechend der im Zylinder bleibenden Menge (bezogen auf den Zustand vor den Einlaßventilen) und dem Luft- oder Ladungsaufwand, der vom Motor aufgenommenen Menge, zu unterscheiden. Der Unterschied zwischen beiden Größen ist der Spülverlust.

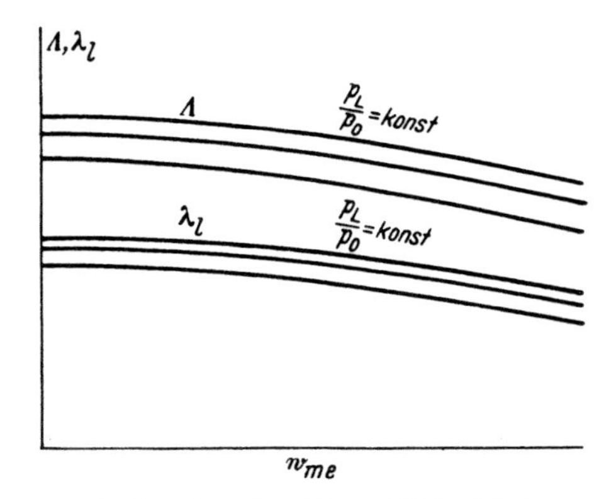

Abb. 80. Grundsätzliche Abhängigkeit von Λ und λ_l von der mittleren Ventilgeschwindigkeit w_{me}

Zur Ermittlung eines Punktes der Drehmomentkennlinie muß Λ und λ_l in Abhängigkeit von $\frac{p_L}{p_o}$ und n bekannt sein. Eine genaue Ermittlung ist nur durch den Versuch möglich. Bei noch nicht ausgeführten Motoren ist eine gut angenäherte Bestimmung der Werte durch schrittweise Berechnung möglich. Man erhält dann Kurven nach Abb. 80 und kann den auf den Außenzustand bezogenen Luft- und Ladungsaufwand aus

$$\Lambda_o = \Lambda \cdot \frac{p_L}{p_o} \cdot \frac{T_o}{T_L} \text{ und } \lambda_{l_o} = \lambda_l \frac{p_L}{p_o} \cdot \frac{T_o}{T_L} \quad (66)$$

ermitteln. Die Umrechnung der Liefergradkurven auf andere Temperaturen kann wieder mit guter Annäherung durch $\left(\frac{T_1}{T_2}\right)^{0{,}25}$ erfolgen, so daß eine Variation der Temperatur bei den Versuchen nicht erforderlich wird.

Wenn Versuchsunterlagen nicht vorliegen, kann wie folgt vorgegangen werden: Man bestimmt sich für $p_L = p_o$, also für die nichtaufgeladene Maschine, durch Versuch oder Rechnung $\Lambda = \lambda_l = f(n)$. Der Unterschied zwischen dem Luftaufwand der aufgeladenen und der nichtaufgeladenen Maschine kann annähernd durch (19) ausgedrückt werden. Durch eine Messung oder Rechnung bei $p_L > p_o$ und gleicher Temperatur T_L läßt sich aus

$$\Lambda_{p_L} - \Lambda_{p_o} = \frac{K}{n} \cdot \psi \left(\frac{2}{1 + \frac{p_o}{p_L}}\right)^{0{,}7} \quad (66\text{ a})$$

mittels Abb. 81 der Wert K ermitteln. Falls eine Messung bei gleicher Temperatur nicht möglich ist, muß Λ_{p_L} durch $\left(\frac{T_{L_1}}{T_{L_2}}\right)^{0{,}25}$ auf die Temperatur der Liefergradkurven $\lambda_{l p_o} = f(n)$ umgerechnet werden. Nun läßt sich aus der Liefergradkurve und aus (66 a) der Wert Λ_{pL} für jede Drehzahl und jeden Druck p_L bestimmen und durch die bekannte Temperaturabhängigkeit auf andere Temperaturen umrechnen. Mittels (66) erfolgt die Umrechnung auf Außenzustand. Variiert man bei konstanter Drehzahl $\frac{p_L}{p_o}$ und T_L oder η_{ad}, so erhält man wieder eine Kurvenschar b, deren maßgebende Kurve (η_{ad} entsprechend dem zugehörigen Wert auf b) mit a geschnitten, den Betriebspunkt gibt.

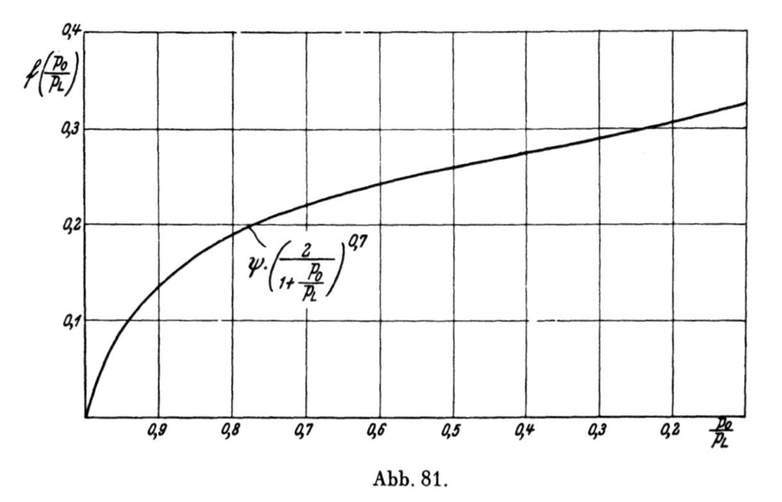

Abb. 81.

Der zum Betriebspunkt gehörige Liefergrad kann angenähert bestimmt werden, wenn man berücksichtigt, daß die Liefergradkurve mit von 1 ansteigendem $\frac{p_o}{p_L}$ zunächst ungefähr der Kurve $\Lambda = f\,\frac{p_L}{p_o}$ in Abb. 45 folgt und dann mit allmählichem Übergang auf die Linie $\lambda_l = (0{,}92 \div 0{,}95)\,\frac{\varepsilon - 1}{1}$ übergeht. Der Übergang ist zu schätzen.

Die Umrechnung auf andere Temperaturen erfolgt wieder durch (48), die Umrechnung auf Außenzustand durch (66). Die Innenleistung wird

$$p_{i-l} = 0{,}0427 \cdot \frac{H_u \cdot \eta_{i\ l}}{L_o \cdot \lambda} \cdot \lambda_l \cdot \frac{p_L}{p_o} \cdot \frac{T_o}{T_L}\ \text{kg/cm}^2. \tag{67}$$

Durch Wiederholung der Rechnung für verschiedene n erhält man $p_{i-l} = f(n)$. Zur Ermittlung der Drehmomentkennlinie ist das jeweils zugehörige p_i zu bestimmen.

Die Laderarbeit kann aus Abb. 82 entnommen werden. Der Reibungsdruck ist wenig von der Aufladung abhängig und kann nach den Angaben in Band 2 (II. Auflage) geschätzt werden.

Die theoretische Ladungswechselarbeit $p_{lv} = p_L - p_o$ wird durch den Ladungswechselverlust $p_{lv} - p_l$ vermindert. $p_{lv} - p_l$ hängt nach Abb. 50 von der Drehzahl und natürlich auch wesentlich von den Steuerzeiten ab. Angaben, nach denen Schätzungen möglich sind, enthält Abschnitt II, 5. Man erhält nun den Nutzdruck

$$p_e = p_{i-l} + p_{lv} - (p_{lv} - p_l) - p_{La} - p_r \tag{68}$$

und daraus $p_e = f(n)$.

Die natürliche Kennlinie des Motors hängt ab von der Steuerungsauslegung und vom Kennlinienfeld des Gebläses und der Lage der Betriebspunkte in demselben. Die natürliche Kennlinie ist durch Veränderung dieser Größen beeinflußbar. Die Förderkennlinie der Pumpe bestimmt innerhalb der natürlichen Kennlinie des Motors die Höchstwerte des p_e, die gefahren werden können. Die früheren Ausführungen (Abschnitt 9, a, α) sind sinngemäß auch auf Auflademaschinen anwendbar.

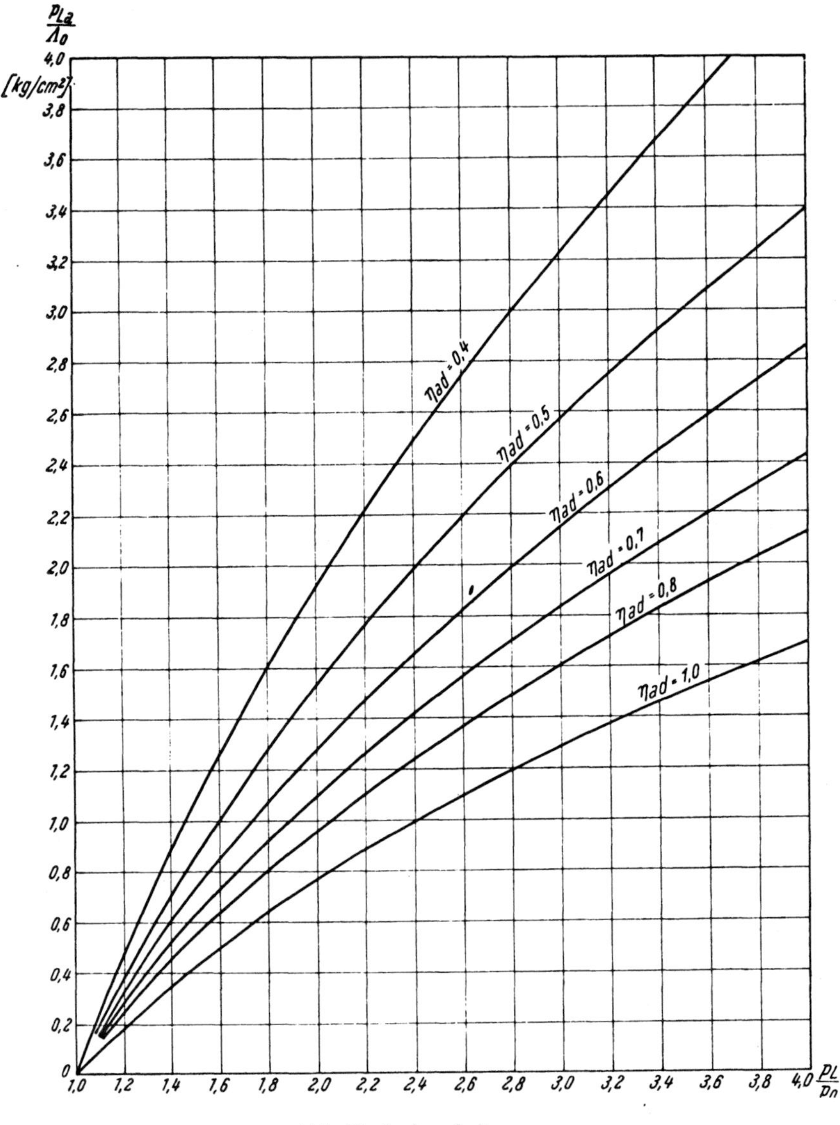

Abb. 82. Laderarbeit p_{La}.

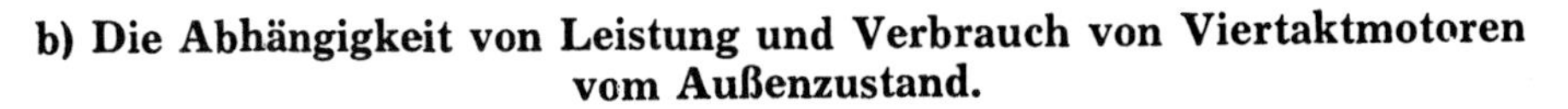

b) Die Abhängigkeit von Leistung und Verbrauch von Viertaktmotoren vom Außenzustand.

α) Kleine Abweichungen des Außenzustandes vom Normalzustand.

Bei kleinen Abweichungen des Außenzustandes T_0, p_0 vom Normalzustand (T_{on}, p_{on}) kann die Leistung des nicht aufgeladenen, ungedrosselten Motors unter Annahme gleichbleibenden mechanischen Wirkungsgrades aus

$$\frac{N_e}{N_{en}} = \frac{p_o}{p_{on}} \cdot \left(\frac{T_{on}}{T_o}\right)^y \tag{69}$$

berechnet werden. y liegt je nach der Motorenbauart innerhalb ziemlich weiter Grenzen. Im Mittel kann $y = 0{,}75$ gesetzt werden, vielfach, insbesondere bei Vergasermotoren, rechnet man auch mit $y = 0{,}5$.

Weitere Ausdrücke finden sich bei Schmidt [10] und Richter [18].

Da sich mit dem Außendruck bzw. dem Druck in der Saugleitung auch der Druck im Motor und daher die Reibung ändert, kann zur genauen Ermittlung der Reibungsleistung nach den vorgenannten Verfassern diese in einen vom Außendruck unabhängigen Anteil

$$N_{rm} = \beta \, N_{rn} = (1 - \eta_{mn}) \cdot N_{in} \tag{70}$$

und in einen dem Außendruck p_o und p_{on} verhältigen Anteil

$$(N_{ro} - N_{rm}) \cdot \frac{p_o}{p_{on}}$$

geteilt werden. Damit erhält man

$$\frac{N_e}{N_{en}} = \frac{1}{\eta_{mn}} \cdot \frac{p_o}{p_{on}} \cdot \left[\left(\frac{T_{on}}{T_o}\right)^y - (1 - \eta_{mn}) \cdot \left(1 - \beta + \beta \frac{p_{on}}{p_o}\right)\right]. \tag{71}$$

β kann nach Richter im Mittel 0,5, nach Schmidt im Mittel 0,65 angenommen werden. Die im Band 2 (II. Auflage) angeführten Untersuchungen über die Reibungsverluste geben Anhaltspunkte für die Schätzung von β in bestimmten Fällen. Für durchschnittliche Verhältnisse ist $y = 0{,}75$. Größere Genauigkeit ist von der Formel natürlich nur zu erwarten, wenn die verschiedenen Koeffizienten, d. i. vor allem η_{mn} und β, durch Versuche ermittelt werden.

Bei aufgeladenen Motoren muß der Einfluß des geänderten Außenzustandes auf die Förderverhältnisse des Laders berücksichtigt werden.

Bei einer Veränderung des Außendruckes ändert sich das Kennlinienfeld der Spülpumpe (Zentrifugal- oder Kolbenpumpe) nicht.

Daher wird

$$p_i = C \cdot p_o.$$

p_l und p_{La} sind dem Außendruck verhältig, p_r wächst hingegen weniger als der Außendruck, daher wird $\frac{p_r}{p_i}$ mit zunehmendem Außendruck kleiner. Bei kleinen Druckänderungen kann jedoch diese Abweichung von der Proportionalität zum Außendruck vernachlässigt werden, womit wieder $p_e = C_1 \, p_0$ wird.

Zur Ermittlung der Abhängigkeit der Motorleistung von der Außentemperatur ist ein Diagramm nach Abb. 83 zu benützen. Mit der Außentemperatur ändert sich das Kennlinienfeld bei Gebläsen nach dem Verdrängerprinzip nur sehr wenig, so daß die Änderung vielfach vernachlässigt werden kann. Bei Schleudergebläsen ist die Verschiebung der Linie a durch die Temperaturveränderung zu berücksichtigen.

Bei Kolbengebläsen verändert sich der Betriebspunkt in Abb. 83 a daher im wesentlichen dadurch, daß sich die Schluckfähigkeitslinie entsprechend $\left(\frac{T_{o2}}{T_{o1}}\right)^{0,75}$ mit der Temperatur ändert, während die Gebläsekennlinie nahezu unverändert bleibt. Bei Schleudergebläsen ändert sich die Gebläsekennlinie und auch die Schluckfähigkeitskennlinie des Zylinders merkbar, so daß Verschiebungen des Betriebspunktes nach Abb. 83 b entstehen.

Die Innenleistungen N_{i-1} und die Nutzleistungen N_e können wieder nach Abschnitt 9, a, β aus den Betriebspunkten ermittelt werden. Bei nicht sehr großen Temperaturänderungen wird der Unterschied der Nutzleistungen gleich dem Unterschied der Innenleistungen N_{i-l} gesetzt werden können.

Bei der Ermittlung der Änderung des Verbrauchs mit der Änderung des Außenzustandes kann angenommen werden, daß bei den geringen Druck- und Temperaturänderungen, die hier in Betracht gezogen werden, η_{i-l} vom Außenzustand unabhängig ist.

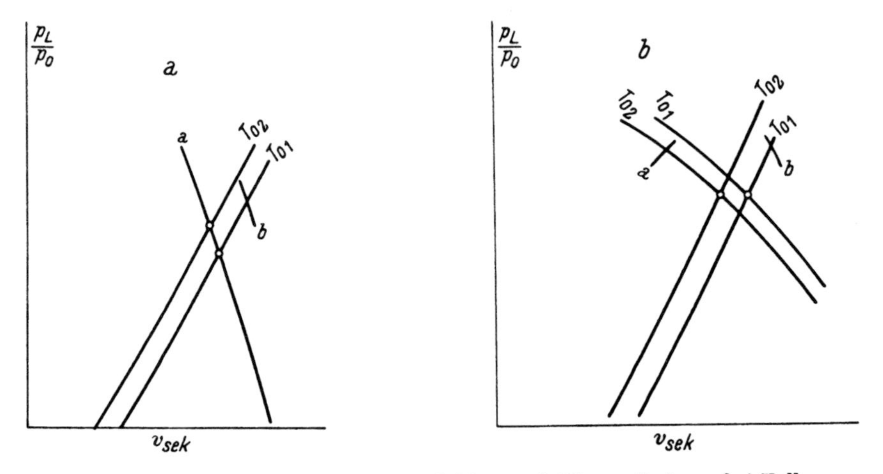

Abb. 83. Zusammenspiel zwischen Gebläse und Motorzylinder. a bei Kolbengebläsen, b bei Schleudergebläsen.

Vernachlässigt man bei selbstansaugenden Motoren die Änderung des mechanischen Wirkungsgrades, so wird auch b_e durch die Änderung nicht berührt. Unter sinngemäßer Anwendung des Ansatzes (71) wird

$$b_e = b_{en} \cdot \frac{\eta_{mn}}{1 - \left(\frac{T_o}{T_{on}}\right)^y (1 - \eta_{mn}) \left(1 - \beta + \beta \frac{p_{on}}{p_o}\right)}. \tag{72}$$

Bei Auflademaschinen werden die Verhältnisse infolge des vielfachen Einflusses des Außenzustandes auf die einzelnen Verlustteile wesentlich verwickelter. In vielen Fällen wird auch hier $b_e = b_{en}$ gesetzt werden können. Bei genauen Berechnungen wird zweckmäßig das im folgenden Abschnitt angegebene Verfahren benützt.

β) Größere Änderungen des Außenzustandes. Der Höhenmotor.

Da im Band 2 (II. Auflage) der Höhenmotor hinsichtlich Verlustteilung bzw. Gesamtauslegung besprochen wird, soll im folgenden nur kurz auf die Ermittlung der Höhenleistung von Flugmotoren eingegangen und dabei im wesentlichen die von Caroselli und Hager [11] und Schmidt [10] entwickelten Zusammenhänge benützt werden.

Höhenmotoren arbeiten stets mit Aufladung. Der Ladungsaufwand und Liefergrad kann nach Abschnitt 4, b u. c bestimmt werden. Falls Versuche über Liefergradkurven bei Druckgleichheit vor und nach dem Motor nicht vorliegen, kann angenommen werden, daß bei neuzeitlich angelegten Motoren bei $t_o = 15°$ C, $p_o = 1{,}033$ at Anfangszustand der Liefergrad annähernd 0,88 beträgt. Von diesem Punkt ausgehend können nun mit den Richtkurven von Zeyns der Luftaufwand und der Liefergrad ermittelt werden, die sich bei gleicher Temperatur einstellen würden. Für die Temperatur der

Ladung T_L erhält man die Größen dann durch Multiplikation dieser Werte mit $\left(\frac{T_L}{288}\right)^{0,25}$

$$p_{i-l} = 0{,}0427 \cdot \frac{H_u \cdot \eta_{i-l}}{\lambda \cdot L_o} \cdot \lambda_l \cdot \frac{p_L}{p_o} \cdot \frac{T_o}{T_L} \text{ kg/cm}^2.$$

Die Ladungswechselarbeit ist nach Abb. 50 zu schätzen, den Reibungsdruck erhält man aus Angaben im Band 2 (II. Auflage).

Die Laderarbeit wird

$$p_{La} = \frac{\varkappa}{\varkappa - 1} \cdot \frac{p_L \cdot \Lambda}{\eta_{ad}} \left[1 - \left(\frac{p_o}{p_L}\right)^{\frac{\varkappa - 1}{\varkappa}}\right] \text{kg/cm}^2 \text{ } (p_L \text{ in kg/cm}^2). \qquad (73)$$

Der Verbrauch ergibt sich aus

$$b_e = \frac{632}{H_u \cdot \eta_{i-l}} \cdot \frac{p_{i-l}}{p_e} \text{ kg/PSh}. \qquad (74)$$

An einem Beispiel wird im folgenden die Durchführung der Rechnung gezeigt:

Es ist der Nutzdruck und der Nutzverbrauch eines Flugmotors in 10 km Höhe zu ermitteln. Der Motor hat ein Verdichtungsverhältnis von $\varepsilon = 7{,}0$, eine mittlere Gasgeschwindigkeit in den Ventilen von $w_{me} = w_{ma} = 70$ m/sek. Der Ladedruck beträgt 2,0 kg/cm², der Laderwirkungsgrad ist $\eta_{ad} = 0{,}7$.

Für Außenzustand bei 10 km Höhe ist $p_o = 0{,}269$ kg/cm², $T_o = 223^0$ K. Bei adiabatischer Verdichtung wird die Endtemperatur

$$223 \cdot \left(\frac{2{,}0}{0{,}269}\right)^{0{,}286} = 397^0 \text{K}.$$

Mit $\eta_{ad} = 0{,}7$ ist die Temperatursteigerung

$$\frac{397 - 223}{0{,}7} = 249^0.$$

Daher ist Endtemperatur der Verdichtung abgerundet 200° C oder 473° K.

Es ist daher $p_L = 2{,}0$ at, $T_L = 473^0$ K, wenn die Luft zwischen Lader und Zylinder nicht rückgekühlt wird.

Wenn der Motor eine Ventilüberschneidung von 85° KW hat, so kann zur Ermittlung des Luftaufwandes die Kurve e in Abb. 45 benützt werden. Man erhält mit

$$\frac{p_L}{p_o} = 7{,}43, \qquad \frac{\Lambda}{\Lambda_{p_L = p_o}} = 1{,}315$$

und mit $\Lambda_{p_L = p_o} = 0{,}88$ für $T_L = 288^0$

$$\Lambda = 0{,}88 \cdot 1{,}315 \cdot \left(\frac{473}{288}\right)^{0{,}25} = 1{,}31.$$

Der Liefergrad wird $\lambda_l = 0{,}88 \ . \ 1{,}11 \ . \left(\frac{473}{288}\right)^{0{,}25} = 1{,}10.$

Der Faktor 1,11 wurde Abb. 46 entnommen.

Der Kraftstoff mit $H_u = 10.400$ kcal/kg, $L_o = 11{,}07$ Nm³/kg wird mit $\lambda = 1{,}0$ verbrannt. Der Wirkungsgrad des vollkommenen Motors ist $\eta_{v-l} = 0{,}40$ nach Band 2, für $\varepsilon = 7{,}0$ und $\lambda = 1{,}0$. Der Gütegrad kann aus Versuchen an ähnlichen Motoren $\eta_{g-l} = 0{,}91$ angenommen werden. Damit ist $\eta_{i-l} = 0{,}91 \ . \ 0{,}40 = 0{,}364$ und

$$p_{i-l} = 0{,}0427 \cdot \frac{10.400 \cdot 0{,}364}{1{,}0 \cdot 11{,}07} \cdot 1{,}10 \cdot \frac{2{,}0}{1{,}033} \cdot \frac{273}{473} = 18{,}0 \text{ kg/cm}^2.$$

Nun ist die Ladungswechselarbeit, wenn nach Abb. 50 für $p_L = 1{,}0 \text{ kg/cm}^2$, $p_l - p_{lv} \sim$ $\sim 0{,}6 \text{ kg/cm}^2$ bei $w_{me} = 70$ m/sek gesetzt wird:

$$p_l = 2{,}0 - 0{,}264 - 2{,}0 \cdot 0{,}6 = 0{,}54 \text{ kg/cm}^2,$$

daher $p_i = 18{,}54 \text{ kg/cm}^2$.

Die Laderarbeit ist nach (73)

$$p_{La} = \frac{1{,}4}{0{,}4} \cdot \frac{2{,}0 \cdot 1{,}31}{0{,}7} \cdot \left[1 - \left(\frac{0{,}269}{2.0}\right)^{0{,}286}\right] = 5{,}75 \text{ kg/cm}^2.$$

Die Reibungsleistung kann nach Versuchen von Ullmann $\sim 1{,}30 \text{ kg/cm}^2$ angenommen werden. Damit wird $p_e = 18{,}54 - 5{,}75 - 1{,}30 = \underline{11{,}49 \text{ kg/cm}^2}$.

Der Brennstoffverbrauch ist

$$b_e = \frac{632}{10.400 \cdot 0{,}364} \cdot \frac{18{,}0}{10{,}95} = \underline{0{,}262 \text{ kg/PSh}}.$$

Durch genaue Berechnung des Luftaufwandes und des Liefergrades und der Ladungswechselarbeit nach dem schrittweisen Verfahren unter Benutzung einer an ähnlichen Motoren gefundenen Aufheizzahl τ_e ließe sich die Genauigkeit der Berechnung verbessern.

III. Der Anschluß von Rohrleitungen an den Zylinder.

1. Rohrleitungen an der Saugseite.

a) Allgemeines.

Rohrleitungen an der Saugseite verbinden bei Mehrzylindermotoren mehrere Zylinder mit einem gemeinsamen Organ, z. B. einem Luftfilter, Vergaser oder dem Lader.

Bei Einzylindermotoren verwendet man Rohrleitungen, wenn aus konstruktiven Gründen Luftfilter, Vergaser usw. nicht unmittelbar an der Mündung des Saugkanals im Zylinderkopf oder im Zylinderblock angebracht werden können oder wenn man eine Aufladung des Zylinders durch die Trägheit der in der Rohrleitung befindlichen Gassäule anstrebt.

Durch die Saugleitung eines Mehrzylindermotors soll die gasförmige Ladung auf die einzelnen Zylinder gleichmäßig verteilt und durch möglichste Verkleinerung von Drosselungen das Ansaugen großer Ladungsmengen durch die einzelnen Zylinder erreicht werden. Die konstruktiven Voraussetzungen für Erfüllung dieser beiden Forderungen nach großem und gleichem Liefergrad der einzelnen Zylinder werden im folgenden behandelt.

Bei Vergasermotoren tritt zu den obigen Gesichtspunkten bei der Auslegung von Saugrohren noch die Forderung nach zweckmäßiger Gestaltung in bezug auf gleichmäßige Verteilung und möglichst geringe Speicherung des nach dem Vergaser flüssig bleibenden Kraftstoffanteils. In allen Fällen ist schließlich noch die zweckmäßige Anordnung am Motor und einfache Herstellung zu beachten.

b) Bedingungen für gleichmäßige Ladungsverteilung.

Man erhält von vornherein gleichmäßige Verteilung der Ladung auf die einzelnen Zylinder eines Mehrzylindermotors, also gleiche Liefergrade der einzelnen Zylinder, wenn man gleichartige Ansaugverhältnisse für alle Zylinder herstellt.

Das ist möglich:

1. Wenn alle Zylinder durch gleich lange und in der Form gleiche Rohre aus einem Behälter von großem Inhalt ansaugen, in dem Druckschwankungen merkbarer Größe nicht entstehen können. Dieser Behälter kann bei Reihenmotoren durch eine Sammelleitung mit großem Querschnitt oder bei Sternmotoren durch eine reichlich bemessene Ringleitung ersetzt werden, ohne daß größere Liefergradschwankungen zu befürchten sind,

2. wenn alle Zylinder durch gleich lange und in bezug auf den Strömungswiderstand gleiche Rohre unmittelbar mit einem gemeinsamen Organ (Filter, Vergaser, Lader) verbunden sind und gleichen Zündabstand haben.

Ansaugsysteme nach 1. und 2. sind in vielen Fällen aus Platzgründen (z. B. bei Reihenflugmotoren) nicht ausführbar. Bei Vergasermotoren ist ihre Ausführung auch in vielen Fällen wegen der Anforderungen, die der Transport des nach dem Vergaser flüssig bleibenden Kraftstoffes durch das Rohr stellt, nicht zweckmäßig. Es ist in vielen Fällen notwendig, verhältnismäßig enge Rohrteile von den Ansaugströmen mehrerer Zylinder durchströmen zu lassen. Man erhält dadurch einfache, wenig Platz beanspruchende Rohrsysteme. Bei Vergasermotoren ist für Wahl dieses Ansaugrohrsystems meist auch die geringe Speicherung von flüssigem Kraftstoff an den Wänden maßgebend.

Auch diese vereinfachten Rohrsysteme können der Forderung nach gleichmäßiger Ladungsverteilung von vornherein entsprechen, wenn durch entsprechende Auslegung für jeden Zylinder gleiche oder zumindest annähernd gleiche Ansaugverhältnisse geschaffen werden. Voraussetzung dafür sind gleich lange Saugwege jedes Zylinders, gleicher Strömungswiderstand auf diesen Saugwegen und gleicher Zeitabstand zwischen den Saughüben der durch den gemeinsamen Rohrteil saugenden Zylinder. Mit Rücksicht auf guten Liefergrad soll vermieden werden, daß Zylinder mit sich überschneidenden Saugzeiten durch gleiche Rohrteile ansaugen, da dann der Saugbeginn des einen Zylinders das Einströmen am Schluß des Saughubes des anderen Zylinders durch die entstehende Unterdruckwelle beeinträchtigt. Es ist daher zweckmäßig, das Saugsystem so anzuordnen, daß zwischen den Saughüben von zwei durch gleiche Rohrteile gespeisten Zylindern ein zeitlicher Zwischenraum liegt.

Diese Forderungen lassen sich vielfach nicht vollständig erfüllen, vor allem dann nicht, wenn Einfachheit der Saugrohrform und geringer Platzbedarf besonders beachtet werden müssen.

Auch die Rücksicht auf den flüssigen Kraftstoffanteil in Vergasermotoren erschwert in vielen Fällen eine Formgebung nach den für die Erzielung guten und gleichen Liefergrades bei allen Zylindern geltenden Gesichtspunkten. Wie in Band 6 dargestellt werden wird, bewegt sich der nach dem Vergaser flüssig bleibende Kraftstoffanteil als Flüssigkeitshaut längs der Wände des Saugrohres. Seine Bewegungsgeschwindigkeit hängt vom Druckverlauf ab, der dem Rohrinnern durch die Strömung des gasförmigen Ladungsanteils aufgeprägt wird. An Stellen, die allseitig von Gebieten höheren Druckes umgeben sind, wird die Flüssigkeitshaut zu relativ dicken Belägen aufgestaut. Die im Saugrohr jeweils befindliche Flüssigkeitsmenge hängt von den

Verdampfungsverhältnissen, also dem Zustand (Druck, Temperatur) des Gemisches im Saugrohr, der Wandtemperatur und von den Verdampfungseigenschaften des Kraftstoffes ab. Bei geringer Belastung des Motors und damit infolge der Drosselregelung geringen Drücken im Saugrohr sind die Verdampfungsverhältnisse günstig, die Saugrohrinnenfläche entweder trocken oder nur mit einer dünnen Flüssigkeitshaut bedeckt. Bei hoher Belastung des Motors ist infolge der geöffneten Drossel der Druck im Saugrohr hoch. Die Verdampfungsverhältnisse sind ungünstig, eine verhältnismäßig starke Flüssigkeitshaut bewegt sich daher längs der Wände.

Es wird sich demnach bei kleiner Belastung nur wenig flüssiger Kraftstoff, bei großer Belastung eine große Menge davon im Saugrohr befinden. Beim Öffnen der Drossel muß daher zusätzlich Kraftstoff in das Saugrohr gebracht werden. Die Vergaser haben dafür besondere Einrichtungen (Beschleunigungspumpen etc.). Beim umgekehrten Vorgang, dem Schließen der Drossel, also beim Verkleinern der Belastung, wird der flüssige Kraftstoff, der im Saugrohr gespeichert ist, ganz oder teilweise abgebaut, er gelangt in den Zylinder, vermindert dadurch den Luftüberschuß und geht zum größten Teil unvollständig verbrannt in den Auspuff. Der größte Teil des Unterschiedes zwischen dem bei großer und kleiner Belastung gespeicherten Kraftstoff geht daher bei einem Belastungswechsel für die Energieumsetzung verloren und erhöht den Verbrauch des Motors. Da der Kraftwagenbetrieb im allgemeinen, insbesondere im Stadtverkehr, ein dauerndes Wechseln der Belastung verlangt, wirkt sich der zusätzliche Verbrauch durch die wechselnde Kraftstoffspeicherung im Saugrohr erheblich auf den Gesamtverbrauch des Fahrzeuges aus. Es ist daher der Unterschied des im Saugrohr bei großen und kleinen Belastungen gespeicherten flüssigen Kraftstoffes möglichst klein zu halten und daher das Saugrohr so zu entwerfen, daß die Bedingungen für geringes Volumen Flüssigkeitshaut in demselben möglichst weitgehend erfüllt sind.

Diese Bedingungen sind kurz zusammengefaßt:

1. Kleine Innenoberfläche des Saugrohres,

2. starker Druckabfall in Strömungsrichtung, da die Stärke der Flüssigkeitshaut mit diesem abnimmt,

3. Vermeidung von Stellen, die allseitig von Gebieten höheren Druckes umgeben sind. Solche Stellen liegen z. B. an der Innenseite von Krümmungen gleichbleibenden Querschnittes nach Rohrerweiterungen.

Daraus folgt, daß das Saugrohr nicht zu groß bemessen werden darf (kleine Oberfläche, großer Druckabfall in Strömungsrichtung) und die Strömung in demselben besonders in Krümmern mit in der Strömungsrichtung zunehmender Geschwindigkeit erfolgen soll.

Um eine gleichmäßige Verteilung des flüssigen Kraftstoffanteils auf die einzelnen Zylinder zu erzielen, sind vor allem Abzweigungen unter Berücksichtigung der Strömung der Flüssigkeitshaut auszubilden.

Die Anordnung von Behältern, Rohrteilen mit geringer Strömungsgeschwindigkeit, sehr langen Rohren ist demnach mit Rücksicht auf den flüssigen Kraftstoffanteil bei Vergasermotoren nicht zweckmäßig.

Die unter 1. und 2. auf Seite 71 angegebenen Saugsysteme mit gleichmäßiger Ladungsverteilung sind daher im allgemeinen bei Vergasermotoren nicht ausführbar.

Man wird durch möglichste Beachtung der hiefür angegebenen Bedingungen eine gleichmäßige Ladungsverteilung anstreben, sie aber meist nicht völlig erreichen. Da auch bei Motoren mit innerer Gemischbildung und bei Gasmotoren, bei denen die Rücksicht auf den flüssigen Ladungsteil wegfällt, die unter 1. und 2. angegebenen Ausführungen vielfach nicht angewandt werden können, ist es in vielen Fällen erforderlich, Saugsysteme zu entwerfen, bei denen eine gleichmäßige Ladungsverteilung von vornherein nicht gewährleistet ist.

Damit ergibt sich die Aufgabe, die Ladungsverteilung auf die einzelnen Zylinder bei einem Saugrohr nachzuprüfen, um die zur Beseitigung unerwünschter Verhältnisse (ungleichmäßige Ladungsverteilung, geringe Liefergrade) notwendigen Änderungen ermitteln zu können.

Die Ladungsverteilung auf die einzelnen Zylinder läßt sich durch den Versuch und auch durch die Rechnung ermitteln, wenn die Rechnungsgrundlagen, wie Durchflußzahlen, Rohrwiderstände, an Modellen experimentell bestimmt werden. Eine Nachprüfung einzelner Ergebnisse der Rechnung, z. B. der Druckverläufe an einzelnen Punkten durch den Versuch, ist stets zweckmäßig. Die Rechnung gibt einen sehr guten Einblick in die Strömungsvorgänge im Saugrohr und läßt die Ursachen ungleichmäßiger Ladungsverteilung und damit die für die Beseitigung erforderlichen Änderungen erkennen.

c) Die rechnerische Ermittlung der Ladungsverteilung auf die einzelnen Zylinder bei Mehrzylindermotoren.

Durch das im Teil I angegebene Rechenverfahren lassen sich die Strömungsvorgänge auch bei verwickelten Saugsystemen von Mehrzylindermotoren rechnerisch verfolgen. Dabei kann entweder das genaue Verfahren von Pischinger oder das Näherungsverfahren von Reyl benützt werden.

Ersteres ist im allgemeinen vorzuziehen, wenn eine bestimmte vorliegende Saugrohrkonstruktion hinsichtlich ihrer Ladungsverteilung nachgeprüft werden soll. Das Verfahren von Reyl ist vor allem dann anzuwenden, wenn im Zuge der Entwicklung eines Saugsystems, von einem ersten Entwurf ausgehend, die endgültige Saugrohrform durch zweckmäßige Abänderungen ermittelt und daher die Wirkung der einzelnen Entwicklungsschritte vorausbestimmt und nachgeprüft werden soll. In diesem Falle wäre das genaue Verfahren zu zeitraubend, da man bei ihm die Rechnung bei jeder Änderung von Anfang an wiederholen muß.

Wie im Teil I ausgeführt, sind als Grundlagen für die Rechnung die Durchflußzahlen durch das Ventil in Abhängigkeit vom Ventilhub und die Rohrwiderstände durch Versuche zu ermitteln. Die Rohrwiderstände können, um die Rechnung zu vereinfachen, in den meisten Fällen ohne wesentliche Fälschung der Ergebnisse zum Ventilwiderstand hinzugeschlagen werden. Bei großen Rohrquerschnitten, also geringen Strömungsgeschwindigkeiten im Rohr, kann der Rohrwiderstand auch vernachlässigt werden.

Die Güte der Ladungsverteilung kann zahlenmäßig durch den Ungleichförmigkeitsgrad des Liefergrades δ_{λ_l} erfaßt werden. Mit $\lambda_{l\,max}$ als größtem, $\lambda_{l\,min}$ als kleinstem Liefergrad der Zylinder eines Mehrzylindermotors und λ_{lm} als arithmetischem Mittelwert aus den Liefergraden aller Zylinder wird

$$\delta_{\lambda_l} = \frac{\lambda_{l\,max} - \lambda_{l\,min}}{\lambda_{lm}}. \tag{75}$$

Die Berechnung der Ladungsverteilung für einen Vierzylinderreihenmotor ist im Teil I an einem Beispiel gezeigt.

Bei dem untersuchten Vierzylindermotor (siehe Teil I) lagen die durch Messungen ermittelten Ungleichförmigkeitsgrade des Liefergrades zwischen 4 und 6%. Merkbare Leistungseinbußen oder betriebliche Schwierigkeiten (Unterschiede in der thermischen Belastung und in der Klopfneigung) sind bei diesen Ungleichförmigkeitsgraden nicht zu erwarten.

Die Berechnung läßt sich ohne grundsätzliche Schwierigkeiten auch für recht verwickelte Saugsysteme, z. B. Saugrohre von 12-Zylinder-V-Motoren usw., anwenden.

Eine ausführliche Untersuchung wurde von Reyl an einem 12-Zylinder-V-Flugmotor ausgeführt. Der untersuchte Flugmotor hatte folgende Hauptabmessungen:

Zylinderzahl	$z = 12$	Ventilzeiten	
Hub	$s = 180$ mm	EÖ 67° v. OT	AÖ 67° v. UT
Bohrung	$d = 162$ mm	ES 53° n. UT	AS 43° n. OT
Hubraum V_H	44,5 l	Untersuchte Drehzahlen:	
Verdichtungsverhältnis	$\varepsilon = 7{,}4$	1000 U/min	
Schubstangenlänge	$l = 290$ mm	2400 U/min	
Auspuffstutzenlänge	350 mm	3000 U/min	

Auspuffstutzenquerschnitt 65 cm^2, Saugrohranordnung nach Abb. 84.

Der Motor zeigte mit der Saugrohranordnung unbefriedigende Leerlaufeigenschaften. Die einzelnen Zylinder arbeiteten sehr ungleichmäßig. Es wurde daher zunächst der Einströmvorgang für die Leerlaufdrehzahl von $n = 1000$ U/min mit den im Teil I angegebenen Verfahren rechnerisch untersucht.

Die Drosselklappe wurde so weit geschlossen angenommen, daß nur ein wirksamer Querschnitt von 15 cm^2 für den Durchfluß zur Verfügung steht. Der Druck vor der Drossel wurde 1,1 ata angenommen.

Die Durchflußzahlen des Ein- und Auslaßventils wurden für Durchströmen nach beiden Richtungen ermittelt. Die Rechnung wurde mit Schritten von 10° Kurbelwinkel durchgeführt.

Abb. 85 zeigt den Verlauf der Drücke und Geschwindigkeiten in den Leitungen vor den Zylindern für einen Saugrohrzweig. Der oberste Kurvenzweig zeigt den Verlauf vor dem benachbarten Zylinder des anderen Saugrohrzweiges. Die unterste Kurve entspricht dem Druck- und Geschwindigkeitsverlauf am Vereinigungspunkt der beiden Saugrohrzweige zwischen den Zylindern VI und XII. Der Verlauf der Drücke ist bei allen Zylindern eines Saugrohrzweiges gleichphasig, es bildet sich demnach eine stehende Welle aus. Wie ein Vergleich der Drucklinien mit denen des Zylinders I zeigt, liegen die Druckschwingungen im anderen Saugrohrzweig versetzt. Sie sind jedoch auch dort für alle Zylinder gleichphasig, daher pendelt der Saugrohrinhalt zwischen beiden Saugrohrzweigen. Die Amplituden dieser Schwingungen nehmen mit der Entfernung vom Ansaugende zu. Da der Druckverlauf während der Ansaugzeit vor allen Zylindern ungefähr gleich ist, können diese Schwingungen nicht die Ursache der verschiedenen Belieferung der einzelnen Zylinder mit Frischluft sein. Durch Indizieren des Saugrohres an verschiedenen Stellen wäre es möglich gewesen, die Ergebnisse der Berechnung nachzuprüfen. Die Indizierung war geplant, konnte aber aus Zeitmangel nicht durchgeführt werden.

In Abb. 85 sind die Geschwindigkeiten im Saugrohr vor und nach der Abzweigung zum Zylinder eingetragen. Die Öffnungsdauer des Einlaßventils ist schematisch durch die Trapeze angegeben, die Totpunkte entsprechen deren oberen Eckpunkten.

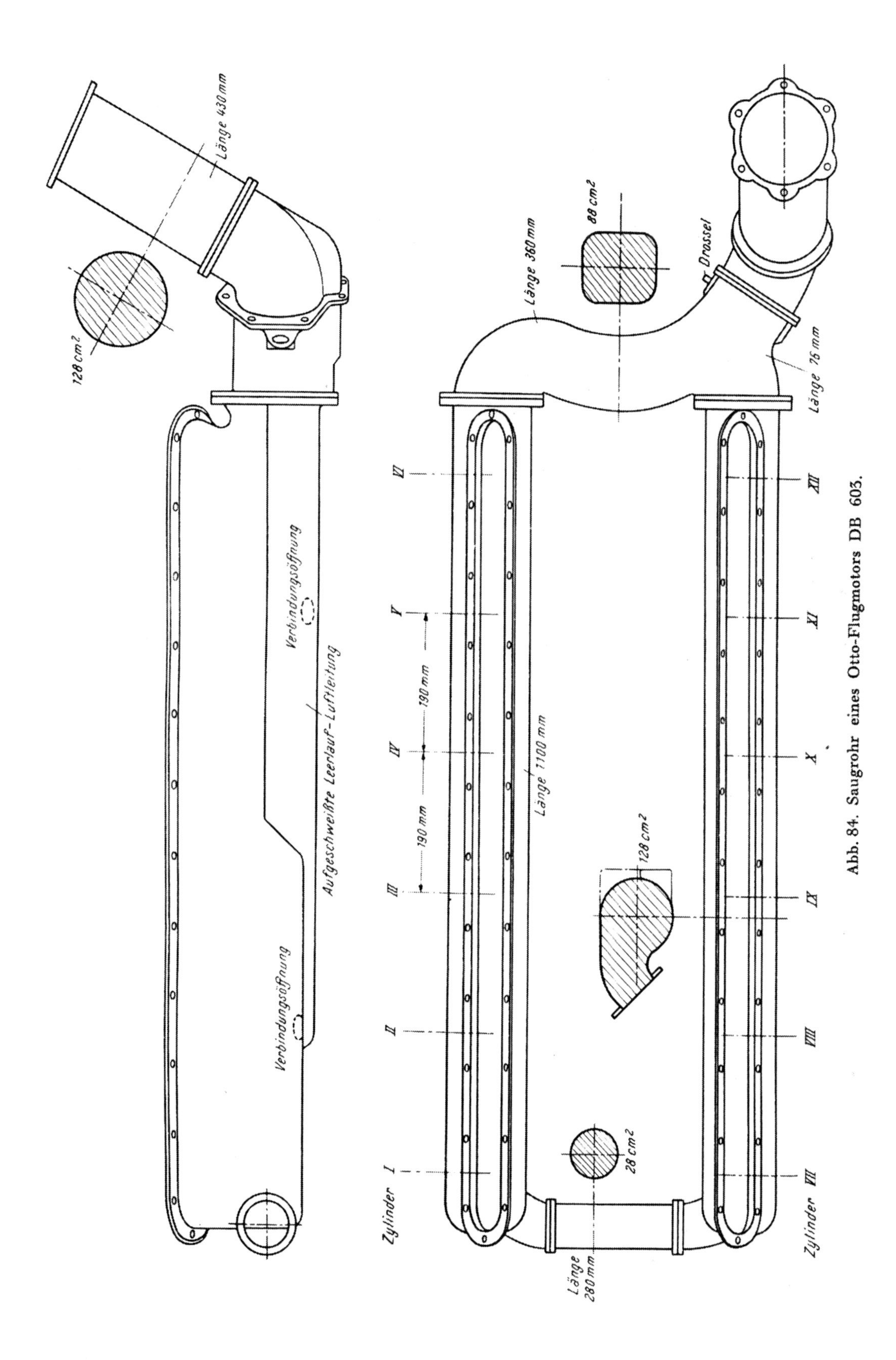

Abb. 84. Saugrohr eines Otto-Flugmotors DB 603.

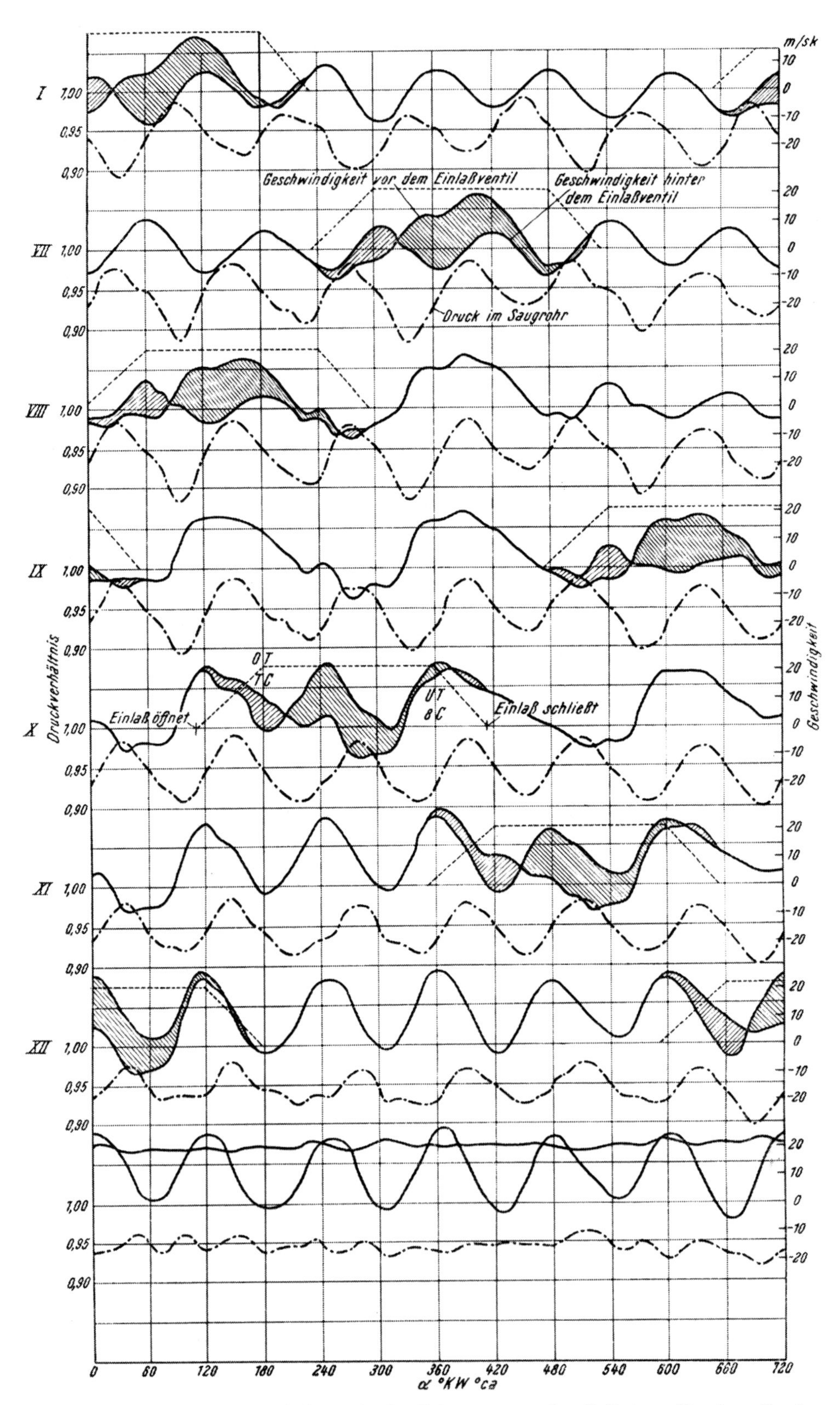

Abb. 85. Drücke und Geschwindigkeiten in den Leitungen vor den Zylindern für einen Zweig des Saugrohres nach Abb. 84. Leerlauf. Nach Reyl.

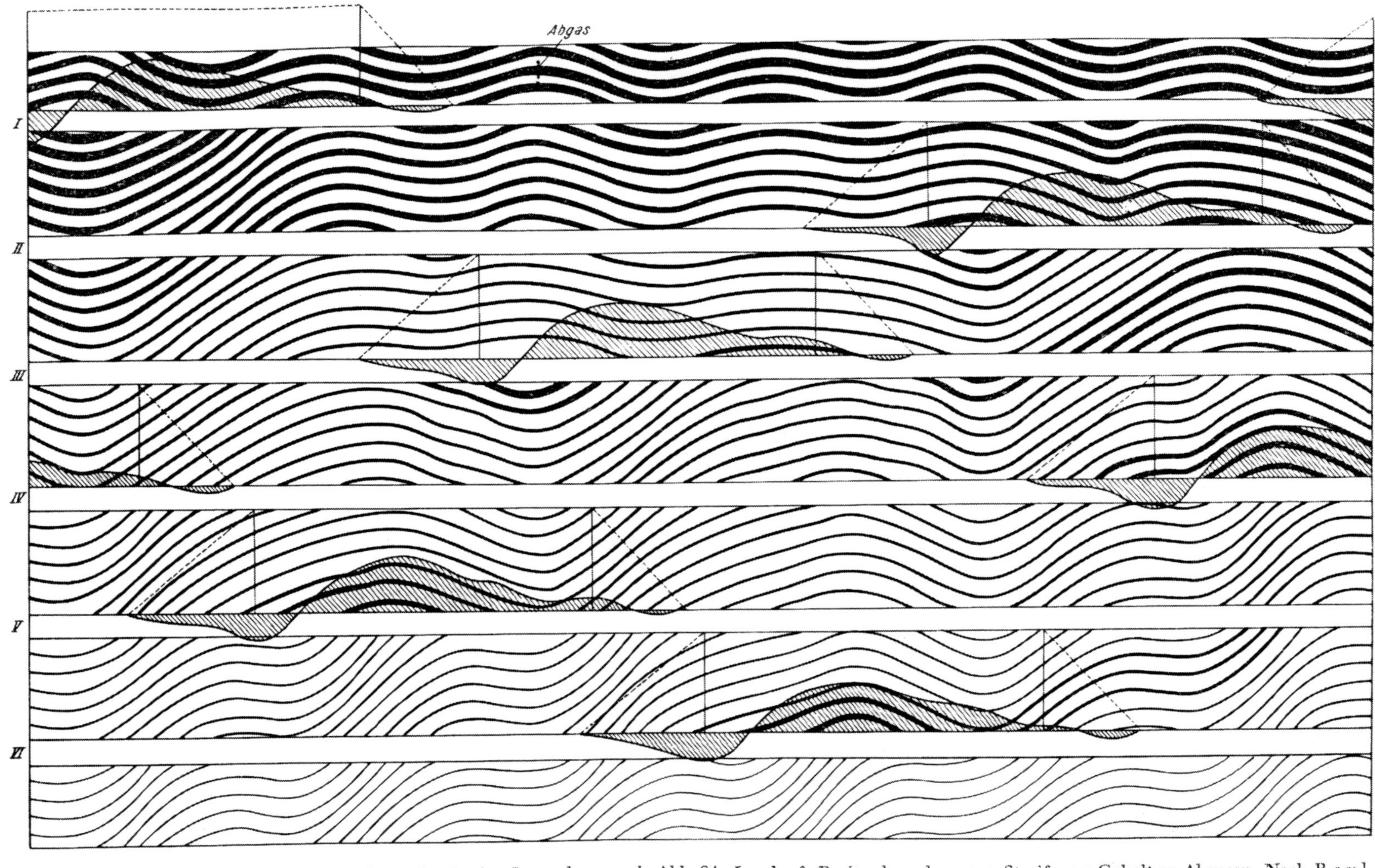

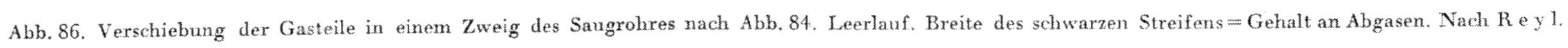
Abb. 86. Verschiebung der Gasteile in einem Zweig des Saugrohres nach Abb. 84. Leerlauf. Breite des schwarzen Streifens = Gehalt an Abgasen. Nach Reyl.

Die Differenz zwischen den Geschwindigkeiten auf beiden Seiten der Abzweigung zu den Zylindern gibt die in die Zylinder einströmende oder die ausströmende Menge. Die durch Schraffur hervorgehobene Fläche gibt unter Berücksichtigung ihres positiven und negativen Wertes mit einer Maßstabkonstanten multipliziert den Liefergrad für jeden einzelnen Zylinder.

Zu Beginn der Eröffnung des Einsaugventils ist der Druck im Zylinder höher als der Druck im Saugrohr, daher treten Abgase aus dem Zylinder in die Saugleitung ein. Das Rückströmen am Ende der Ventileröffnung ist eine Folge der niederen Drehzahl. Der Druck im Saugrohr wird im Zylinder wesentlich vor Ventilabschluß erreicht und überschritten, so daß der rückgehende Kolben einen Teil der Ladung wieder ausschiebt.

Der Liefergrad aller Zylinder ist ungefähr gleich annähernd 0,8.

Durch Integration der Geschwindigkeit über der Zeit erhält man nach Abb. 86 die Verschiebung der Gasteile in der Leitung. Eingezeichnet sind die Grenzen zwischen Gasvolumen von 0,1 V_h bei Außenzustand, in Abhängigkeit vom Drehwinkel der Kurbelwelle, also (annähernd) der Zeit. Bleibt das Gasteilchen in Ruhe, so geben seine Grenzen horizontale Linien, ist es in Bewegung, so sind die Linien gegen die Abszissenachse um so stärker geneigt, mit je größerer Geschwindigkeit die Verschiebung erfolgt. Verschiebt man ein Blatt mit einem in der Richtung der Ordinatenachse gelegten schmalen Beobachtungsschlitz längs der Abszissenachse, so läßt sich in anschaulicher Weise die verwickelte Bewegung des Gasinhaltes des Rohres verfolgen. Durch eine Einrichtung, bei welcher die Beobachtungsschlitze entsprechend den beiden Saugrohrhälften feststehen, und die beiden Saugrohrhälften entsprechenden Diagramme nach Abb. 87 als endlose Bänder an den Schlitzen vorbeigezogen werden, gelingt es, den verwickelten Strömungsverlauf im Saugrohr anschaulich zu machen.

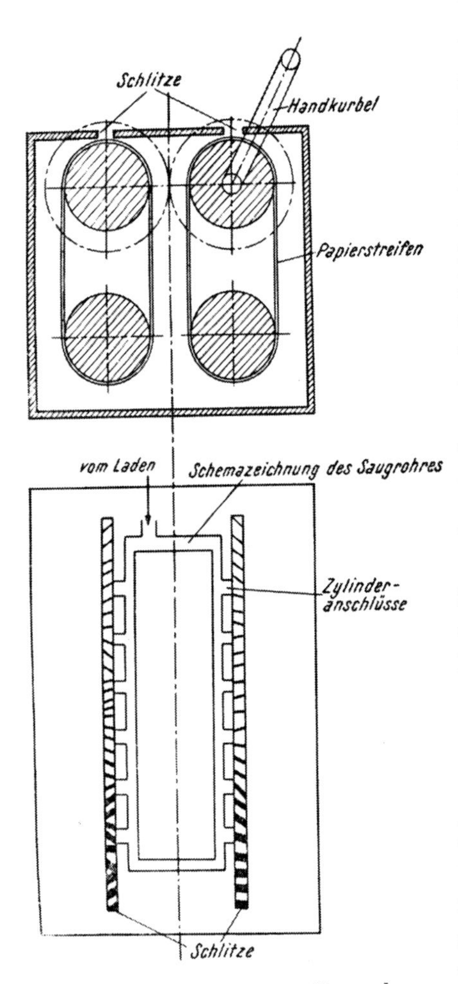

Abb. 87. Einrichtung zur Veranschaulichung der Gasbewegung im Saugrohr.

Zu Beginn des Saughubes werden nach Abb. 86 beträchtliche Mengen von Abgasen in die Saugleitung geschoben. Durch die Rechnung kann nach einigen Annahmen der Grad der Verunreinigung der Ladung der einzelnen Zylinder mit Abgas ermittelt werden. Der Mischraum vor jedem Zylinder wurde mit 0,7 V_h geschätzt und gleichmäßige Mischung angenommen. Der Anteil von Abgasen in jedem Gasteil wurde durch die Breite eines schwarzen Streifens in Abb. 86 angegeben. Aus Abb. 88 ist zu ersehen, daß die laderseitigen Zylinder einen Liefergrad von 70% (Frischluft) haben, während die am anderen Ende des Saugrohres liegenden nur knapp 40% erreichen. Abb. 88 zeigt den Liefergrad λ_{lg} an Frischluft und Abgas, mit λ_r ist das rückgesaugte Abgas bezeichnet, das vom λ_{lg} abgezogen den Liefergrad λ_l der Frischluft ergibt.

Die großen Liefergradunterschiede bzw. die starke Beimischung von Abgas in den vorderen Zylindern führte zu Aussetzern in diesen und damit zu einem ungleichmäßigen Gang des Motors im Leerlauf. Die Beobachtungen am Motor stimmten mit den Ergebnissen der Untersuchung überein.

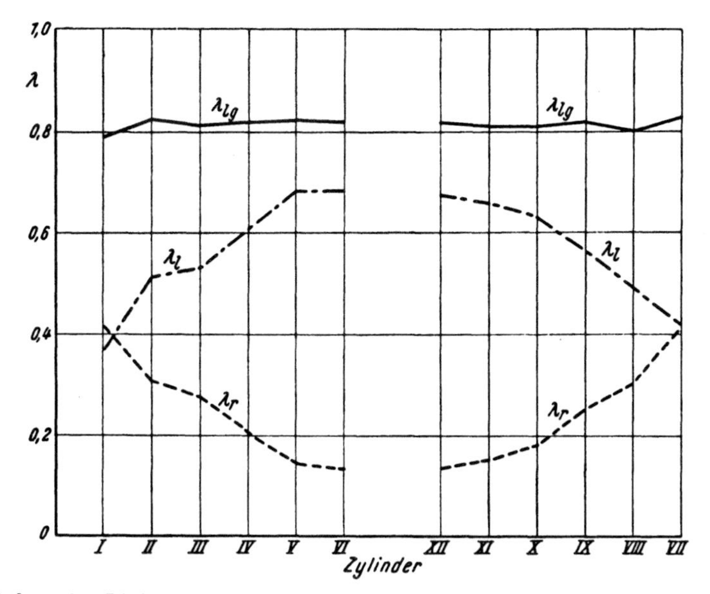

Abb. 88. Gesamtladung λ_g. Liefergrad λ_l und Abgasgehalt λ_r der Zylinder des Otto-Flugmotors DB 603 bei Leerlauf ohne Leerlaufausbildung des Saugrohrs. Nach R e y l.

Um die Leerlaufeigenschaften zu verbessern, wurde auf der Saugrohrleitung eine Nebenluftleitung angebracht, die den vorderen Zylindern zusätzlich Frischluft aus der Atmosphäre zuführt. Damit wurde eine wesentliche Verbesserung des Leerlaufs erreicht.

Um die Gleichförmigkeit der Ladungsverteilung im Gebiet normaler Betriebsdrehzahlen zu prüfen, wurden die Schwingungsvorgänge im Saugrohr und die Liefergrade auch für die Drehzahlen $n = 3000$ U/min und 2400 U/min für Bodenbetrieb rechnerisch ermittelt. In beiden Fällen betrug der Ladedruck 1,4 ata.

In Abb. 89 sind für $n = 3000$ U/min Druck und Strömungsgeschwindigkeit in einem Saugrohrteil dargestellt. Die Druckschwankungen im Saugrohr sind verhältnismäßig gering. Die Liefergrade der hinteren Zylinder sind um ungefähr 6% niederer als die der vorderen Zylinder.

Abb. 90 zeigt die Liefergradverteilung auf die einzelnen Zylinder. Der Ungleichförmigkeitsgrad des Liefergrades beträgt $\delta_{\lambda_l} = 6\%$. Der mittlere Liefergrad der Zylinder ist 98%. Die Rechnung ergab ferner einen Luftaufwand von rund 106%, demnach einen Spülverlust $\Lambda_{sp} = 8\%$. Der im Zylinder verbleibende Abgasrest wurde unter Annahme von Verdünnungsspülung zu $\lambda_r = 1{,}8\%$ errechnet.

Der Liefergrad bei vollständiger Auffüllung des Verdichtungsraumes mit Frischluft könnte 115,6% betragen. Der Abgasrest verdrängt 4,5%, wobei die Aufheizung der Ladung von 10° C durch ihn berücksichtigt ist, eine weitere Aufheizung von 15° C bewirkt die Verwirbelung der eintretenden Luft. Ferner wurde angenommen, daß die Ladung durch die Wand um 15° C erwärmt wird.

Die Ermittlung der Liefergrade bei $n = 2400$ U/min ergab infolge resonanzähnlicher Erscheinungen und damit verstärkter Schwingungen im Saugrohr einen gering fügig größeren Ungleichförmigkeitsgrad als nach Abb. 90.

Die Untersuchung wurde für n = 2400 U/min für verschiedene Ausführungen des Saugrohres durchgeführt. Abb. 91 zeigt eine Zusammenstellung der untersuchten Saugrohre und die entsprechenden Liefergradverteilungen. Die folgende Zahlentafe

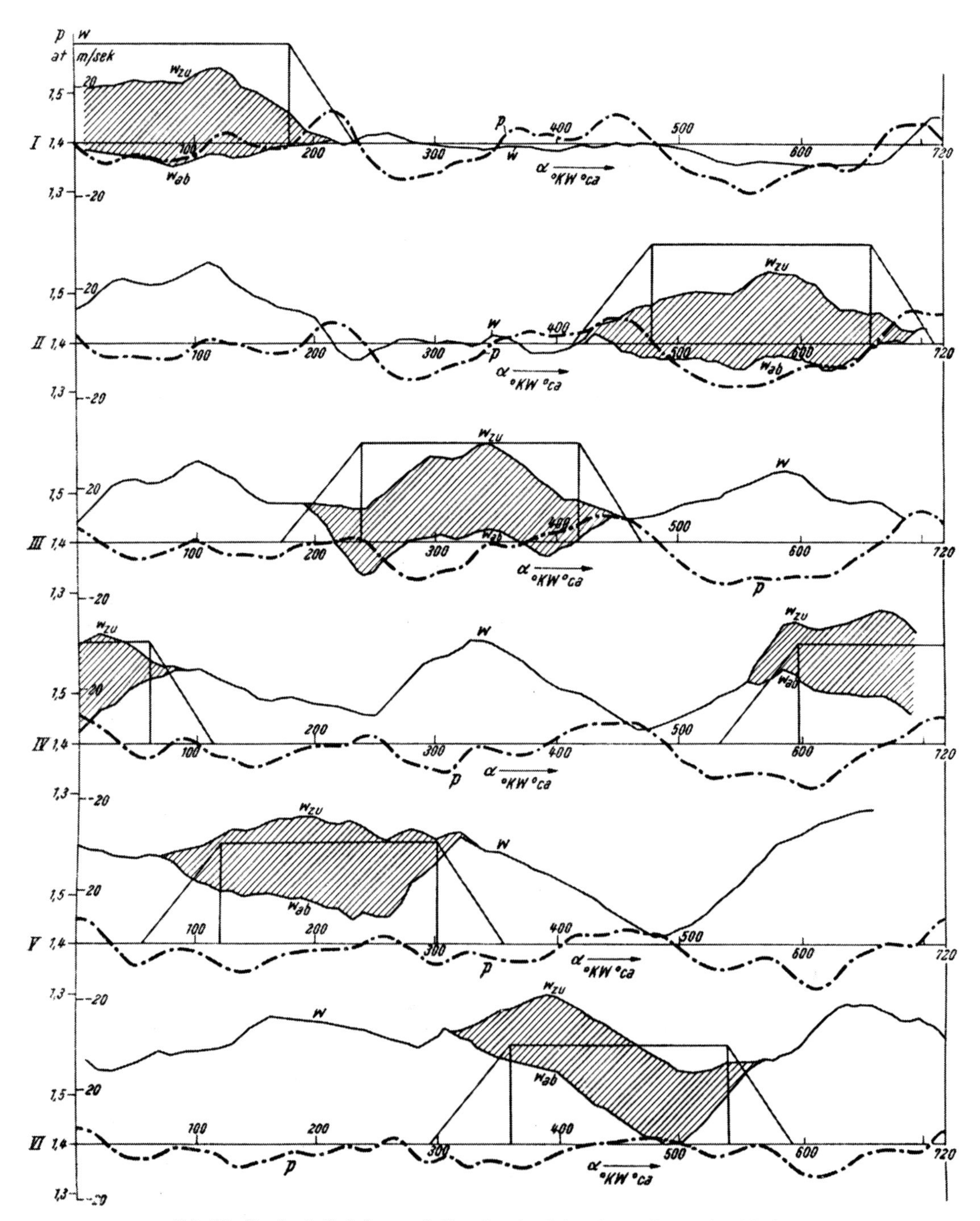

Abb. 89. Geschwindigkeits- und Druckverlauf im Saugrohr nach Abb. 84 bei n = 3000 U/min, p_L = 1,4 ata. Bodenbetrieb. Nach Reyl.

enthält die Mittelwerte der Liefergrade, die für die Motorleistung maßgebend sind, und die Ungleichförmigkeitsgrade der Liefergrade:

Zahlentafel 2.

Mittelwerte und Ungleichförmigkeitsgrade des Liefergrades.

Saugrohrform	a	b	c	d	e
Mittelwert von λ_{lm}	103,5	102	101	100	102%
Ungleichförmigkeitsgrad δ_{λ_l}	6,8	4,4	4,4	9,0	5,9%

Gegenüber der Normalanordnung a ergibt die Anordnung mit verengtem Querschnitt, die im Hinblick auf die Raumverhältnisse Vorteile böte, etwas kleineren Liefergrad, jedoch eine gleichmäßigere Verteilung der Ladung auf die einzelnen Zylinder. Ein Wegfall der Verbindungsleitung vorn erhöht den Ungleichförmigkeitsgrad und setzt den mittleren Liefergrad herab, ist also in jeder Hinsicht ungünstig. Eine Verlängerung der Rohräste bringt gegenüber der Normalanordnung kleine Vorteile.

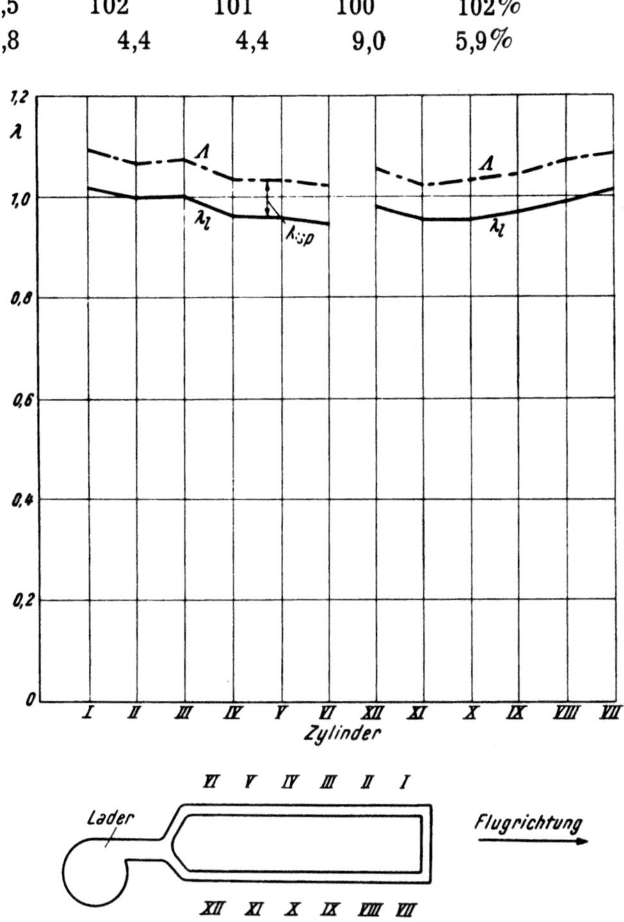

Abb. 90. Liefergrad λ_l und Luftaufwand Λ der einzelnen Zylinder des Otto-Flugmotors DB 603 bei n = 3000 U/min. Nach Reyl.

Es war leider nicht möglich, das Ergebnis dieser rechnerischen Untersuchungen von Reyl durch genaue Messungen am Motor zu überprüfen, aus Beobachtungen am Motor konnte jedoch festgestellt werden, daß die Ergebnisse im wesentlichen qualitativ richtig sind. Auch die befriedigende Übereinstimmung von Messung und Rechnung beim Argusmotor [19] läßt erwarten, daß auch im vorliegenden Fall der wirkliche Vorgang durch die Rechnung gut erfaßt wird.

In einem anderen Fall (24-Zylinder-Motor) wurde die rechnerische Untersuchung durch Schwierigkeiten im Versuchsbetrieb veranlaßt und ergab in guter Übereinstimmung mit den Beobachtungen bei den Untersuchungen Ungleichförmigkeiten des Liefergrades im Drosselbetrieb von über 20% und von über 10% beim Aufladebetrieb. Auf Grund des genauen Einblickes, den die rechnerische Untersuchung in die Vorgänge gab, konnten unschwer Maßnahmen zur Verbesserung des Saugrohrs angegeben und ihre Auswirkung berechnet werden.

Bei allen diesen Untersuchungen, die von Reyl durchgeführt wurden, haben sich die im Teil I angegebenen rechnerischen Verfahren gut bewährt und Einblicke

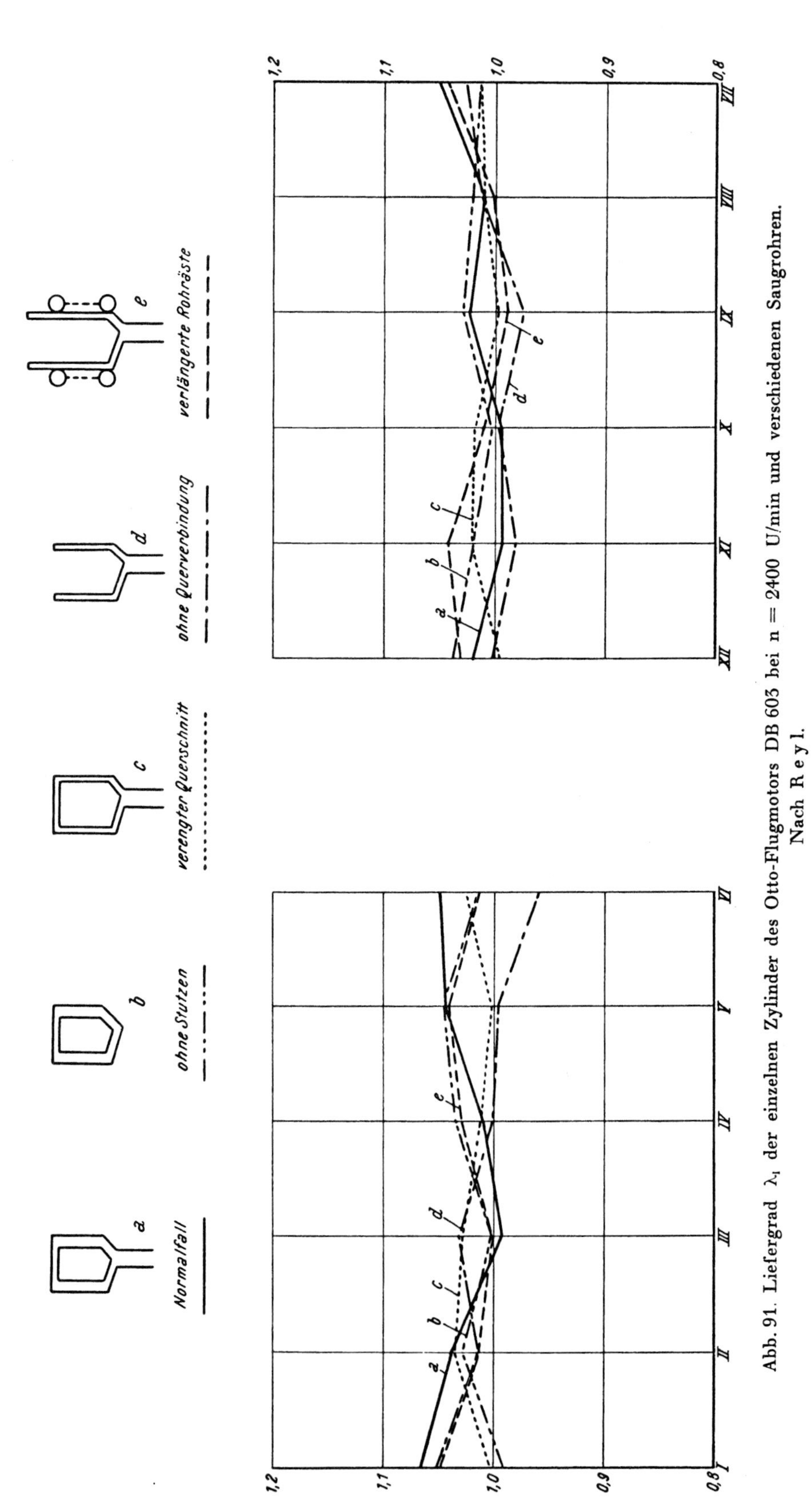

Abb. 91. Liefergrad λ_1 der einzelnen Zylinder des Otto-Flugmotors DB 603 bei n = 2400 U/min und verschiedenen Saugrohren. Nach Reyl.

in die Vorgänge im Saugrohr gebracht, wie sie durch die Versuche überhaupt nicht zu erhalten sind. Zeitlupenartig rollen die einzelnen Vorgänge im Saugrohr während der Rechnung ab und lassen die Zusammenhänge zwischen der Form des Saugrohrs und den Verlauf der Strömung erkennen. Es bereitet auf Grund dieses Einblicks im allgemeinen keine Schwierigkeiten, Maßnahmen zur Beseitigung beobachteter Mängel in der Ladungsverteilung zu finden.

d) Die versuchsmäßige Ermittlung der Ladungsverteilung auf die einzelnen Zylinder von Mehrzylindermotoren.

Das genaueste Verfahren zur Ermittlung der Ladungsverteilung auf die einzelnen Zylinder einer Mehrzylindermaschine ist die direkte Bestimmung der Ladungsmenge der einzelnen Zylinder durch Messen der Auspuffgasmenge. Dazu wird an Stelle eines Sammelrohres der Auspuff eines jeden Zylinders in einen besonderen Behälter geleitet, dort gekühlt und dann über eine Meßblende oder einen Gasmesser ins Freie geführt. Um den Gegendruck gegenüber dem Freiauspuff nicht zu verändern, kann hinter der Meßblende ein Absauggebläse angeordnet werden. Die Behälter sind so groß zu machen, daß die Auspuffstöße ausgeglichen werden und in der Blendenmessung keine Fehler verursachen.

Bei der Messung der Liefergrade der einzelnen Zylinder des im Teil I durchgerechneten 4-Zylinder-Reihenmotors wurden von Lanz flache Behälter benützt, die im Zylinderabstand nebeneinander aufgestellt werden. Durch Ermittlung der Gaszusammensetzung lassen sich Ungleichmäßigkeiten in der Brennstoffzufuhr zu den einzelnen Zylindern berücksichtigen.

Verhältnismäßig einfach, wenn auch nicht sehr genau, läßt sich die Ladungsverteilung durch die Bestimmung des Verdichtungsenddruckes ermitteln.

Bei einer fremd angetriebenen oder besser auf Zündung nach dem Totpunkt eingestellten Maschine wird der Verdichtungsenddruck der einzelnen Zylinder gemessen. Ist p_{zm} der Mittelwert des Verdichtungsenddruckes, λ_{lm} der durch Luftmessungen bestimmte Mittelwert der Liefergrade, Δp_z und $\Delta \lambda_l$ die Abweichungen von diesen Mittelwerten, so gilt annähernd

$$\frac{\Delta \lambda_l}{\lambda_{lm}} = \frac{1}{m} \cdot \frac{\Delta p_z}{p_{zm}}. \tag{76}$$

Darin kann m zwischen 1, 4 und 1,2 angenommen werden. Um Ungleichmäßigkeiten der Verdichtungsverhältnisse zu berücksichtigen, ist der Verdichtungsenddruck der einzelnen Zylinder bei Betrieb ohne Saugrohr oder mit einem großen Behälter an Stelle desselben (bei Vergasermotoren Fremdantrieb) zu ermitteln. Nun bestimmt man p_{zm} und erhält für jeden Zylinder einen Faktor, der mit p_{zm} multipliziert p_z gibt. Bei der Maschine mit Saugrohr kann aus p_{zm} durch Multiplizieren mit dem Faktor für jeden Zylinder p_z und daraus Δp_z bestimmt werden.

Ist ein Betrieb des Motors ohne Saugrohre nicht möglich, dann kann man durch Messung des Brennrauminhaltes die Verdichtungsverhältnisse der einzelnen Zylinder ermitteln. Der oben erwähnte Faktor für die einzelnen Zylinder ergibt sich aus $\left(\frac{\varepsilon}{\varepsilon_m}\right)^m$. Darin ist ε_m das mittlere Verdichtungsverhältnis, m der Polytropenkoeffizient der Verdichtungslinie.

Bei Einspritzmotoren läßt sich die Luftverteilung auf die einzelnen Zylinder auch annähernd bestimmen, wenn man bei gleich eingestellter Kraftstoffzufuhr zu den einzelnen Zylindern die Luftüberschußzahl der einzelnen Zylinder durch Abgasanalyse ermittelt.

e) Besprechung ausgeführter Saugrohre.

Unter Verzicht auf eine auch nur einigermaßen erschöpfende Darstellung aller möglichen oder auch nur der gebräuchlichsten Saugrohrformen für die verschiedenen Motorbauarten werden im folgenden einige ausgeführte Saugrohrbauarten unter Berücksichtigung der Ladungsverteilung besprochen.

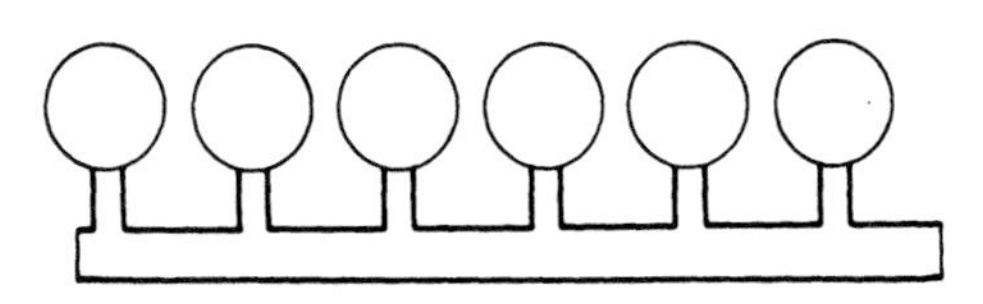

Abb. 92. Rechenförmiges Saugrohr.

Bei ortsfesten Motoren und Schiffsmaschinen wird das rechenförmige Saugrohr, Abb. 92, dann verwendet, wenn man nicht jeden Zylinder gesondert mit einem Saugstutzen versieht.

Der Querschnitt des Sammelrohres kann im allgemeinen ohne Schwierigkeiten so reichlich bemessen werden, daß Druckschwankungen mit größeren Amplituden vermieden werden und die einzelnen Zylinder daher nur geringe Liefergradunterschiede haben. Bei ausgeführten Motoren findet man mittlere Gasgeschwindigkeiten (bezogen auf einen Zylinder) im Sammelrohr von 13 — 20 m/sek. Es ist daher im allgemeinen nicht notwendig, die Schwingungsverhältnisse in solchen Saugleitungen zu untersuchen. Schwierigkeiten in bezug auf die Ladungsverteilung sind bei Saugsystemen ortsfester Anlagen auch bei reichlicher Querschnittsbemessung dann zu befürchten, wenn die Saugleitung aus bestimmten Gründen sehr lang ausgeführt werden muß, also die Maschine nicht direkt aus dem Maschinenraum ansaugt. Durch eine rechnerische Untersuchung kann dann festgestellt werden, durch welche Maßnahmen (z. B. Einschaltung von Behältern, Drosselstellen) eine gleichmäßige Gemischverteilung trotzdem erzielt werden kann.

Bei Fahrzeugmotoren und Flugmotoren muß aus Platzgründen, bei Vergasermotoren auch mit Rücksicht auf den Transport und die Verteilung des flüssigen Kraftstoffes eine höhere Geschwindigkeit in den Saugrohren zugelassen werden. Aus diesem Grunde und mit Rücksicht auf die hohe Drehzahl sind die Druckamplituden der Schwingungen in den Saugrohren im allgemeinen verhältnismäßig groß und können spürbare Unterschiede in den Liefergraden der einzelnen Zylinder verursachen, wenn nicht durch zweckmäßige Formgebung und Anordnung des Saugrohres vorgebeugt wird. Im nachfolgenden wird kurz auf die Vor- und Nachteile der Saugrohranordnungen einiger Fahrzeugmotorbauarten eingegangen.

4-Zylindermotoren. Vierzylindermotoren können mit Zündfolgen I, III, IV, II oder I, II, IV, III arbeiten. Bei einem Saugrohr mit 2 Anschlüssen nach Abb. 93 a und Anschluß des Vergasers in der Mitte herrscht vollkommene Symmetrie in bezug auf die beiden Motorhälften. Es wird daher der Liefergrad der Zylinder I und IV und der Zylinder II und III untereinander gleich sein.

Da die Öffnungsdauer des Einlaßventils etwa 240° KW ist, öffnen bei der ersten Zündfolge die Ventile der Zylinder IV und I vor Abschluß der Einlaßventile der Zylinder III und II. Durch die entstehende Unterdruckwelle werden die Liefergrade der Zylinder III und II beeinträchtigt, so daß sie im allgemeinen kleiner sein werden als die der Zylinder IV und I. Die Massenwirkung der Gassäule im Rohr, die vor allem der Füllung von IV und I zugute kommt, vergrößert den Liefergradunterschied.

Bei der Zündfolge I, II, IV, III liegen die Verhältnisse grundsätzlich gleich, nur sind hier die Zylinder III und II in bezug auf den Liefergrad bevorzugt.

6-Zylindermotoren. Bei der Ventilöffnungsdauer von 240° KW übergreifen sich die Öffnungszeiten der nacheinander zündenden Zylinder um 120° KW. Die Wirkung der Unterdruckwelle des Zylinders, der zu saugen beginnt, ist daher verstärkt, wenn nicht die Zündfolge so gewählt wird, daß die nacheinander zündenden Zylinder räumlich entfernt sind, also nicht nebeneinander liegen.

Bei der üblichen Zündfolge I, V, III, VI, II, IV zünden die Zylinder beider Motorhälften abwechselnd.

Bei symmetrisch ausgeführten Saugrohren wird infolge des symmetrischen Ablaufes der Zündfolge bei beiden Zylinderhälften auch die Liefergradverteilung symmetrisch liegen. Es sind daher die Liefergrade der Zylinder I und VI, II und V sowie III und IV untereinander gleich. Bei der Saugrohranordnung nach Abb. 93 b übergreifen sich die Öffnungszeiten der aus einem Rohrzweig saugenden Ventile nicht, eine Beeinträchtigung der Liefergrade einzelner Zylinder durch die Unterdruckwellen am Saugbeginn der benachbarten Zylinder erfolgt daher nicht. Infolge der Verschiedenheit der Rohrlängen zu den Zylindern I, VI und II, III, IV und V und der gegenseitigen Beeinflussung der Rohrzweige werden die Liefergrade der Zylinder I, II, III bzw. IV, V und VI untereinander im allgemeinen verschieden sein. Die Größen dieser Unterschiede lassen sich allgemein nicht voraussagen.

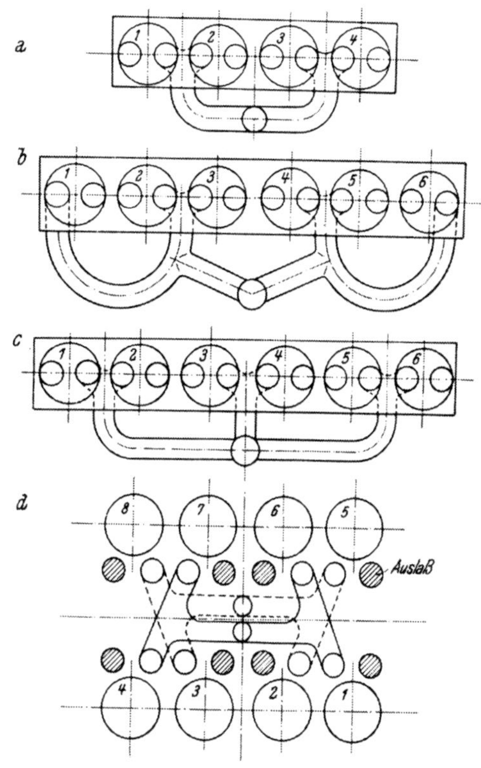

Abb. 93. Gebräuchliche Saugrohrformen für Fahrzeugmotoren.

Bei der Saugrohranordnung nach Abbildung 93 c mit 3 Anschlüssen ist der Unterschied in der Rohrlänge zu den einzelnen Zylindern größer als bei Ab. 93 b. Im allgemeinen wird daher auch die Ungleichförmigkeit des Liefergrades bei dieser Anordnung größer sein als bei Anordnung Abb. 93 b.

8-Zylindermotoren. Bei der heute gebräuchlichen Form des Achtzylinders als V-Motor führt Ford ein Saugrohr nach Abb. 93 d aus. Die beiden Rohrsysteme werden aus einem Doppelvergaser mit Gemisch versorgt. Bei der Zündfolge I, V, IV, VIII, VI, III, VII, II wird erreicht, daß aus beiden Systemen im regelmäßigen Wechsel angesaugt wird. Dadurch überschneiden sich die Öffnungszeiten der Zylinder eines Saugsystems um $240 - 2 \cdot 90 = 60°$ KW.

Im Saugrohr der Zylinder I, IV, VI, VII folgen jeweils örtlich entfernte Zylinder aufeinander. Die Unterdruckwellen beim Saugrohrbeginn wirken sich auf den in der Saugfolge vorangegangenen Zylinder daher nur abgeschwächt aus. Wenn man die Rohrleitungen zu den einzelnen Zylindern gleich lang macht und die Kanäle so ausbildet, daß auch die Strömungswiderstände der einzelnen Saugwege gleich werden, so wird der Liefergrad aller Zylinder gleich. Im Saugrohr der Zylinder II, III, V, VIII saugen die Zylinder am gleichen Ende des Saugrohres nacheinander. Dadurch ist zu erwarten, daß die Liefergrade der Zylinder III und V größer als die der Zylinder VIII und II werden.

Bei diesen Betrachtungen ist die Verteilung des nach dem Vergaser flüssig gebliebenen Kraftstoffanteils auf die einzelnen Zylinder bei Vergasermotoren nicht untersucht worden. Für diese ist neben der allgemeinen Anordnung des Saugrohres auch seine Form, vor allem die Ausbildung von Abzweigungen, Krümmern und die richtige Anordnung von beheizten Flächen maßgebend.

f) Aufladung durch Saugrohre.

Wie im Abschnitt a Seite 70 ausgeführt wurde, läßt sich durch Anschluß einer Rohrleitung an die Saugöffnung des Zylinders die Massenwirkung der Gassäule zur Aufladung ausnützen. Die im Abschnitt A, IV/II angeführten Zusammenhänge gelten sinngemäß abgeändert auch für Viertaktmotoren.

Die Aufladung durch die Massenwirkung der Gassäule im Saugrohr ist ein einfaches, billiges Mittel, um unter gewissen Voraussetzungen die Leistung von Viertaktmotoren um 5—15% und darüber zu erhöhen.

Es ist zweckmäßig, bei der Untersuchung des Aufladevorganges vom idealisierten, verlustlosen Vorgang auszugehen. Man erhält dadurch Einblick in die grundlegenden Zusammenhänge.

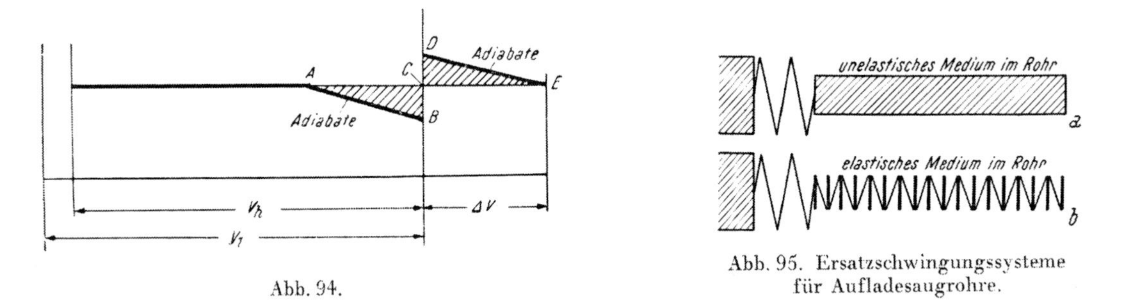

Abb. 94.

Abb. 95. Ersatzschwingungssysteme für Aufladesaugrohre.

Die Aufladung durch ein Saugrohr kann am vollkommenen Motor ohne Lader in folgender Weise durchgeführt werden:

Nachdem der Kolben beim Saughub einen Teil des Weges zurückgelegt und durch das Einlaßventil unmittelbar aus der Atmosphäre angesaugt hat, wird nach Abb. 94 bei A das Einlaßventil geschlossen. Wenn der Kolben den Totpunkt bei B erreicht hat, wird das Einlaßventil plötzlich wieder geöffnet und der Einlaß durch ein Schaltorgan mit dem Saugrohr verbunden. Durch den Unterdruck im Zylinder wird die Gassäule im Saugrohr in Bewegung gesetzt. Durch das Einströmen, Umsetzen der kinetischen Energie der Gassäule im Saugrohr in Verdichtungsarbeit wird die Ladung im Zylinder nach B—C—D verdichtet, wenn man annimmt, daß der Kolben während dieses Vorganges im Totpunkt stehen bleibt. Das Schwingungssystem wird bei dieser Entwicklung der grundlegenden Zusammenhänge nach Abb. 95 a idealisiert, demnach die Elastizität der Gassäule im Rohr vernachlässigt. Wenn im Idealfall die kinetische Energie des eintretenden Stromes gänzlich in Verdichtungsarbeit umgesetzt wird, so ist für Stillstand der Gassäule im Saugrohr die Arbeit der Fläche ABC gleich der Verdichtungsarbeit DCE.

Aus diesem idealisierten Vorgang sind folgende Zusammenhänge erkennbar:

Die Saugarbeit des Kolbens wird in kinetische Energie der Gassäule im Saugrohr und diese wieder in Verdichtungsarbeit der Ladung umgesetzt.

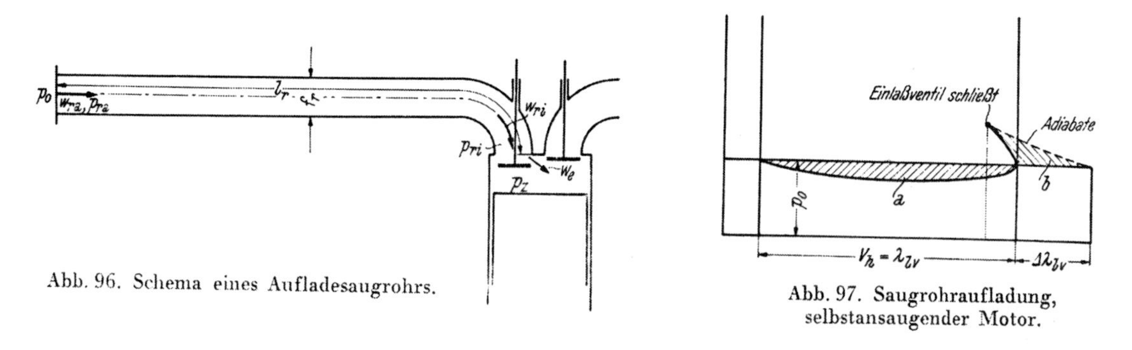

Abb. 96. Schema eines Aufladesaugrohrs.

Abb. 97. Saugrohraufladung, selbstansaugender Motor.

Schließt man das Saugrohr nach Abb. 96 an die vollkommene Maschine an und öffnet das Einlaßventil während des ganzen Saughubes in normaler Weise, so entsteht infolge der Trägheitswirkung der Gassäule ein Druckverlauf nach Abb. 97. Wird das Einlaßventil nach dem unteren Totpunkt geschlossen, so ergibt sich der in Abb. 97 angegebene Zusammenhang. Die Fläche a ist gleich der Fläche b. Man erhält den Gewinn an Liefergrad $\Delta\lambda_{lv}$ aus dem Schnittpunkt der Adiabate durch den Abschlußpunkt des Ventils mit $p_{o,L}$.

Diese Beziehungen gelten unter der Voraussetzung, daß die kinetische Energie restlos in Verdichtungsarbeit umgesetzt wird.

Beim aufgeladenen vollkommenen Motor ist der Druck zu Beginn des Ansaugens p_o, der Ladedruck p_L. Durch das Auffüllen des Verdichtungsraumes kann die Fläche c in Abb. 98 in kinetische Energie und bei entsprechender Anordnung des Saugrohres in Verdichtungsarbeit umgewandelt werden. Danach ist also hier $c = b$.

Beim wirklichen aufgeladenen Motor mit vollkommener Umsetzung der kinetischen Energie im Saugrohr in Verdichtungsarbeit ist $a + c = b$ nach Abb. 99.

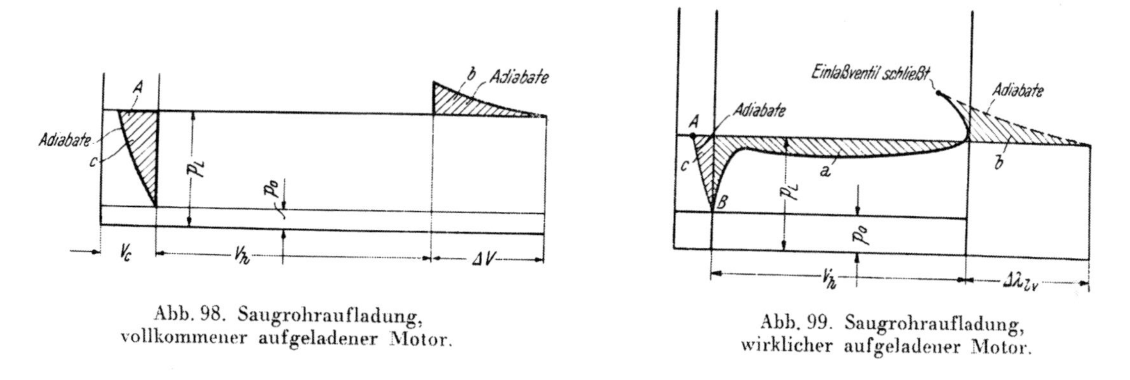

Abb. 98. Saugrohraufladung, vollkommener aufgeladener Motor.

Abb. 99. Saugrohraufladung, wirklicher aufgeladener Motor.

Die Saugrohraufladung der wirklichen Maschine weicht in folgendem von dem Vorgang der vollkommenen Maschine ab:

a) Die kinetische Energie der in den Zylinder einströmenden Luft wird nicht in Verdichtungsarbeit umgesetzt, sondern durch Verwirbelung in Wärme verwandelt. Dadurch wird der Wirkungsgrad des Aufladevorganges herabgesetzt und durch die zusätzliche Wärmezufuhr die Ladungstemperatur erhöht, die Ladungsmenge daher verkleinert.

b) Durch die Reibung im Saugrohr wird gleichfalls Energie aufgezehrt und die Ladung zusätzlich erhitzt, wodurch die unter a angegebenen Wirkungen verstärkt werden.

Die Beziehungen zur rechnerischen Untersuchung des Einsaugvorganges bei vorgeschalteten Saugrohr sind in Teil I, S. 111 u. flgd., dargestellt.

Der Druck im Einsaugende des Rohres in Abb. 96 ist $p_{ra} = p_0$, wenn die Geschwindigkeitsdruckhöhe des eintretenden Stromes vernachlässigt wird. Es gelten daher dort die Reflexionsgesetze der offenen Mündung $p_{ab} = -p_{zu}$. Für das zylinderseitige Rohrende gilt nach Teil I die Beziehung

$$p_{ri} = p_0 + 2\, p_{zu} - \frac{1}{K} w_{ri}. \tag{77}$$

Man beginnt mit der Rechnung beim Öffnen des Einlaßventils. Um den Druck im Zylinder zu diesem Zeitpunkt zu finden, hat man den Druckverlauf während des Auslaßvorganges, zumindest während des letzten Teiles desselben, zu rechnen.

Im allgemeinen wird mit Intervallen von 10^0 KW das beste Kompromiß zwischen den Forderungen nach mäßigem Rechenaufwand und nach ausreichender Genauigkeit geschlossen.

Die Berücksichtigung der Rohrreibung muß unter vereinfachenden Annahmen erfolgen: Im allgemeinen erhält man, wie später gezeigt wird, genügend genaue Ergebnisse, wenn die Rohrreibung dem Ventilwiderstand zugeschlagen wird. In besonderen Fällen kann es zweckmäßig sein, nur einen Teil des Rohrwiderstandes dem Ventilwiderstand zuzufügen und weitere Teile auf Drosselstellen am Rohrbeginn und bei langen Rohren auch im Rohrinnern konzentriert anzunehmen. Untersuchungen über die Zusammenhänge zwischen diesen vereinfachenden Annahmen über die Rohrreibung und der erzielten Rechengenauigkeit waren vom Verfasser und seinen Mitarbeitern geplant, konnten aber noch nicht durchgeführt werden. In den meisten Fällen dürfte das einfache Verfahren genügen, die ganze Rohrreibung dem Ventilwiderstand zuzuschlagen.

Man ermittelt die Summe aus Rohr- und Ventilwiderstand durch stationäre Strömungsversuche. Dabei ist die Differenz der Drücke vor der Saugrohrmündung und im Innern des Zylinders und die Durchflußmenge bei verschiedenen Ventilhüben zu messen. Es ist

$$(\mu\sigma)_r = \frac{G_{sek}}{\frac{d^2\pi}{4}\sqrt{2g \,.\, \Delta p \,.\, \gamma}}. \tag{78}$$

Darin ist d der Sitzdurchmesser des Ventils, γ das spezifische Gewicht (Mittelwert).

Liegen nur die $\mu\sigma$-Werte für das Ventil vor, so läßt sich $(\mu\sigma)_r$ mit den bekannten Gesetzen der Rohrreibung wie folgt ermitteln:

Für die Rohrreibung gilt:

$$\Delta p = \lambda \frac{\gamma}{2g} \cdot \frac{l_r}{d_r} \cdot w_r^2 \qquad \begin{array}{l} w_r = \text{Geschwindigkeit im Rohr} \\ d_r = \text{Rohrdurchmesser} \end{array} \tag{79}$$

Damit wird

$$(\mu\sigma)_r = \frac{\mu\sigma}{\sqrt{1 + \lambda \cdot \frac{l_r}{d_r} \cdot (\mu\sigma^2)\left(\frac{d}{d_r}\right)^4}}. \tag{80}$$

Für glatte Rohre fand B l a s i u s [20]

$$\lambda = \frac{0{,}316}{\left(\frac{w_r d_r}{\nu}\right)^{0{,}25}}. \tag{81}$$

Als glatte Rohre sind gezogene Rohre anzusehen, wie sie für Saugleitungen hochwertiger Motoren wohl ausschließlich in Betracht kommen.

Aufgeladene Motoren mit Kraftstoffeinspritzung arbeiten im allgemeinen mit Spülung. Während der Spüldauer gelten infolge des gleichzeitigen Ein- und Ausströmens aus dem Zylinder geänderte Beziehungen, die aus Teil I, Seite 117 und flgd., unschwer abgeleitet werden können.

Die Anwendung der Rechnung auf den Einströmvorgang eines Motors mit Saugrohr wird im folgenden an den Ergebnissen einer Untersuchung gezeigt, die P i s c h i n g e r [21] an einem Einzylinder-Versuchsdieselmotor (120 mm Zylinderdurchmesser, 180 mm Hub, n = 1300 U/min) im Institut des Verfassers in Graz durchführte. Das Saugrohr dieses Motors hatte 2″ l. W. Seine Länge konnte zwischen 0,2 und 2,5 m verändert werden. Das Einlaßventil hatte einen Sitzdurchmesser von 48 mm und 12 mm Hub, es öffnete im o. T. und schloß 10° n. u. T. Wie spätere Untersuchungen zeigten, sind diese Steuerzeiten hinsichtlich Erzielung hoher Aufladung nicht günstig. Im vorliegenden Fall sollten jedoch nur die Brauchbarkeit des Rechenverfahrens und der grundsätzliche Verlauf des Ansaugvorganges gezeigt werden.

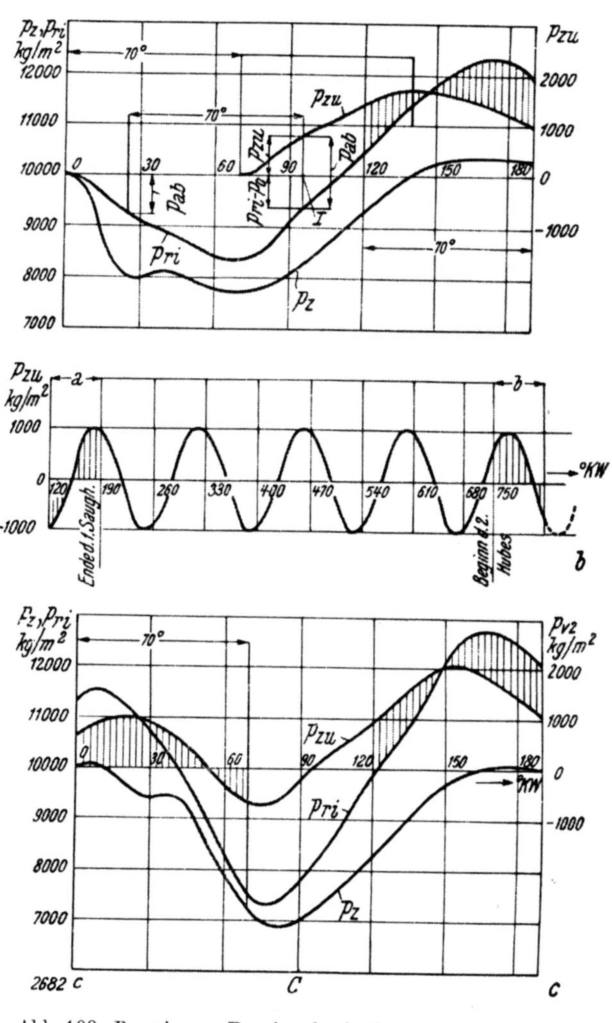

Abb. 100. Berechnete Druckverläufe für eine Saugrohraufladung. Nach P i s c h i n g e r.

Die beste Übereinstimmung zwischen Rechnungs- und Versuchsergebnissen ergab sich mit den Annahmen isothermischer Zustandsänderung im Zylinder, adiabatischer Zustandsänderung im Rohr und Ventil und Aufheizung des eintretenden Stromes durch Wand und Abgas auf die gleichbleibende mittlere Temperatur T_{zm}.

Im vorliegenden Fall wurde $T_{zm} = 345^\circ$ K, daher $\tau_e = \frac{345}{288} = 1{,}2$ gefunden.

Abb. 100 a zeigt den Druckverlauf im Zylinder und im Rohr für die erste Durchrechnung, die mit $p_{ri} = p_0$, $w_{ri} = 0$ beim Öffnen des Einlaßventils begonnen wurde.

Die Fortpflanzungsgeschwindigkeit der Druckwellen wurde entsprechend 1 at und 288° K als mittleren Zustand im Saugrohr a = 350 m/sek, der Rechenschritt 10° KW angenommen. Zunächst ist $p_{zu} = 0$, bis nach der doppelten Laufzeit durch das Rohr, $\frac{12 \cdot 1{,}57 \cdot 1300}{360} = 70°$ KW, die vom zylinderseitigen Rohrende abgehende Welle p_{ab} wieder als zulaufende Welle p_{zu} das zylinderseitige Rohrende erreicht. Die Welle wird an der Mündung negativ reflektiert. Die Zusammenhänge sind in Abb. 100 a für einen Punkt dargestellt. Es ist $p_0 = 10.000$ kg/m² und $p_{ab} = p_{ri} - p_0 - p_{zu}$, woraus sich für den eingezeichneten Punkt $p_{ab} = -1380$ kg/m² gibt. Diese Welle kommt 70° später als zulaufende Welle $p_{zu} = 1380$ kg/m² wieder zum zylinderseitigen Rohrende.

Die nach 70° vor Abschluß des Einlaßventils vom zylinderseitigen Rohrende abgehenden Wellen gelangen erst nach Abschluß des Einlaßventils zum Ventil zurück, sie werden dort positiv reflektiert und regen Eigenschwingungen des Rohres zwischen den Saughüben an.

Da bei der Rechnung die Rohrreibung und die Energiezerstreuung an der Mündung nicht berücksichtigt wird, behält die Schwingung im Rohr ihre Energie. Die Amplituden der Eigenschwingungen bleiben daher nach Abb. 100 b gleich. Ihr Verlauf und ihre Phasenlage beim Beginn des zweiten Einsaugens (720° KW nach Beginn der Rechnung) gibt die Amplitude der zulaufenden Welle für die ersten 70° KW des Einsaugens.

Rechnet man den Einsaugvorgang damit nochmals durch, so erhält man einen etwas geänderten Druckverlauf nach Abb. 100 c, am Ende des Einsaugens jedoch den nahezu gleichen Schwingungszustand im Rohr wie bei der ersten Durchrechnung. Man erhält daher — und das gilt, wie die Erfahrung lehrt, ganz allgemein — beim zweimaligen Durchrechnen schon mit sehr guter, meist ausreichender Annäherung den endgültigen Druckverlauf im Zylinder und Rohr und damit auch den endgültigen Liefergrad.

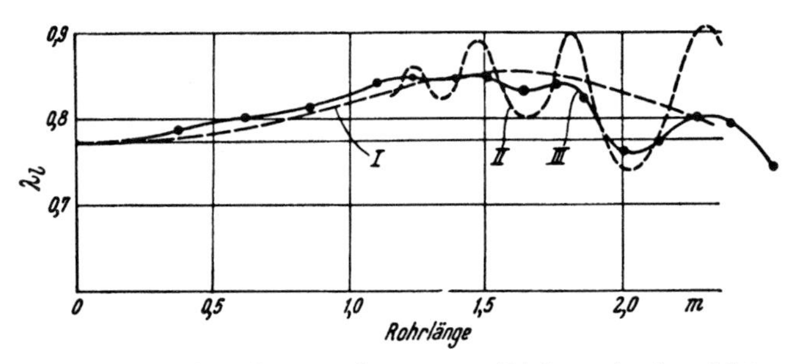

Abb. 101. Berechnete und gemessene Liefergrade eines Motors mit Saugrohraufladung. Nach Pischinger.

Es hängt offenbar von der Phasenlage der Rohrschwingung beim Beginn des Einsaugens ab, ob diese Schwingung den Liefergrad gegenüber dem aus dem Ruhezustand berechneten in Abb. 100 a erhöht oder vermindert. Im vorliegenden Fall verkleinert sie den Liefergrad. Die Schwingung aus dem Ruhezustand heraus gibt, für verschiedene Rohrlängen berechnet, einen Verlauf des Liefergrades nach Abb. 101, Kurve I. Man würde einen ähnlichen Verlauf erhalten, wenn man das bewegte System nach Abb. 95 a vereinfacht, also die Elastizität des Rohrinhalts vernachlässigt. Später wird noch auf diese Vereinfachung zurückgekommen werden. Die Kurve II in Abb. 101 zeigt die mit Berücksichtigung der Rohrschwingung errechneten Liefergrade. Kurve III in Abb. 101 zeigt die gemessenen Liefergrade. Man erkennt, daß die Kurve II einen schwingenden Verlauf hat, für den die Kurve der Liefergrade der Grundschwingung eine Mittellinie darstellt. Die Amplitude der Schwingung wächst mit der Rohrlänge, da die Energie der Rohrschwingung natürlich mit der Rohrlänge ansteigt, die Schwingung daher immer mehr Einfluß auf den Verlauf des

Einsaugvorganges gewinnt. Bei sehr langen Rohren beherrscht die Rohrschwingung den Verlauf so wesentlich, daß die Massenwirkung der Wurfschwingung (Bewegungsvorgang des Systems Abb. 95 a) ihr gegenüber zurücktritt.

Die Eigenschwingung des einseitig abgedeckten Rohres ergibt sich aus

$$\operatorname{ctg}\left(\frac{\omega \cdot l}{a}\right) = 0. \tag{82}$$

Demnach ist $\frac{\omega \cdot l}{a} = (2i + 1)\frac{\pi}{2}$ mit $i = 0, 1, 2, 3 \ldots$

Der Wert $i = 0$ entspricht der Grundschwingung (Knoten am geschlossenen Rohrende) die darüber liegenden Werte entsprechen Oberschwingungen, deren Einfluß im allgemeinen klein ist.

$\omega = \frac{\pi \cdot n}{2 \cdot 30}$ für den Viertakt, da ja eine Periode zwei Umdrehungen umfaßt. Mit m als Ordnungszahl der Harmonischen wird die Bedingung

$$\frac{n \cdot \pi \cdot l}{2 \cdot 30 \cdot a} = \frac{\pi}{2 \cdot m} \tag{83}$$

für Resonanz der m^{ten} Harmonischen der erregenden Kräfte mit der Grundschwingung, oder anders ausgedrückt, wenn m Eigenschwingungen auf 2 Umdrehungen kommen. ($m = 1, 2, 3, 4 \ldots$). Man erhält für Resonanz mit $a = 350$ m/sek

$$n \cdot l = \frac{10.500}{m}.$$

Die entsprechenden Produkte n . l sind

$m =$	1	2	3	4	5	6
$n \cdot l =$	10.500	5.250	3500	2630	2100	1750

Auf das vorliegende Beispiel angewendet besteht Resonanz bei

$l = 8{,}1 \quad 4{,}05, \quad 2{,}69, \quad 2{,}02, \quad 1{,}61, \quad 1{,}35$ m

Man sieht aus Abb. 101, daß in Übereinstimmung mit früheren Ausführungen bei diesen Rohrlängen lokale Minima des Liefergrades liegen, die aus den früher angeführten Gründen um so ausgeprägter sind, je größer die Rohrlänge und damit je niederer m wird. Lokale Maxima liegen bei den dazwischen liegenden Werten für m 1,5, 2,5, 3,5, 4,5 ...

Ein Vergleich der Messung (Kurve III) und Rechnung zeigt grundsätzlich sehr gute Übereinstimmung. Infolge Nichtberücksichtigens der Dämpfung der Eigenschwingung im Rohr durch die Reibung und den Energieverlust an der Mündung ist die berechnete Wirkung der Rohrschwingung nach Abb. 95 b größer als ihr wirklicher Einfluß. Rechnerisch läßt sich der Einfluß der Dämpfung durch einen Faktor erfassen, mit dem die Amplitude der Rohrschwingung multipliziert wird. Erfahrungswerte für die Dämpfung lassen sich durch Angleichung von Messung und Rechnung unschwer, wenn auch mit einigem Zeitaufwand gewinnen. Für die praktische Ausführung kommen vor allem Rohrlängen in Betracht, bei denen der Einfluß der Eigenschwingung des Rohres noch wenig merkbar ist.

Trägt man den Druck im Zylinder über dem Kolbenweg auf, so erhält man den Einlaßverlust als Mitteldruck p_{ein}. Pischinger erhielt bei seiner Untersuchung für verschiedene Rohrlängen die in Abb. 102 dargestellten Druckverläufe, daraus ergaben sich die mittleren Saugunterdrücke p_{ein} in Abb. 103.

Die Zweckmäßigkeit der Saugrohraufladung läßt sich aus der Steigerung des Nutzdruckes p_e und der Veränderung des Brennstoffverbrauches b_e beurteilen.

Ist Δp_{ein} die Erhöhung des mittleren Saugunterdruckes gegenüber saugrohrlosem Betrieb und wird der Innendruck dem Liefergrad verhältig gesetzt, so ist die Zunahme des Nutzdruckes

$$\Delta p_e = p_{i-lo} \cdot \frac{\Delta \lambda_l}{\lambda_{lo}} - \Delta p_{ein}. \tag{84}$$

Bei Motoren mit Aufladung ist die Vergrößerung der Laderleistung Δp_{La} durch den größeren Luftdurchsatz zu berücksichtigen. Man erhält

$$\Delta p_e = p_{i-lo} \cdot \frac{\Delta \lambda_l}{\lambda_{lo}} - \Delta p_{ein} - \Delta p_{La}. \tag{85}$$

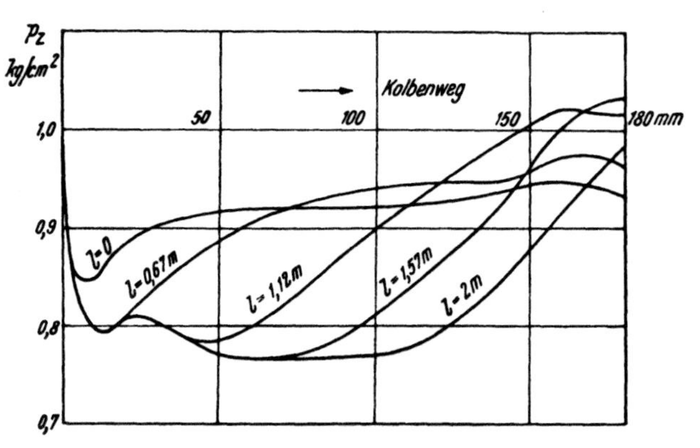

Abb. 102. Druckverlauf im Zylinder bei Aufladung mit Saugrohren verschiedener Länge. Nach Pischinger.

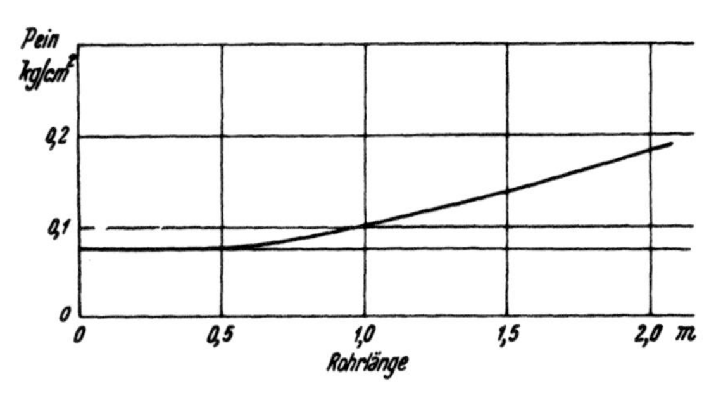

Abb. 103. Einlaßverlust p_{ein} bei Saugrohraufladung. Nach Pischinger.

Das Verhältnis der Verbräuche mit und ohne Saugrohr ist (Größen mit und ohne Saugrohr kenntli durch R und O)

$$\frac{b_{eR}}{b_{eo}} = 1 + \frac{\Delta p_{ein}}{p_{eo}} \cdot \frac{\lambda_{lo}}{\lambda_{lR}}. \tag{86}$$

Für $p_{i-l} = 8{,}5\,\text{kg/cm}^2$ ergibt sich für die von Pischinger untersuchten Verhältnisse die in Abb. 104 dargestellte Leistungserhöhung.

Der Verbrauch ist im Gebiet der größten Leistungserhöhung bei $\sim 1{,}4$ m Saugrohrlänge weniger als 1% höher als bei Betrieb ohne Saugrohr. Die Verbrauchsveränderung ist daher sehr klein und braucht im allgemeinen nicht in Betracht gezogen werden.

Bezeichnet man mit Wirkungsgrad der Aufladung η_{auf} das Verhältnis der bei verlustloser Saugrohraufladung aufzuwendenden Arbeit, Fläche EDC in Abb. 94 zu der Arbeit, die wirklich aufzuwenden ist, so erhält man ein Maß für die Vollkommenheit des Aufladeverfahrens, das vor allem theoretisches Interesse hat.

Man findet nach einigen Vereinfachungen

$$\eta_{auf} = \frac{\varkappa}{2} \left(\frac{\Delta \lambda_l}{\lambda_l + \lambda_r}\right)^2 \left(1 - \frac{\Delta \lambda_l}{2(\lambda_l + \lambda_r)}\right) \cdot \frac{\varepsilon}{\varepsilon - 1} \cdot \frac{p_1}{\Delta p_{ein}}. \tag{87}$$

Für λ_l ist der Liefergrad einzusetzen. Es ist ferner

$$\lambda_r = \frac{1}{\varepsilon - 1} \cdot \frac{p_{za}'}{p_0} \cdot \frac{T_0}{T_{za}'} \tag{88}$$

und im allgemeinen $p_1 \sim p_0$. za' bezeichnet den Zustand beim Abschluß des Auslaßventils.

Man erhält z. B. für die Saugrohrlänge 1,4 m mit den von Pischinger berechneten Werten in Abb. 100, $p_{za}' \sim 1{,}0$, $T_{za}' = 673^0$ K (400^0 C) und $\varepsilon = 17$:

$$\lambda_r = \frac{1}{16} \cdot \frac{1,0}{1,0} \cdot \frac{288}{673} = 0,027 \sim 0,03 \text{ und}$$

$$\eta_{auf} = \frac{1,4}{2} \cdot \left(\frac{0,07}{0,78 + 0,03}\right)^2 \cdot \left(1 - \frac{0,07}{2 \cdot (0,78 + 0,03)}\right) \cdot \frac{17}{16} \cdot \frac{1,0}{0,05} = 0,106.$$

Der Wirkungsgrad ist im vorliegenden Fall sehr nieder, kann jedoch bei besserer Abstimmung der Steuerzeiten wesentlich erhöht werden.

Untersuchungen von Pischinger wurden von Keckstein [16] fortgesetzt. Nachdem durch Pischinger der grundsätzliche Verlauf der Saugrohraufladung geklärt worden war, blieb noch zu untersuchen, wie Saugrohr und Steuerzeiten des Ventils zur Erzielung von hohen Aufladungen bemessen bzw. abgestimmt werden müssen. Die Untersuchung wurde ferner dazu benützt, um weitere Erfahrungen über die Anwendung des Rechenverfahrens von Pischinger zu sammeln.

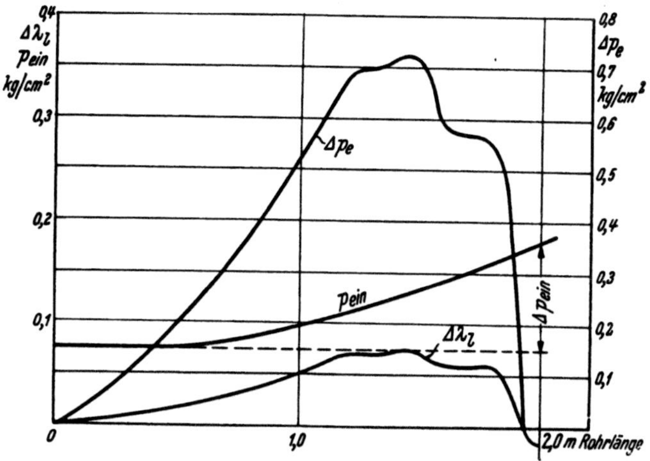

Abb. 104. Berechnete Nutzdrucksteigerung Δp und Liefergradsteigerung $\Delta \lambda_l$ bei einer Saugrohraufladung.

Die Versuche wurden an dem von Pischinger verwendeten Motor (D = 120 mm, s = 180 mm) durchgeführt. Der Motor wurde fremd angetrieben. Steuerzeiten, Rohrdurchmesser und Rohrlänge wurden bei den Versuchen systematisch verändert.

Die Zusammenstellung wesentlicher Rechen- und Versuchsergebnisse in Zahlentafel 3 ist ein weiterer Beweis für die ausgezeichnete Erfassung des Einsaugvorganges durch die Rechnung.

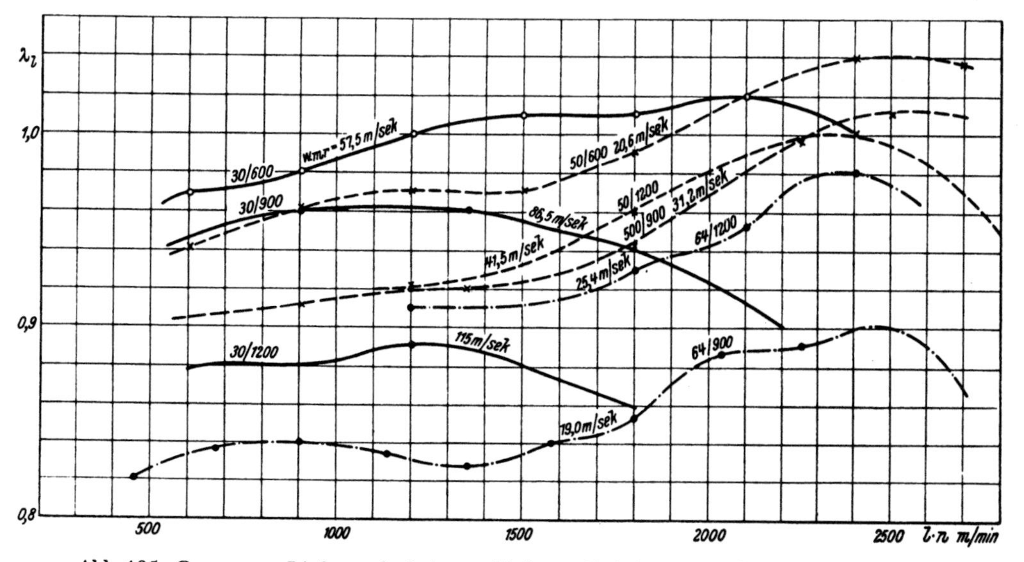

Abb. 105. Gemessene Liefergrade bei verschiedenen Rohrlängen und mittleren Strömungsgeschwindigkeiten w_{mr} im Saugrohr. Nach Keckstein.

Zahlentafel 3.

Berechneter und gemessener Liefergrad bei Saugrohraufladung eines fremd angetriebenen Einzylindermotors D = 120 mm, s = 180 mm. Nach Keckstein.

Drehzahl	Saugrohr		Liefergrad	
U/min	Durchmesser mm	Länge m	gemessen	gerechnet
600	ohne	—	0,82	0,83
600	30	3,4	1,02	1,03
600	50	4,0	1,01	1,02
600	50	4,1	1,04	1,05
600	50	4,25	1,02	1,02
900	ohne	—	0,79	0,80
900	30	1,4	0,96	0,96
900	50	2,5	1,04	1,05
900	50	2,6	1,03	1,02
900	64	2,8	1,01	1,00
1200	ohne	—	0,78	0,77
1200	30	0,5	0,88	0,89
1200	50	1,85	1,01	1,02
1200	50	1,95	1,02	1,03
1200	64	2,10	0,97	0,96

In Abb. 105 ist ein Teil der gemessenen Liefergrade für gleiche Öffnungs- und Schließzeiten des Ventils in Abhängigkeit von $l \cdot n$ aufgetragen.

Man erkennt, daß bei Saugrohren mit kleinen Durchmessern (30 mm), also mit hoher mittlerer Geschwindigkeit w_{mr}, der Aufladeeffekt infolge der großen Rohrreibung verhältnismäßig schwach ist. Bei den richtig und in bezug auf den Durchmesser überdimensionierten Rohren wird das Maximum bei allen Drehzahlen ungefähr bei $l \cdot n = 2400$ m/min erreicht. Der Einfluß der Eigenschwingungen des Rohres auf den Liefergrad ist bis zu diesen Werten von $l \cdot n$ noch wenig ausgeprägt.

Es ergaben sich die besten Werte bei allen Drehzahlen mit Rohren von 50 mm, also annähernd dem Durchmesser des Ventilsitzes. Dieses Ergebnis gibt Anhaltspunkte für die Abmessungen, von denen bei der Abstimmung der Saugrohre durch Versuch oder Rechnung ausgegangen werden kann.

Abb. 106 zeigt die Bestwerte der Liefergrade, die zugehörigen Schlußzeiten des Einlaßventils und die entsprechenden Produkte $l \cdot n$. Der Schluß des Einlaßventils ist mit abnehmendem Rohrdurchmesser und mit zunehmender Drehzahl später zu legen. Der Abschluß des Ventils soll möglichst zu dem Zeitpunkt erfolgen, in dem die Luftsäule im Saugrohr durch die nahezu vollständige Umwandlung ihrer kinetischen Energie in Verdichtungsarbeit (abgesehen von ihren Eigenschwingungen) annähernd zur Ruhe gekommen ist. Dazu muß der Schluß des Ventils im allgemeinen erheblich nach Totpunkt liegen.

Eine Variation der Öffnungszeit des Einlaßventils ergab unter den vorliegenden Verhältnissen keine wesentliche Verbesserung der Aufladung durch spätes Eröffnen des Einlaßventils, also Vergrößern der Unterdruckfläche beim Ansaugen. Die hohen Gasgeschwindigkeiten, die in diesem Fall durch den großen Unterdruck im Zylinder entstehen, verursachen beträchtliche Verluste durch Rohrreibung und durch Vernichtung der kinetischen Energie im Zylinder. Bei den vorliegenden Verhältnissen war bei Verstärken der Vorspannung des bei der Wurfschwingung wirkenden Systems die Zunahme an Verlusten und die Zunahme an Schwungwirkung annähernd gleich. Dieses Ergebnis ist jedoch nicht zu verallgemeinern, denn es sind Ausführungen von Saugrohraufladungen bekannt, bei denen durch spätere Ventileröffnung erhebliche Vergrößerungen des Liefergrades erzielt werden konnten.

Um auf rechnerischem Weg ohne sehr großen Zeitaufwand einen ungefähren Überblick über Zusammenhänge zwischen Saugrohrabmessungen und Liefergrad zu erhalten, kann man das folgende, weiter vereinfachte Rechnungsverfahren verwenden:

Für die Bewegung im Rohr und im Ventil kann unter Vernachlässigung der Elastizität der Gassäule im Rohr gesetzt werden:

$$p_0 - p_z = \frac{\gamma}{g} \cdot l_r \cdot \frac{d\,w_r}{d\,t} + c \cdot \frac{\gamma}{g} \cdot \frac{w_r^2}{2}. \quad (89)$$

Darin ist l_r die Rohrlänge, d_r der Rohrdurchmesser und w_r die Geschwindigkeit im Rohr. Es ist ferner mit D als Zylinderdurchmesser

$$c = \lambda \frac{l_r}{d_r} + \frac{1}{(\mu\,\sigma)^2} \cdot \left(\frac{d_r}{D}\right)^4 \quad (90)$$

und die Druckänderung im Zylinder

$$\frac{d\,p_z}{d\,t} = \frac{\varkappa\,p_0}{z}\left(\frac{f_r \,.\, w_r}{V_h} - \frac{d\,z}{d\,t}\right). \quad (91)$$

Durch Einführen von $\frac{\alpha}{6n} = t$, $w_r = 180 \cdot \frac{F \,.\, c_m}{f_r}\, u$ (F Kolbenfläche, c_m mittlere Kolbengeschwindigkeit, f_r Rohrquerschnittsfläche) erhält man

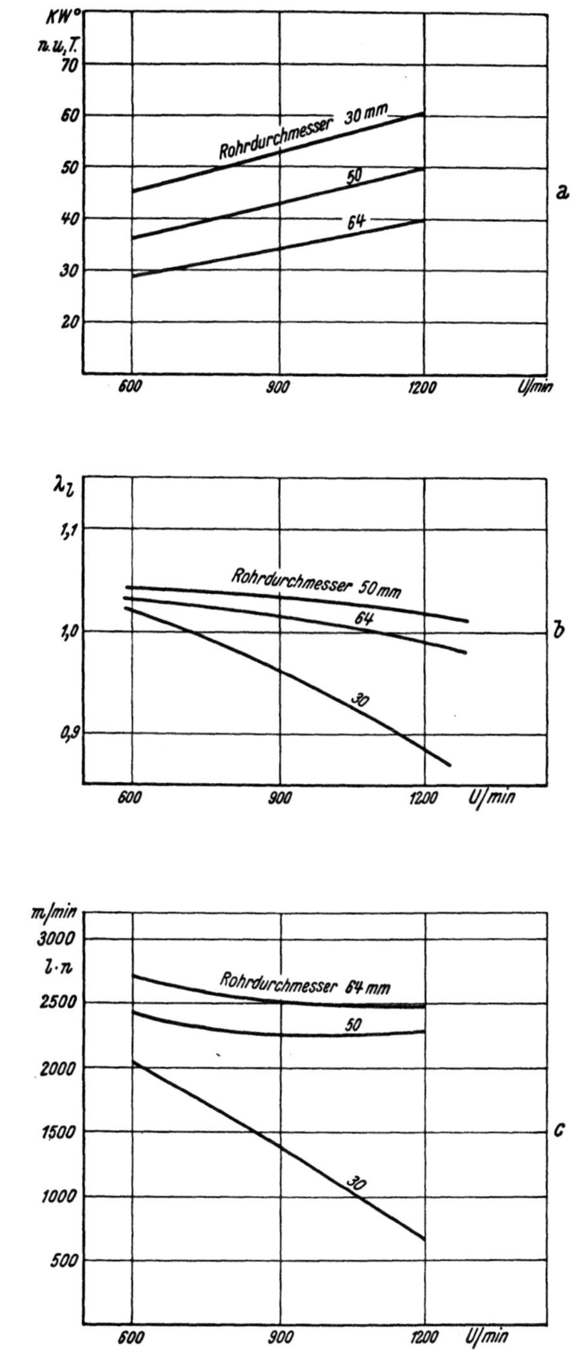

Abb. 106. Bestwerte der Liefergrade, zugehörige Abschlußzeiten des Einlaßventils und Produkte l · n. Nach Keckstein.

$$\frac{d^2 u}{d\,\alpha^2} = -A \cdot \frac{1}{z}\left(u - \frac{d\,z}{d\,\alpha}\right) - B \cdot u \cdot \frac{d\,u}{d\,\alpha}, \qquad \frac{d\,u}{d\,\alpha} = \frac{A}{\varkappa} \cdot \left(1 - \frac{p_z}{p_0}\right) - \frac{B}{2}\,u^2. \quad (92)$$

Darin ist

$$A = \frac{\varkappa \cdot p_0 \cdot g}{6n \cdot l \cdot 180\, w_{mr}}, \qquad B = c \cdot \frac{30\, w_{mr}}{n \cdot l}, \qquad w_{mr} = \frac{F \cdot c_m}{f_r}. \quad (92\,a)$$

Der Liefergrad wird

$$\lambda_1 = \int u \, d\alpha. \tag{93}$$

Die Gleichungen lassen sich nur durch schrittweise Integration lösen. Zur Vereinfachung setzt man die Anfangswerte des Intervalls jeweils ein und ermittelt sich daraus $\frac{d^2 u}{d\alpha^2}$ und $\frac{du}{d\alpha}$, aus denen die Zunahme von u während des Intervalls berechnet werden kann. c ist entsprechend dem angenommenen Öffnungsgesetz für jedes Intervall zu ändern oder in grober Annäherung als gleichbleibender Mittelwert einzuführen. Durch systematische Durchrechnung mehrerer Varianten können die günstigsten Verhältnisse annähernd ermittelt und ein Überblick über die Zusammenhänge erhalten werden.

Bei Motoren mit Lader erfolgt die Wirkungsgradermittlung in gleicher Art wie bei selbstansaugenden Motoren. Infolge der Vorspannung des Zylinderinhaltes, verursacht durch die Druckdifferenz zwischen Ladedruck und Gegendruck im Auspuff, ist es bei Motoren mit Lader möglich, den Aufladeeffekt durch das Saugrohr mit kleiner zusätzlicher Arbeit, damit also mit gutem Wirkungsgrad in bezug auf diese, zu erzielen.

Die Verluste der Saugaufladung sind verursacht durch die Rohrreibung und durch die fast vollständige Umwandlung der kinetischen Energie in Wärme beim Eintritt der Ladung in den Zylinder. Sie werden um so kleiner, je besser das Einsaugsystem strömungsmäßig ausgebildet wird.

In dieser Hinsicht gelten folgende allgemeine Gesichtspunkte:

Der Eintritt in das Saugrohr ist mit einem konischen Ansatz zur Vermeidung einer Einschnürung des Gasstromes zu versehen. Das Rohr soll eine möglichst glatte Oberfläche haben. Krümmungen sind, wenn möglich, zu vermeiden, erforderlichenfalls mit einem möglichst großen Radius auszuführen. L a n z hat im Institut des Verfassers in Graz ausführliche Untersuchungen über den Einfluß von Krümmungen auf die Rohrreibung gemacht und dabei festgestellt, daß bei Anordnung mehrerer Krümmungen hintereinander die Anordnung nach Abb. 107 b wesentlich schlechter ist als die nach Abb. 107 a. Bei einer Anordnung nach Abb. 107 b nimmt der Widerstand mit Vergrößerung der Länge l ab.

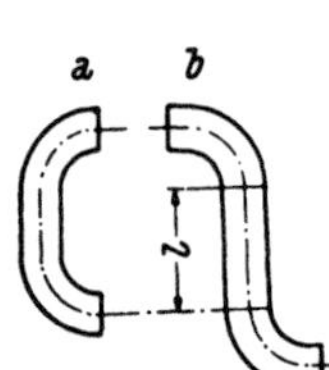

Abb. 107.

Von besonderem Einfluß auf den Gesamtwiderstand ist die Ausbildung des Anschlusses des Saugrohres an den Einlaßkanal. Durchmesserunterschiede sind durch Konusse mit kleinem Öffnungswinkel auszugleichen. Die strömungstechnisch günstigste Ausbildung des Einlaßkanals im Zylinderdeckel ist am besten im Bereich der Konstruktionsmöglichkeiten durch Versuche mit stationärer Strömung am Holzmodell zu ermitteln, an dem leicht Änderungen vorgenommen werden können. Von großem Einfluß auf den Widerstand ist vor allem die Ausbildung des Ansatzes für die Ventilführung, die in den Luftstrom hineinragt und die Ausbildung des Ventilsitzes und des Ventils in der Nähe der Einschnürungen des Luftstromes.

Eine Verringerung des Widerstandes im Einsaugsystem hat, wie schon erwähnt, eine zweifache Wirkung auf den Liefergrad:

1. Wird die kinetische Energie, die für den Aufladeeffekt zur Verfügung steht, dadurch größer,

2. wird der Ladung weniger Reibungswärme zugeführt und das Ladungsgewicht dadurch erhöht.

Einschlägige Strömungsuntersuchungen lohnen sich daher stets.

Bei der Auslegung von Aufladesaugrohren geht man von Rohrabmessungen und Steuerzeiten aus, die nach den vorstehenden Ausführungen — Versuche von Keckstein — bestimmt werden können. Eine Verfeinerung der Abstimmung kann entweder durch schrittweise Durchrechnung einiger Varianten oder durch den Versuch erfolgen.

Bei Reihenmotoren muß das Saugrohr nach Abb. 108 ausgeführt werden. Die Sammelleitung muß einen so großen Querschnitt ($w_{mr} \sim 10 - 15$ m/sek) erhalten, daß merkbare Schwingungen in ihr nicht auftreten.

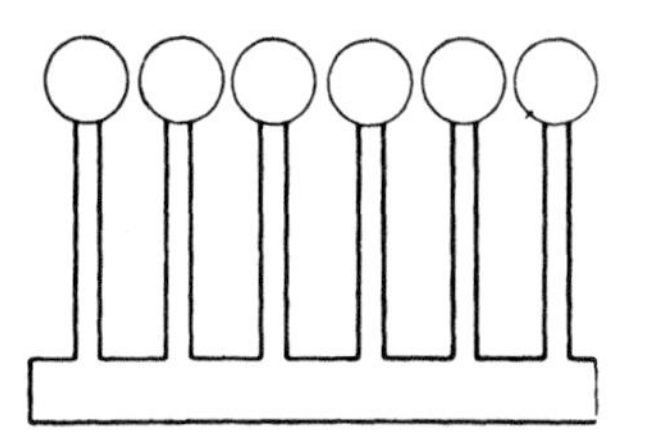

Abb. 108. Aufladesaugrohre für Reihenmotoren.

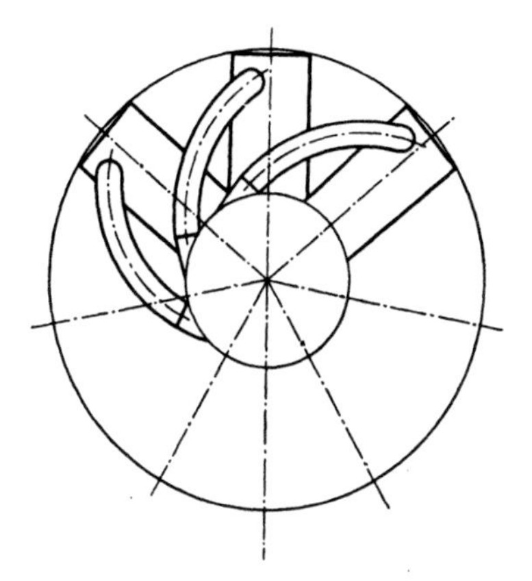

Abb. 109. Aufladesaugrohre für Sternmotoren.

Durch die Saugrohre der Sternmotoren, die Zylinder und die ringförmige Verteilleitung verbinden, entsteht eine zusätzliche Aufladewirkung. Da die Rohre verhältnismäßig kurz sind, kann diese Aufladung im allgemeinen durch Verlängerung des Rohres über das konstruktiv bedingte Maß etwa nach Abb. 109 verbessert werden.

2. Rohrleitungen an der Auspuffseite.

Beim Viertaktmotor beeinflußt die Gasbewegung und der Druckverlauf nach dem Zylinder Motorleistung und Kraftstoffverbrauch einerseits über den Liefergrad, der etwas vom Druck im Zylinder beim Abschluß des Auslaßventils abhängt, andererseits über die Ladungswechselarbeit während des Ausschiebens, die durch den Druckverlauf während des Ausschiebens bestimmt wird.

Man erhält günstige Verhältnisse, wenn der mittlere Gegendruck während des Ausschiebens und der Enddruck beim Abschluß des Auslaßventils niedrig ist.

Man begnügt sich im allgemeinen bei nicht durch Abgasturbogebläse aufgeladenen Motoren damit, durch reichliche Bemessung der Querschnitte der Auspuffleitung die Amplitude der in dieser auftretenden Gasschwingungen klein zu halten. Eine besonders nach obigen Gesichtspunkten vorzunehmende Abstimmung der Leitung mit Rücksicht auf eine günstige Schwingungslage wird nur selten, in besonderen Fällen, vorgenommen. Bezogen auf die mittlere Gasgeschwindigkeit der Einzylinder bemißt man die Auspuffleitungen bei Fahrzeugmotoren im allgemeinen mit $w_m = 50$ bis 85 m/sek, bei Stationärmotoren mit $w_m = 35$ bis 80 m/sek.

Die Auspuffleitungen von Motoren mit Abgasturboaufladung werden auf Seite 145 behandelt.

B. Ausnützung der Abgasenergie für den Ladungswechsel.

Im Teil I, Abschnitt A wurde festgestellt, daß sich Leistung und Wirkungsgrad von Verbrennungskraftmaschinen wesentlich erhöhen, wenn es gelingt, einen Teil der Abgasenergie in mechanische Arbeit umzusetzen.

Die Ausnutzung der Abgasenergie durch Nachschalten einer zweiten Kolbenmaschine, also durch zweistufige Expansion ist versucht worden, hat aber aus verschiedenen Gründen (Wärmeverlust beim Überströmen, verhältnismäßig hohe Reibungsverluste im nachgeschalteten Unterdruckzylinder) bis jetzt keine brauchbaren Erfolge gebracht.

Bei schnellen Flugzeugen kann die Energie der Abgase in Rückstoßdüsen unmittelbar zu zusätzlichem Vortrieb ausgenützt werden. Bei Flugzeugen mit nicht sehr hohen Fluggeschwindigkeiten und bei ortsfesten Anlagen setzt man die Abgasenergie in einer Abgasturbine in mechanische Arbeit um und benützt die Turbine meist zum Antrieb eines Laders, mit dem man die Maschine aufladen und damit ihre Leistung steigern kann. Die Abgasturbine kann auch über eine geeignete Kupplung auf die Welle der Kolbenmaschine arbeiten, wenn ihre Leistung die des Laders wesentlich übersteigt und durch den Laderantrieb allein nicht ausgenützt würde. Im folgenden werden nur die Möglichkeiten zur Ausnützung der Abgasenergie besprochen, die in engem Zusammenhang mit dem Ladungswechsel stehen. Andere Wege werden im Band 2 (II. Auflage) behandelt.

I. Abgasenergie und Abgastemperatur.

Die durch Umwandlung in mechanische Arbeit bestenfalls ausnützbare Abgasenergie entspricht dem Wärmegefälle der Abgase bei adiabatischer Expansion vom Zustand beim Öffnen des Auslaßventils auf Außenzustand.

Die Freiheiten in der Ausnützung der Abgasenergie sind durch den Auspuffvorgang eingeengt. Beim üblichen Ablauf desselben wird der größte Teil des zur Verfügung stehenden Wärmegefälles vor und nach dem Ventil in kinetische Energie umgewandelt.

Wenn es durch entsprechende Formgebung des Kanals nach dem Ventil gelänge, die kinetische Energie wieder in Verdichtungsarbeit umzusetzen, so könnte eine Druckwelle sehr hoher Amplitude aufgebaut werden, mit der die mechanisch ausnützbare Energie mit mäßigen Verlusten an entfernte Stellen, z. B. zur Abgasturbine, getragen werden könnte.

Leider gelingt die Rückumsetzung der kinetischen Energie in Verdichtungsarbeit, der Rückaufbau eines Wärmegefälles, bis jetzt nur sehr unvollkommen. Nur ein kleiner Teil der Energie wird in Form von Druckwellen weitergeleitet. Bei längeren Auspuffrohren wird der größte Teil durch Verwirbelung in Wärme verwandelt, welche das wirksame Wärmegefälle der Abgase nur in ganz geringem Maße erhöht. Die starke Wirbelung verursacht einen sehr heftigen Wärmeübergang an die Wände des Auspuffrohres und dadurch starke Abkühlverluste, welche die Arbeitsfähigkeit der Abgase weiter herabsetzen.

Bei kurzen Auspuffrohren, wie sie bei Rückstoßdüsen üblich sind, gelingt es, einen erheblichen Teil der kinetischen Energie an die Mündung der Düse zu bringen, wo sie einen Rückstoß des Flugzeuges bewirkt und dadurch zum Vortrieb beiträgt.

Die Ausnützung dieser kinetischen Energie in Auspuffturbinen wäre denkbar, ist aber im allgemeinen deswegen nicht möglich, weil das Turbinenlaufrad aus konstruktiven Gründen nicht genügend nahe an den Zylinder herangebracht werden kann. Beim Betrieb von Abgasturbinen ist man daher im allgemeinen gezwungen, durch Rückstau ein Wärmegefälle herzustellen, da das natürliche Wärmegefälle durch unvollständige Expansion im Zylinder, zum größten Teil beim Auspuffvorgang, zerstört wird. Man erhöht dadurch den Gegendruck und verkleinert den Innendruck p_i des Motors. Da aber, wie später gezeigt wird, auf diese Art in der Abgasmaschine mehr Leistung gewonnen als im Zylinder verloren wird, steigt die Gesamtausnützung der Energie.

Maßgebend für das ausnützbare Wärmegefälle ist neben dem Druckgefälle die Temperatur der Abgase.

Während des Auspuffvorganges sinkt die Temperatur im Zylinder entsprechend der Expansion der Gase. Da die Strömung durch das Ventil nahezu als Drosselvorgang aufgefaßt werden kann, haben die Gase nach demselben, also nach Verwirbelung der kinetischen Energie, wieder die Ausgangstemperatur. Die Temperatur des Auspuffstromes muß daher während des Auspuffvorganges von einem anfänglichen Höchstwert absinken. Abb. 110 zeigt den Temperaturverlauf während des Auspuffs und des nachfolgenden Ausschiebens nach Messungen von Bangerter [22]. Bei Abgasturbinen mit Rückstau ist für das Wärmegefälle die mittlere Temperatur der Abgase, das Mengenmittel, maßgebend. Es ist daher wichtig, dieses ermitteln zu können. Eine exakte Bestimmung ist nach Teil I, Abschnitt B II 2, durch das Abgaskalorimeter möglich, wenn die Gase das Kalorimeter als Strom mit zeitlich und örtlich gleicher Temperatur verlassen. Es ist auch möglich, durch die im Teil I angegebenen Rechenverfahren den Mengenverlauf nach Abb. 111 zu ermitteln und in Verbindung mit Messungen der veränderlichen Auspufftemperatur mit trägheitsarmen Thermoelementen das Mengenmittel der Temperatur unter Berücksichtigung der von der Temperatur abhängigen spezifischen Wärmen aus

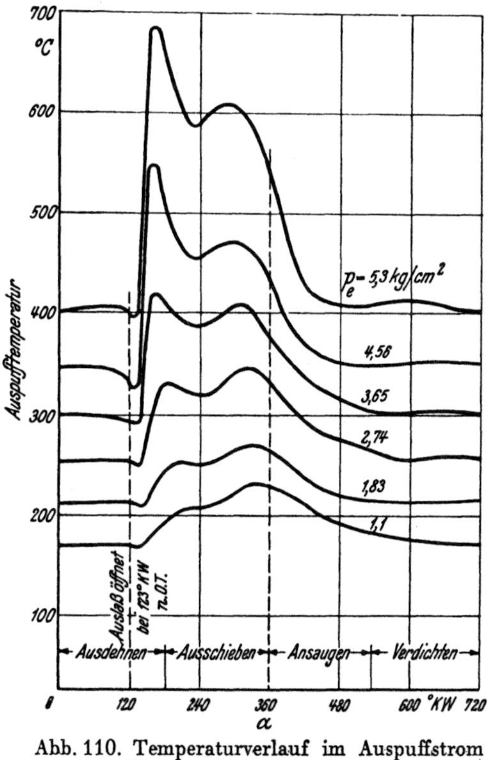

Abb. 110. Temperaturverlauf im Auspuffstrom eines Dieselmotors. Nach Bangerter.

$$t_A = \frac{\int G_{sek}\, c_p \cdot t_a \,.\, d\alpha}{c_p \Big/_{0}^{t_A} . \int G_{sek}\, d\alpha} \tag{94}$$

zu bestimmen. Rechnung und Messung sind allerdings umständlich, die kalorimetrische Bestimmung daher vorzuziehen.

Bringt man in den Abgasstrom eines Einzylindermotors ein träges Thermometer, so mißt man nach Bangerter nicht das Mengenmittel, sondern nach Abb. 112 eine zwischen dem Zeitmittel und dem Mengenmittel liegende Temperatur (t_A). Das Zeitmittel liegt tiefer, da beim trägen Thermometer den Temperaturen während des Auspuffvorganges infolge des wegen der hohen Geschwindigkeit besseren Wärmeübergangs mehr Gewicht zukommt als den zwischen den Auspuffvorgängen liegenden Temperaturen des dann nahezu ruhenden Rohrinhalts. Die Annäherung an die mittlere Auspufftemperatur t_A, die künftig als Abgastemperatur bezeichnet werden soll, wird besser, wenn das zeitliche Mittel nur während des Auspuffvorgangs genommen wird und die Temperatur während der zwischen den einzelnen Auspuffvorgängen liegenden Zeiten außer Betracht bleiben. Dementsprechend wird die Messung mit dem trägen Thermometer auch besser an t_A angenähert, wenn mehrere Zylinder in ein Auspuffrohr münden und wenn in einem Querschnitt gemessen wird, der von den Strömen aller Zylinder durchflossen wird. Man erhält nach Abb. 113 eine um so bessere Annäherung, je größer die Zylinderzahl ist. Die Abb. 112, 113 gelten zahlenmäßig natürlich nicht allgemein, sondern sollen nur ein Bild der Größenordnung der Abweichungen vermitteln.

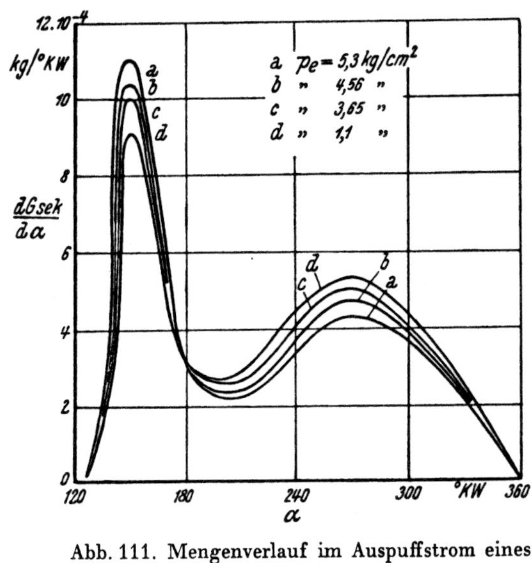

Abb. 111. Mengenverlauf im Auspuffstrom eines Dieselmotors. Nach Bangerter.

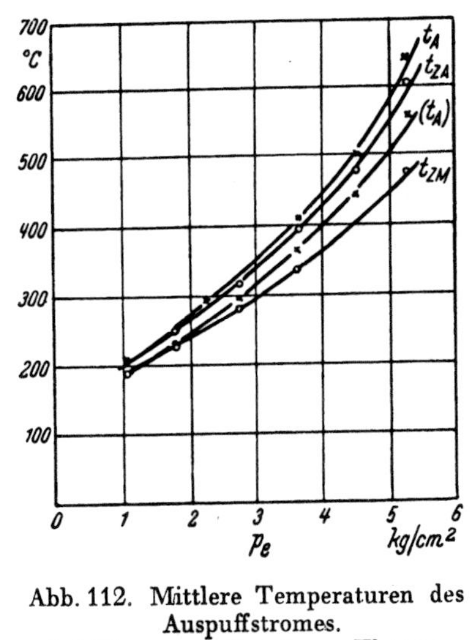

Abb. 112. Mittlere Temperaturen des Auspuffstromes. (t_A) Messung mit trägem Thermometer.

Zusammenfassend läßt sich feststellen, daß die genaueste Bestimmung der Abgastemperatur durch Kalorimetrierung erfolgt und daß die Abweichungen der mit trägen Thermometern gemessenen Temperatur von der Abgastemperatur bei Einzylindermotoren mit der Belastung zunehmen und bei größeren Belastungen erheblich (80°—150°) sein können. Sie werden mit zunehmender Zylinderzahl kleiner, wenn im Sammelrohr gemessen wird. Die Fälschung der Messung durch die Wärmeverluste im Sammelrohr läßt sich durch Isolierung der Leitung, die bei Anordnung von Abgasturbinen an Dieselmotoren üblich ist, klein halten, der Wärmeverlust ist im übrigen ohnehin dem Motor zur Last zu schreiben.

Um die Messungen der Abgastemperatur mit trägen Thermometern zu Vergleichen benützen zu können, müssen sie exakt ausgeführt, daher vor allem Strahlungsverluste vermieden werden. Der Temperaturfühler des Thermometers ist daher in der Mitte des Gasstromes anzuordnen und mit einem Strahlungsschutz, am besten einem gleichachsig zum Gasstrom angeordneten Rohr, zu umgeben.

Die unmittelbare rechnerische Bestimmung der mittleren (kalorimetrischen) Abgastemperatur ist möglich, wenn man die Wärmeübergangsverhältnisse während der Arbeitsvorgänge, den Ladungswechsel und den Wärmeverlust im Kanal bis zum Thermometer kennt, oder Erfahrungswerte von q_a aus Wärmebilanzen an ähnlichen Motoren zur Verfügung stehen. Teil I enthält die erforderlichen Ausdrücke (87)/I bis (88)/I. Für c kann im Mittel bei aufgeladenen Dieselmotoren 1,03, bei Ottomotoren 1,05 gesetzt werden.

Ein Vergleich der im Schrifttum veröffentlichten oder von den Firmen mitgeteilten Wärmebilanzen gibt erhebliche Streuungen hinsichtlich des Bruchteils der Abgaswärme q_a. Zu den tatsächlichen Streuungen in den Abgastemperaturen kommt noch hinzu, daß die fast ausnahmslos mit trägen Thermometern bestimmten Abgastemperaturen vom Mengenmittel t_A, das allein für die Aufstellung der Wärmebilanz in Betracht kommt, je nach den Verhältnissen des Motors und der Lage der Meßstelle verschieden stark abweichen.

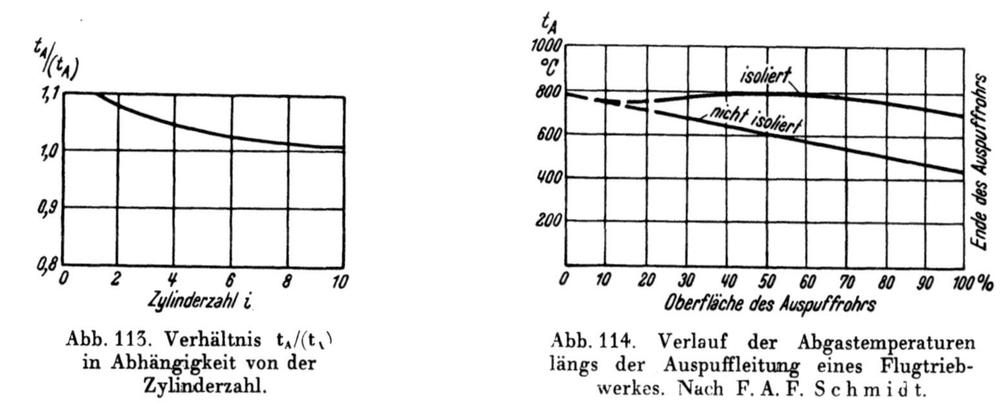

Abb. 113. Verhältnis $t_A/(t_A)$ in Abhängigkeit von der Zylinderzahl.

Abb. 114. Verlauf der Abgastemperaturen längs der Auspuffleitung eines Flugtriebwerkes. Nach F. A. F. Schmidt.

Im allgemeinen ist bei Dieselmotoren der verhältnismäßige Bruchteil der Abgaswärme vom Nutzdruck wenig abhängig, nimmt jedoch mit zunehmender Drehzahl zu, da die an das Kühlwasser übergehende Wärme mit zunehmender Drehzahl abnimmt. Verbrennungssysteme mit starkem Wärmeübergang an die Wand, z. B. Vor- und Wirbelkammerverfahren, ergeben infolge ihres größeren Wärmeverlustes kleinere Abgaswärmen als die direkte Einspritzung. Mit zunehmender Aufladung nimmt der Anteil q_a der Abgaswärme zu. In Band 3 wird ausführlicher auf diese Zusammenhänge eingegangen.

Überschlägig kann bei Vollast mit folgenden Werten von q_a gerechnet werden:

35—40% Großmotoren, Schnelläufer mit direkter Einspritzung.

25—35% Motoren mittlerer Leistung und Schnelläufer mit Vorkammer und Wirbelkammer.

43% Doppelkolbenmotoren (nach F. A. F. Schmidt [10])

44% Ottomotoren (aufgeladen) („ „)

Bei aufgeladenen Motoren liegen die Werte im allgemeinen in den oberen Hälften der angegebenen Bereiche.

Bei längeren Auspuffleitungen ist der Wärmeverlust zu berücksichtigen. Er kann durch Isolierung weitgehend herabgesetzt werden. Abb. 114 zeigt beispielsweise den Verlauf der Abgastemperaturen längs der Auspuffleitung eines Flugtriebwerkes nach Messungen von F. A. F. Schmidt.

II. Die Abgasturboaufladung und Abgasturbospülung.

1. Allgemeines.

Der Laderverlust (siehe Teil I, Abschnitt A III 2 b) des mechanisch angetriebenen Aufladegebläses läßt sich dadurch vermeiden, daß man den Lader nach Abb. 115 durch eine Abgasturbine antreibt und dadurch die Energie der Abgase zur Aufladung des Motors ausnützt.

Beim Auspuffvorgang eines normalen Viertaktmotors strömen die Abgase unter annähernd dem vollen Druckgefälle $p_z - p_0$ durch den Auslaßventilquerschnitt. Das entsprechende Wärmegefälle wird dabei in kinetische Energie umgesetzt. Wenn es möglich wäre, diese kinetische Energie mit gutem Wirkungsgrad in einer Turbine auszunützen, so könnten beliebig hohe Aufladungen erzielt werden, ohne daß während des Auslaßvorganges dadurch eine Rückwirkung auf den Zylinderdruck und damit eine Vergrößerung der Ausschubarbeit entstünde.

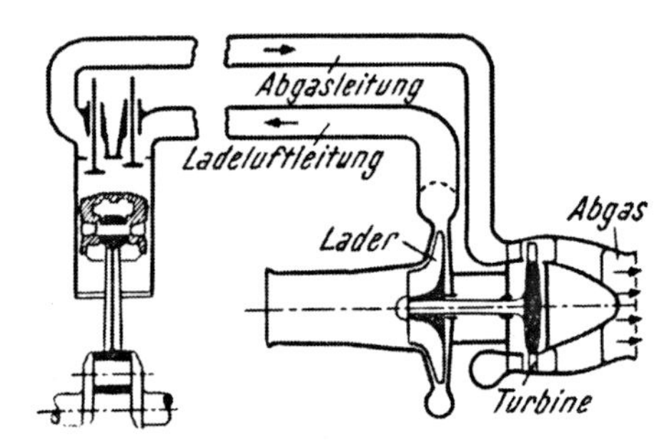

Abb. 115. Motor mit Abgasturboaufladung (schematisch).

Die möglichst gute Ausnützung dieses natürlichen Wärmegefälles während des Auspuffs ist ein Hauptstreben bei der Auslegung einer Abgasturbinenanlage. Es stehen ihm entgegen: die Unmöglichkeit, die Turbine unmittelbar nach dem Ventil anzuordnen, die strömungstechnisch ungünstige Ausbildung des Kanals nach dem Ventil und der nicht sehr hohe Wirkungsgrad einer mit dauernd wechselndem Wärmegefälle beaufschlagten Turbine, bei der Stöße am Laufradeintritt unvermeidlich sind.

Das Wärmegefälle durch unvollständige Expansion genügt daher im allgemeinen nicht, um mit der Abgasturbine höhere Aufladungen zu erzielen. Solche lassen sich nur erreichen, wenn man die Abgase hinter dem Auslaßventil aufstaut. Im Grenzfall der reinen Stauturbine wird die kinetische Energie der aus dem Auslaßventil strömenden Abgase in einer Sammelleitung mit großem Querschnitt restlos vernichtet und die Turbine mit einem Druckgefälle $p_t - p_0$ betrieben, das der Differenz zwischen dem konstanten Druck in der Sammelleitung p_t und dem Außendruck p_0 entspricht.

Die ersten Abgasturbinenanlagen wurden mit verhältnismäßig großen Abgassammelbehältern ausgeführt und Druckschwankungen dadurch weitgehend ausgeschaltet. Es hat sich jedoch bald gezeigt, daß die Ausnützung der Energie der Druckwellen, die in einer engen Leitung entstehen, in der Turbine zum Teil möglich ist und den Gesamtwirkungsgrad der Anlage merkbar verbessert. Durch zweckmäßige Wahl der Rohrabmessungen, strömungsmäßig gute Durchbildung des Kanalsystems, vor allem nach dem Ventil und an der Einmündung in die Sammelleitung, muß daher getrachtet werden, einen möglichst großen Teil des Wärmegefälles infolge unvollständiger Expansion durch Druckwellen und als kinetische Energie an die Turbine heranzubringen, um dadurch den Aufstau möglichst klein halten zu können. Die Wirkungsgrade ausgeführter Anlagen sind in dieser Hinsicht sehr verschieden, ein Zeichen, daß noch nicht völlige Klarheit hinsichtlich zweckmäßigster Gestaltung der Verbindungsleitung zwischen Motor und Turbine besteht und hier noch Entwicklungsmöglichkeiten offen sind.

Durch Büchi wurden die in der Abgasleitung durch die Druckwellen verursachten Druckschwankungen auch zu einer verstärkten Spülung des Zylinders ausgenützt. Bei der reinen Stauturbine ist der Unterschied zwischen Ladedruck und Gegendruck in der Auspuffleitung meist nicht sehr groß, da man im allgemeinen bis knapp unter den Ladedruck aufstauen muß. Bei einer Anlage mit starker Auspuffwirkung kann hingegen nach dem Verfahren von Büchi durch zweckmäßige Zusammenfassung der Zylinder von Mehrzylindermotoren erreicht werden, daß während der Spülung die Täler der Druckwellen im Auspuffkanal unmittelbar nach den Zylindern liegen und dadurch das für die Spülung wirksame Druckgefälle wesentlich vergrößert wird. Durch die Spülung ist es möglich, die Ladungsmenge zu vergrößern, den Zylinder innen zu kühlen und die Abgastemperatur herabzusetzen, da die Abgase durch Spülluft verdünnt werden. Für die Anordnung mehrer Abgasleitungen, die das Büchi-Verfahren erfordert, sind konstruktiv brauchbare Lösungen entwickelt worden.

Durch die Abgasturboaufladung läßt sich eine Leistungserhöhung von 50% und darüber und eine Kraftstoffersparnis von 5—8% erzielen.

Sehr vorteilhaft ist das Fehlen einer mechanischen Kupplung zwischen Lader und Motor, also zwischen Strömungs- und Kolbenmaschine, da die betriebssichere Gestaltung dieser Kupplungen im allgemeinen erhebliche Schwierigkeiten macht.

2. Thermodynamische Grundlagen der Aufladung von Viertaktmotoren.

Bei der Untersuchung der Energieausnützung in der Turbine muß von der mechanischen Arbeit ausgegangen werden, die in einer vollkommenen Turbine erzeugt werden könnte.

Die Energieumsetzung erfolgt in Gleichdruckturbinen so, daß zunächst kinetische Energie erzeugt und diese dann durch Umlenkung in mechanische Arbeit verwandelt wird.

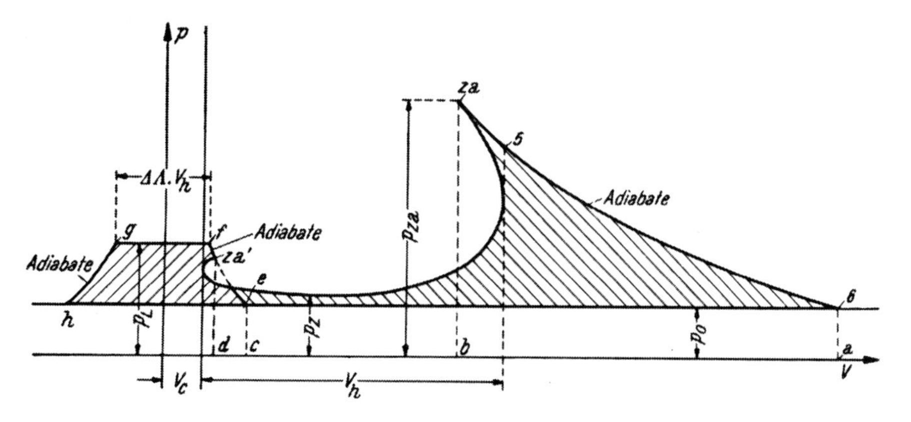

Abb. 116. In einer vollkommenen Abgasturbine ausnützbare Abgasenergie.

Das Auslaßventil öffnet im Diagramm nach Abb. 116 im Punkt z_a. Die im Zylinderraum befindlichen Gase expandieren auf p_0. Dabei wird kinetische Energie erzeugt und Verdrängungsarbeit gegen Außendruck geleistet. Während des Ausschiebens leistet der Kolben Arbeit, die abzüglich der Verdrängungsarbeit gegen den Außendruck beim vollkommenen Prozeß wieder in kinetische Energie verwandelt wird. Schließlich bleibt ein Gasrest G_r mit einer bestimmten inneren Energie im Punkt z_a' im Zylinder zurück.

Die Energiebilanz dieses Prozesses, der sich zunächst ohne Spülung abspielen soll, ist

$$(G + G_r)\, u_{za} - G_r\, u'_{za} + A L_{am} = G\,(u_6 + A p_6 v_6) + A L_k \quad \text{oder umgeformt:}$$

$$(G + G_r)(u_{za} - u_6) - G_r (u'_{za} - u_6) + A L_{am} = G A p_6 v_6 + A L_k. \tag{95}$$

Die erzeugte kinetische Energie entspricht demnach der schraffierten Arbeitsfläche des Diagramms.

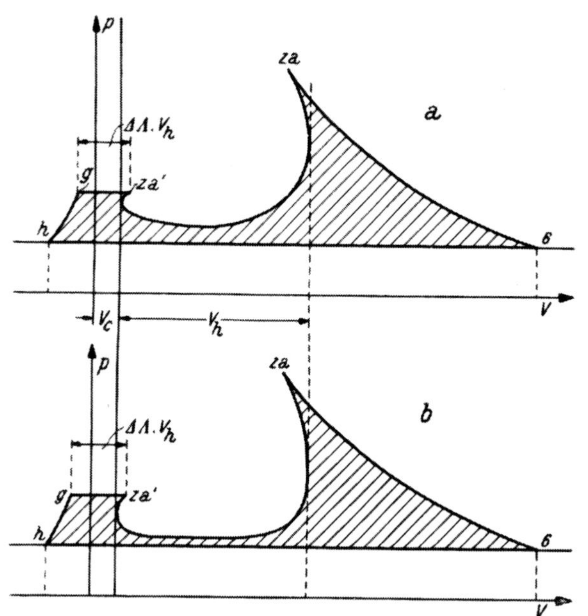

Abb. 117. In einer vollkommenen Abgasturbine ausnützbare Abgasenergie; a) starke Drosselung des Auspuffs, b) schwache Drosselung des Auspuffs.

Wird gespült, so erhöht sich die Arbeitsfähigkeit des Zylinderinhaltes um die Arbeitsfähigkeit der während der Spülung eintretenden Luft, wenn ein Verlust an kinetischer Energie im Zylinder nicht eintritt. Die zusätzliche kinetische Energie entspricht der Fläche g—f—e—h—g. Macht man das Hubvolumen 1, so kann $\triangle\Lambda$ unmittelbar aufgetragen werden.

Wird stark gestaut, so erhöht sich die Ausschubarbeit nach Abb. 117 a und die Diagrammfläche wird größer. Bei geringer Stauung wird die Diagrammfläche nach Abb. 117b kleiner.

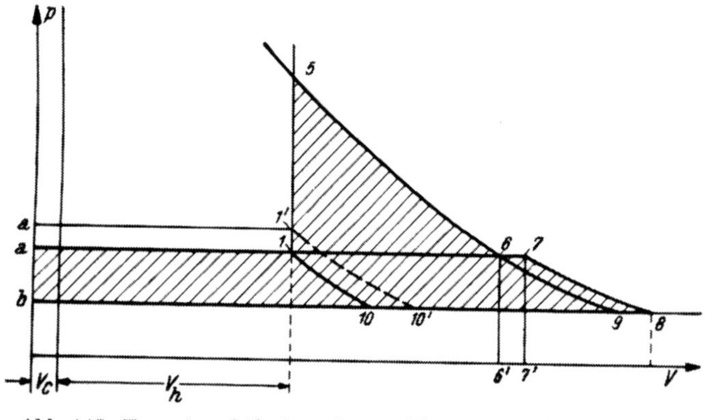

Abb. 118. Energieverhältnisse einer vollkommenen Stauturbine.

Bei der reinen Stauturbine verzichtet man auf die Auswertung des größten Teils der kinetischen Energie des aus dem Zylinder tretenden Stromes und nützt sie nur so weit aus, als sie nach Verwandlung in Wärme die Arbeitsfähigkeit des auf p_t gestauten Gases erhöht. Abb. 118 zeigt die Verhältnisse eines vollkommenen Abgasturboladers mit Stauturbine, wenn der Verdichtungsraum vollkommen ausgespült wird. Entsprechend den früheren Ausführungen ist die kinetische Energie, die durch den Auspuff erzeugt wird, gleich der Arbeitsfläche 1—5—6—1 in Abb. 118. Diese kinetische Energie wird in Wärme verwandelt, bewirkt dadurch eine Volumsvergrößerung der Gase im Sammelbehälter vor der Turbine entsprechend der Strecke 6—7 in Abb. 118 und erhöht die Arbeitsfähigkeit der Gase um die Fläche 6—7—8—9—6 auf Grund folgender Überlegungen: Es ist $Q_k = A L_k$ die Wärme, die durch Verwirbelung der kinetischen Energie entsteht.

Ihre Zufuhr vergrößert das Volumen um $\triangle V$. Nun ist

$$R G \triangle T = p_t \triangle V$$

und mit $Q_k = C_p G \triangle T$:

$$\frac{AR \cdot L_k}{C_p} = p_t \cdot \triangle V \text{ also } \frac{\varkappa - 1}{\varkappa} \cdot L_k = p_t \triangle V.$$

Das Verhältnis der Flächen 5—1—6—5 zu 6—7—8—9—6 ist daher $1 : \frac{\varkappa - 1}{\varkappa}$, 6—7 kann daher ohne weitere Überlegungen über arbeitende Gasgewichte und Maßstab aufgetragen werden.

Es steht bei vollkommener Spülung des Verdichtungsraumes demnach bei der Stauturbinenanlage einer Arbeitsfähigkeit von a—7—8—b—a ein Arbeitsverbrauch von a—1—10—b—a gegenüber, wenn auf den Staudruck aufgeladen wird. Die Differenz dient zur Deckung der Verluste in der Abgasturbinenanlage und der Ladungswechselarbeit. Sind die Verluste kleiner, dann läßt sich der Ladedruck über den Staudruck erhöhen (Ladearbeit a′—1′—10′—b—a′) dadurch wird auch bei der reinen Stauturbine eine Spülung des Zylinders möglich.

η_{i-i} wird von der Aufladung im allgemeinen wenig beeinflußt. Eine Verbesserung des Wirkungsgrades η_i kann demnach im allgemeinen nur durch die Ladungswechselarbeit bewirkt werden, wird daher gegenüber der nichtaufgeladenen Maschine nur dann auftreten, wenn $p_L > p_t$ ist, demnach die negative Ladungswechselarbeit der wirklichen Maschine verringert wird, bzw. diese bei entsprechend großer Differenz $p_L - p_t$ positiv wird. Zur Verminderung des Innenverbrauches b_i gegenüber der unaufgeladenen Maschine ist demnach eine möglichste Vergrößerung von $p_L - p_t$ anzustreben.

Die Beziehungen zwischen p_L und p_t lassen sich einfach ableiten. Die Turbinenarbeit je 1 kg Arbeitsgas ist mit η_t als Turbinenwirkungsgrad:

$$L_T = \eta_t \cdot \frac{\varkappa_a}{\varkappa_a - 1} \cdot R_a T_t \left[1 - \left(\frac{p_o}{p_t}\right)^{\frac{\varkappa_a - 1}{\varkappa_a}}\right]. \tag{96}$$

Die Laderarbeit je 1 kg Luft ist

$$L_{La} = \frac{1}{\eta_{ad}} \cdot \frac{\varkappa}{\varkappa - 1} \cdot R T_o \left[\left(\frac{p_L}{p_o}\right)^{\frac{\varkappa - 1}{\varkappa}} - 1\right]. \tag{97}$$

Die Arbeiten von Turbine und Lader müssen unter Berücksichtigung der entsprechenden durchgesetzten Gewichte gleich sein, wenn die meist sehr kleine mechanische Reibung vernachlässigt oder in η_{ad} und η_t berücksichtigt wird. Aus 1 kg Luft entstehen a kg Abgase. Es ist:

$$\frac{\left(\frac{p_L}{p_o}\right)^{\frac{\varkappa - 1}{\varkappa}} - 1}{1 - \left(\frac{p_o}{p_t}\right)^{\frac{\varkappa_a - 1}{\varkappa}}} = \frac{T_t}{T_o} \cdot \eta_{ad} \cdot \eta_t \, \frac{\varkappa - 1}{\varkappa} \cdot \frac{\varkappa_a}{\varkappa_a - 1} \cdot \frac{R_a}{R} \cdot a \cdot b \tag{98}$$

mit $a = \frac{G_\Lambda + B}{G_\Lambda}$,

wobei G_Λ das Gewicht des Luftaufwandes Λ, B das entsprechende zugeführte Brennstoffgewicht ist. Bei Viertakt-Dieselmotoren kann im Mittel mit $a = 1{,}03$, bei Ottomotoren mit $a = 1{,}08$ gerechnet werden. b ist der Bruchteil der Abgase, der durch die

Turbine geht. Im normalen Fall ist $b = 1{,}0$, zur Begrenzung der Aufladung kann jedoch ein Teil der Abgase vor der Turbine abgeblasen werden. Für das Abgas kann man weiter im Mittel setzen: Bei Dieselmotoren $\varkappa_a = 1{,}35$, $R_a = 29{,}4$, bei Ottomotoren $\varkappa_a = 1{,}31$, $R_a = 30{,}0$. Die gegebene Beziehung läßt sich in verschiedener Weise darstellen:

Bezeichnet man mit η_{TL} das Produkt $\eta_t \cdot \eta_{ad}$, also den Gesamtwirkungsgrad des Turboladers, so kann bei gegebenem Temperaturverhältnis $\frac{T_t}{T_0}$ der zur Erzielung einer bestimmten Aufladung mindest erforderliche Wert von η_{TL} oder bei einem gegebenen η_{TL} das mindest erforderliche Temperaturverhältnis $\frac{T_t}{T_0}$ ermittelt werden. Je nach den besonderen Verhältnissen wird der eine oder andere Gesichtspunkt in den Vordergrund treten.

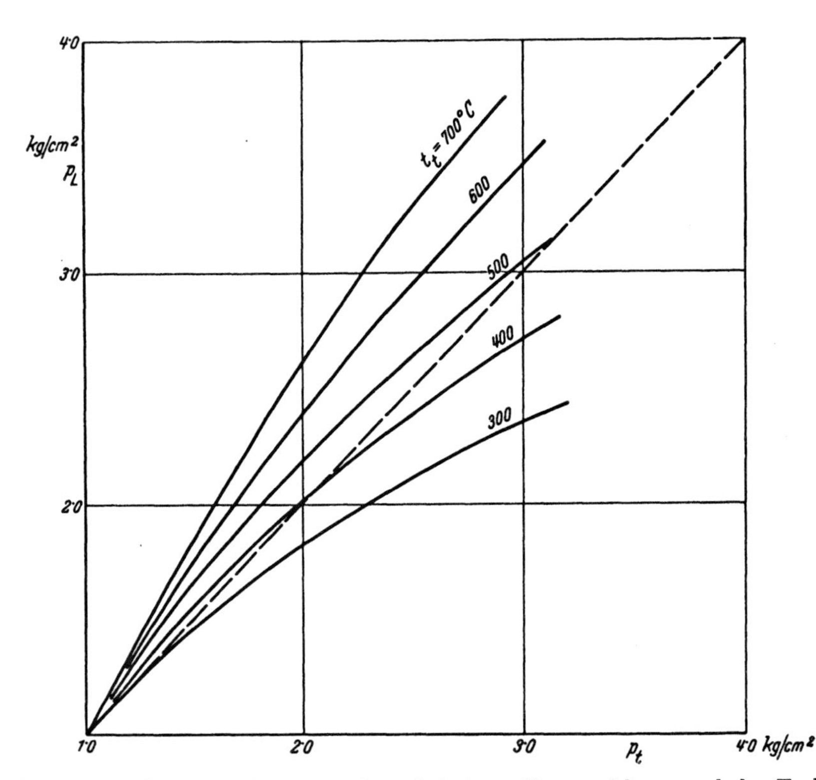

Abb. 119. Zusammenhang zwischen p_t und p_L bei einem Gesamtwirkungsgrad des Turboladers von $\eta_{TL} = 0{,}50$ und $T_0 = 288^0$ K.

Im allgemeinen liegen die Verhältnisse so, daß mit Rücksicht auf die Festigkeit des Schaufelwerkstoffs des Turbinenlaufrades bestimmte Abgastemperaturen nicht überschritten werden sollen. Diese Grenztemperaturen liegen bei ungekühlten Turbinenschaufeln ungefähr bei $t_t = 500^0$—600^0 C, mit gekühlten Schaufeln hat man brauchbare Betriebsverhältnisse auch bei Abgastemperaturen von $t_t = 950^0$ C erreicht.

Rechnet man mit einem Gesamtwirkungsgrad des Turboladers von $\eta_{TL} = 0{,}50$, der heute erreichbaren Werten entspricht, so ergeben sich für Dieselmotoren mit $T_0 = 288^0$ K die in Abb. 119 dargestellten Zusammenhänge zwischen p_t und p_L in Abhängigkeit von t_t.

Der Bereich $p_L > p_t$, in dem mit reiner Stauturbine gespült werden kann, erstreckt sich um so weiter in das Gebiet hoher Aufladungen, je höher die Abgastemperatur ist.

Aus Abb. 119 ist festzustellen, daß von Seite des Abgasturboladers die Grenzen der Aufladung sehr hoch liegen. Für die Verarbeitung großer Gefälle müssen Lader und Turbine mehrstufig ausgeführt werden.

Die praktischen Grenzen der Turboaufladung sind jedoch nicht durch den Turbolader, sondern durch die Kolbenmaschine gegeben. Mit zunehmender Aufladung steigen dort die thermischen und mechanischen Beanspruchungen und begrenzen die Aufladung heute bei Dieselmotoren bei ungefähr 50—60% Leistungssteigerung. Die Leistungsgrenze hängt von der Zylindergröße, der Motordrehzahl und der baulichen Gestaltung der thermisch am höchsten beanspruchten Teile ab.

Setzt man $t_t = 550^0$ C als zulässige Abgastemperatur, so ergibt Abb. 120 die Beziehung zwischen p_t und p_L in Abhängigkeit vom Wirkungsgrad des Turboladers. Nach (98) wirkt sich eine Veränderung des Wirkungsgrades wie eine Veränderung der Abgastemperatur aus.

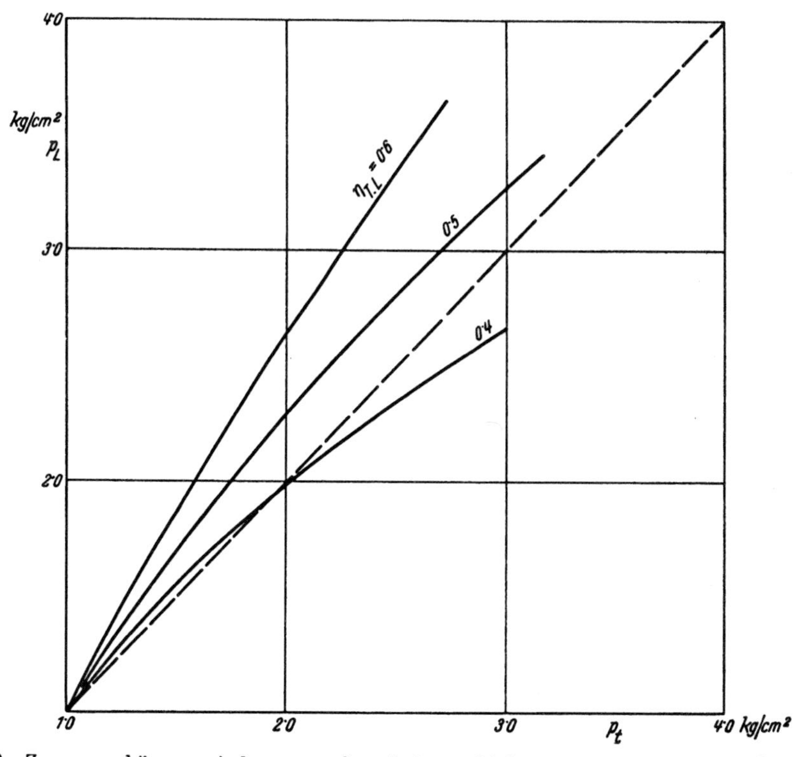

Abb. 120. Zusammenhänge zwischen p_t und p_L bei verschiedenen Werten von η_{TL} und $t_t = 550^0$ C.

Um die für die Stauturbine geltenden einfachen Beziehungen auch für die üblichen Anlagen mit starken Druckschwankungen vor der Turbine benützen zu können, rechnet man diese Auspuffturbinen als Stauturbinen mit dem durch ein träges Manometer gemessenen gleichbleibenden Druck vor der Turbine.

Man erhält dadurch im allgemeinen ein zu niederes mittleres Druckgefälle und kompensiert diesen Fehler, indem man mit einem höheren, scheinbaren Turbinenwirkungsgrad rechnet. Dieser entspricht natürlich nicht einer wirklichen Verbesserung der Energieumsetzung, bezogen auf die Energie vor der Turbine.

Die Verbesserung in der Energieübertragung zur Turbine durch den Betrieb mit Druckwellen gegenüber dem reinen Staubetrieb wirkt sich dadurch aus, daß dem Druck p_t vor der Turbine, der dem mittleren Druckgefälle entspricht, ein niederer mittlerer Gegendruck p_{tg} am Motor während des Ausschiebens zugeordnet ist, während beim Staubetrieb $p_t = p_{tg}$ ist. Bei gut durchgebildeten Auspuffsystemen liegt auch der Gegendruck während des Spülens p_{tg} im allgemeinen erheblich unter p_t.

Im Abschnitt 4 wird auf diese Zusammenhänge näher eingegangen.

Die vorstehenden Ausführungen gelten für Bodenmotoren. Die Abgasturbo-Aufladung von Flugmotoren wird in einem besonderen Abschnitt zusammenfassend behandelt.

3. Thermodynamische Grundlagen der Spülluftverdichtung von Zweitaktmotoren durch Abgasturbolader.

Arbeitet man beim Zweitaktmotor ohne Aufstau, so steht nur die Energie entsprechend der in Abb. 121 schraffierten Fläche zum Betrieb der Abgasturbine zur Verfügung. Die Spülluft expandiert beim Durchströmen des Zylinders auf p_0, trägt daher zur Arbeit der Turbine nur bei, wenn kinetische Energie nicht verloren geht. Wenn man annimmt, daß sie verwirbelt wird, so entfällt für den Betrieb der Turbine die Arbeit entsprechend Fläche II. Der Beweis ist in gleicher Art wie beim Viertaktmotor zu führen, so daß hier nicht darauf eingegangen wird.

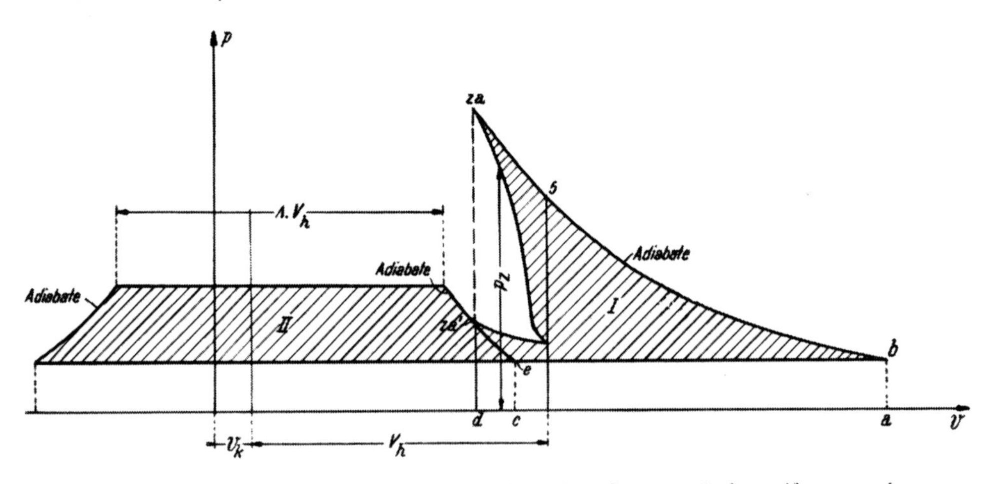

Abb. 121. In einer vollkommenen Abgasturbine ohne Stau ausnützbare Abgasenergie eines Zweitaktmotors.

Beim Betrieb mit Stau auf p_t ergeben sich die in Abb. 122 dargestellten Verhältnisse.

Zur Arbeitsfähigkeit des Zylinderinhaltes II kommt die Arbeitsfähigkeit III der Spülluft, die den Zylinder mit dem Gegendruck p_t und infolge der Drosselung mit der Temperatur T_s verläßt. $\triangle V$ erhält man wieder aus Fläche I

$$p_t \triangle V = \frac{\varkappa - 1}{\varkappa} \cdot \text{Fläche I},$$

ohne daß Gasgewicht oder Maßstab beachtet werden muß.

Die gesamte Energie, die in der Stauturbine in mechanische Arbeit umgesetzt werden kann, entspricht der Summe der Flächen II und III.

Die von der Turbine zu leistende Arbeit ist die Verdichtung des Luftaufwandes von p_0 auf den Spüldruck p_s.

Die Möglichkeit, Kolbenarbeit für den Betrieb des Abgasturboladers abzuzweigen, besteht hier nicht oder nur in geringem Maße. Wenn auch durch Aufstau p_{za}' und damit auch p_{za} erhöht werden kann, so läßt sich dadurch nur die Fläche I relativ zur Laderarbeit vergrößern, was sich auf den Leistungsausgleich von Turbine und Lader nur geringfügig auswirkt.

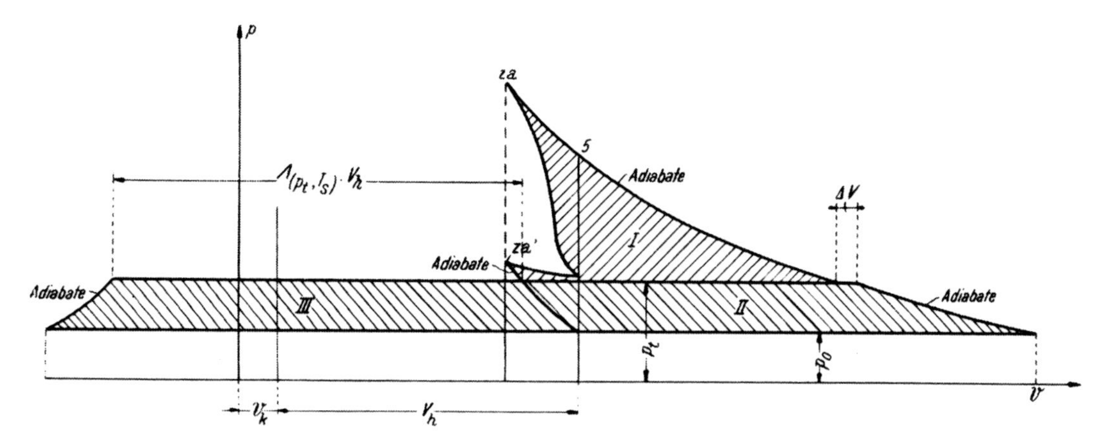

Abb. 122. In einer vollkommenen Abgasturbine mit Stau ausnützbare Abgasenergie eines Zweitaktmotors.

Die quantitativen Zusammenhänge lassen sich durch die Rechnung verfolgen.

Die Beziehung (98) gilt auch hier, wobei p_s an Stelle von p_L zu setzen ist.

Aus Abb. 119 ist zu entnehmen, daß ein größeres Druckgefälle $p_s - p_0$, wie es für die Spülung im allgemeinen gefordert werden muß, nur bei höheren Abgastemperaturen zu erreichen ist.

Bei Zweitaktmotoren wird der Ladungswechsel ausschließlich durch die Spülung bewirkt. Spülvorgänge lassen sich hinsichtlich Ausnützung des Ladungsaufwandes zur Zylinderladung nicht so wirksam gestalten wie die Verdrängung der Ladung durch den Kolben beim Viertaktmotor.

Zweitaktdieselmotoren haben infolge der Spülung im allgemeinen verhältnismäßig niedere Abgastemperaturen, deren möglichste Erhöhung angestrebt werden muß.

Nach Bd. 4, Teil I/(87a) ist neben den durch den Ladungswechsel nicht beeinflußbaren Größen vor allem das Verhältnis $\frac{\lambda_l}{\Lambda}$, der Ladegrad λ_z für die Abgastemperatur maßgebend. Je größer dieser Wert ist, je näher der Luftaufwand Λ an λ_l kommt, d. h. je geringer der Spülverlust wird, desto höher wird die Abgastemperatur. Beim Zweitaktmotor ist der Ladegrad vom Spülsystem und von λ_l abhängig. Große Werte des Ladegrades bei guter Ausspülung, also höheren Werten von λ_l, sind nur bei sehr guten Spülsystemen, vor allem bei Gleichstromspülung, möglich.

Bei Zweitakt-Ottomotoren liegen die Verhältnisse für Abgasturbospülung etwas günstiger als beim Zweitakt-Dieselmotor. Die Herabsetzung der sehr hohen Abgastemperaturen des Ottoverfahrens durch den Spülverlust rückt diese in einen Bereich, in dem die Abgasenergie auch bei etwas ungünstigeren Spülverhältnissen als beim Dieselmotor zur Spülung ausreicht und die Verwendung ungekühlter Turbinenlaufräder ermöglicht. Für den Zweitakt-Ottomotor mit Einspritzung hat daher die Abgasturbospülung auf einen etwas breiteren Bereich der Spülsysteme Aussichten.

In besonderem Maß muß beim Zweitaktmotor getrachtet werden, durch Druckwellen in den Auspuffleitungen, die in richtiger Phase zur Spülung liegen, das wirksame Druckgefälle während der Spülung zu erhöhen, also p_t' (Druck im Auspuffsystem während der Spülung) gegenüber p_t (für die Turbinenarbeit maßgebender mittlerer Druck im Auspuffsystem) möglichst klein zu machen. Des weiteren ist die Spülung auch dadurch zu erleichtern, daß das Spülsystem möglichst widerstandslos ausgeführt wird. Dazu müssen die wirksamen Schlitzbreiten $\beta \sin \gamma$ groß ausgeführt werden. Auch dabei sind die Gleichstromspülungen im allgemeinen den Spülungen mit Ein- und Auslaßschlitzen an einem Zylinderende überlegen.

Ob Abgasturbospülung unter gegebenen Verhältnissen ausführbar ist, hängt vom erreichten Ladegrad λ_z des Spülsystems, dem wirksamen Druckgefälle während der Spülung $p_s - p_t'$, der Kennzahl A_e' des Spülsystems (siehe Abschnitt A, II, 1, b, α 1/II), dem Spüldruck und von den Kennzahlen des Verbrennungssystems ab. Die Verhältnisse beim Anlaufen und bei kleinen Belastungen bedürfen in jedem Fall einer besonderen Untersuchung.

4. Zusammenarbeit von Abgasturbine, Lader und Viertaktmotor.*

In vorangegangenen Abschnitten wurden die grundsätzlichen thermodynamischen Beziehungen der Abgasturboaufladung und -spülung entwickelt. Man erhält dadurch die Zusammenhänge, die bei vereinfachenden Annahmen zwischen p_L, p_t, T_{am} und den Wirkungsgraden der Strömungsmaschinen bestehen. Sind z. B. die Größen auf der Turbinenseite und die Wirkungsgrade gegeben, so läßt sich damit die erzielbare Aufladung p_L berechnen. Es läßt sich aber mit dieser Beziehung allein nicht bestimmen, auf welchem Betriebspunkt der Turbolader unter motorseitig gegebenen Verhältnissen arbeiten wird.

Bei einer Ermittlung des bestimmten Bedingungen zugeordneten Betriebspunktes des Turboladers ist von den wirklichen Kennfeldern des Laders und der Abgasturbine auszugehen. Die Schluckfähigkeit des Motors, also die von ihm bei gegebenen Bedingungen aufgenommene Ladungsmenge, ist durch einen Ausdruck in die Rechnung einzuführen, der die gegebenen Verhältnisse hinsichtlich Liefergrad und Spülung brauchbar erfaßt. An dem Ersatz der stets mit Auspuffstößen arbeitenden Abgasturbine durch eine reine Stauturbine soll festgehalten werden, um die Rechnung mit einfachen Mitteln zu ermöglichen. Es wird jedoch für die Spülung mit einem Gegendruck p_t' gerechnet, der niederer als p_t ist. Erfahrungsgemäß ist im allgemeinen $p_t' - p_0 = (0{,}3 \div 0{,}6)(p_t - p_0)$.

Den Anschluß an die wirklichen Betriebsverhältnisse findet man bei der Rechnung, indem man für p_t den zeitlichen Mittelwert, wie er ungefähr mit einem trägen Manometer gemessen wird, einsetzt und die Wirksamkeit der Auspuffstöße durch eine entsprechende Erhöhung des Turbinenwirkungsgrades gegenüber dem stoßfreien Betrieb berücksichtigt. Für die Turbinenleistung ist demnach p_t, für den Durchsatz bei der Spülung der Gegendruck p_t' maßgebend.

Es soll nun das Zusammenarbeiten eines gegebenen Turboladers mit einem gegebenen Motor untersucht werden.

* Unter teilweiser Benützung einer Arbeit von Geislinger, Zusammenwirken vor Motor und Abgasturbolader.

Das Zusammenarbeiten zwischen Lader und Turbine unterliegt folgenden Bedingungen:

1. Die Drehzahlen sind gleich oder stehen bei — in seltenen Fällen — zwischengeschalteter Übersetzung in einem festen Verhältnis.

2. Die Leistung der Turbine muß gleich der Leistungsaufnahme des Laders sein.

3. Wenn der Lader reine Luft verdichtet, ist im allgemeinen Fall die Differenz der Durchsatzgewichte von Turbine und Lader gleich dem im Motor zugeführten Brennstoffgewicht, in besonderen Fällen kann das Durchsatzgewicht der Turbine durch Abblasen von Abgas verkleinert werden.

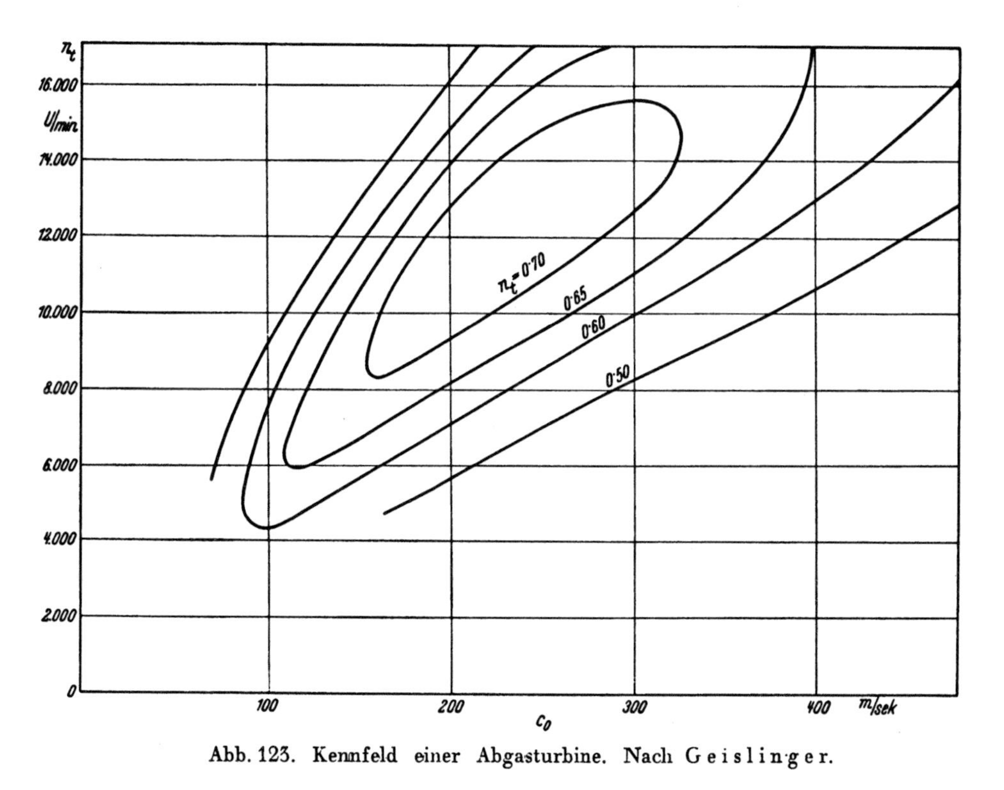

Abb. 123. Kennfeld einer Abgasturbine. Nach G e i s l i n g e r.

Durch diese Bedingungen ist bei gegebenem Laderkennfeld jedem Wertpaar p_t, T_t auf der Turbinenseite ein bestimmter Wert des Ladedrucks p_L, der Drehzahl und des Durchsatzgewichtes zugeordnet. Man kann demnach p_L und p_t für konstantes T_t in Abhängigkeit vom Durchsatzgewicht auftragen und erhält damit ein Turboladerkennfeld als Grundlage für die weiteren Untersuchungen. Die Konstruktion dieses Turboladerkennfeldes wird im folgenden an einem Beispiel gezeigt.

Von der Turbine ist das in Abb. 123 dargestellte Kennfeld gegeben, in dem Kurven konstanten Wirkungsgrades in Abhängigkeit von n_t und c_0 aufgetragen sind. Das durchgesetzte Gasgewicht je Einheit der Düsenfläche (m²) ist

$$\frac{G_{sekt}}{\mu F} = \psi \cdot \sqrt{\frac{p_t}{v_t}} = \psi \frac{p_t}{\sqrt{R T_t}} \text{ mit } \psi \text{ nach (61) in Teil I.} \tag{99}$$

$$\text{Weiters ist } c_0 = \sqrt{\frac{2g \cdot \varkappa_a}{\varkappa_a - 1} \cdot R T_t \left[1 - \left(\frac{p_0}{p_t}\right)^{\frac{\varkappa_a - 1}{\varkappa_a}}\right]}, \tag{100}$$

damit wird für unterkritisches Druckverhältnis

$$\frac{G_{sekt}}{\mu F} = \frac{\varkappa_a}{\varkappa_a - 1} \cdot \frac{c_0 \, p_0}{\sqrt{R T_t}} \cdot \left(\frac{1}{\frac{\varkappa_a}{\varkappa_a - 1} - \frac{c_0^2}{2g}} \right). \tag{101}$$

Nun lassen sich die Linien $\frac{p_t}{p_0} = \text{konst.}$ und $T_t = \text{konst.}$ in einem Koordinatensystem $\frac{G_{sek\,t}}{\mu F}$ und c_0 zeichnen.

Zur Erfassung der Turbinenleistung ist die Arbeit (wirksames Gefälle) H_t je 1 kg Durchsatz oder eine unmittelbar meßbare Größe, z. B. das Drehmoment je 1 kg Durchsatz, zu ermitteln. Es wird das Drehmoment gewählt, da man dadurch in dem Diagramm ein klares Liniensystem $n = \text{konst.}$ erhält, in dem leicht interpoliert werden kann. Man findet für das Drehmoment je 1 kg Durchsatz:

$$\frac{M_t}{G_{sekt}} = \frac{30}{n\pi} \cdot \eta_t \cdot \frac{c_0^2}{2g} \tag{102}$$

und erhält mit dieser Beziehung das Diagramm Abb. 124, aus dem die Zusammenhänge zwischen $\frac{G_{sekt}}{\mu F}$ und $\frac{M_t}{G_{sekt}}$ entnommen werden können.

Der rechte Teil des Diagramms gilt allgemein, soferne nicht abweichende Werte von p_0, R, $\varkappa_a$ vorliegen, der linke Teil nur für eine bestimmte Turbine.

Nun ist der Zusammenhang zwischen M_t/G_{sekt} und G_{sekLa} für den Lader zu suchen.

$$\text{Das Drehmoment ist } \frac{M_{La}}{G_{sekLa}} = \frac{30}{n\pi} \cdot \frac{H_{ad}}{\eta_{ad}}. \tag{103}$$

Aus dem üblichen Laderkennfeld ist ein Kennfeld M_{La}/G_{sekLa} über G_{sekLa} daher leicht abzuleiten.

Für den Lader des behandelten Beispiels ist das Kennfeld Abb. 125 a gegeben. Daraus wurde Abb. 125 b entwickelt.

Nun lassen sich unter Berücksichtigung der früher angegebenen Bedingungen die zusammengehörigen Betriebspunkte im Turbinen- und Laderkennfeld und damit p_L und p_t in Abhängigkeit von G_{sek} und T_t ermitteln.

Durch die Wahl des Düsenquerschnitts der Turbine kann für eine Temperatur T_t und Laderdrehzahl die Lage des Betriebspunktes im Laderkennfeld frei bestimmt werden. Die übrigen Betriebspunkte liegen damit fest.

Im vorliegenden Beispiel wurde $G_{sekLa} = 1{,}1$ kg/sek für $n_L = 16.000$ U/min und $T_t = 873^0$ angenommen und daraus zunächst das erforderliche Drehmoment bestimmt. Man erhält 2,45 mkg/kg . sek^{-1}. Das entsprechende Drehmoment je Einheit des Durchsatzes an der Turbine steht dazu im reziproken Verhältnis der Durchsatzgewichte. Wenn man im Mittel

$$a = \frac{G_{sek\,t}}{G_{sek\,La}} = 1{,}03$$

annimmt, so erhält man 2,38 mkg/kg . sek^{-1} als Drehmoment an der Turbine. Geht man in Abb. 124 davon aus, so ergibt sich für $T_t = 873^0$ K der sekundliche Durchsatz je 1 m² Düsenfläche 140 kg/sek m² und bei dem angenommenen Durchsatz von 1,03 . 1,1 = 1,13 kg/sek eine wirksame Düsenfläche von 0,00805 m². p_L und p_t sind aus dem Lader- und Turbinendiagramm Abb. 125 und 123 zu entnehmen. Zur Bestim-

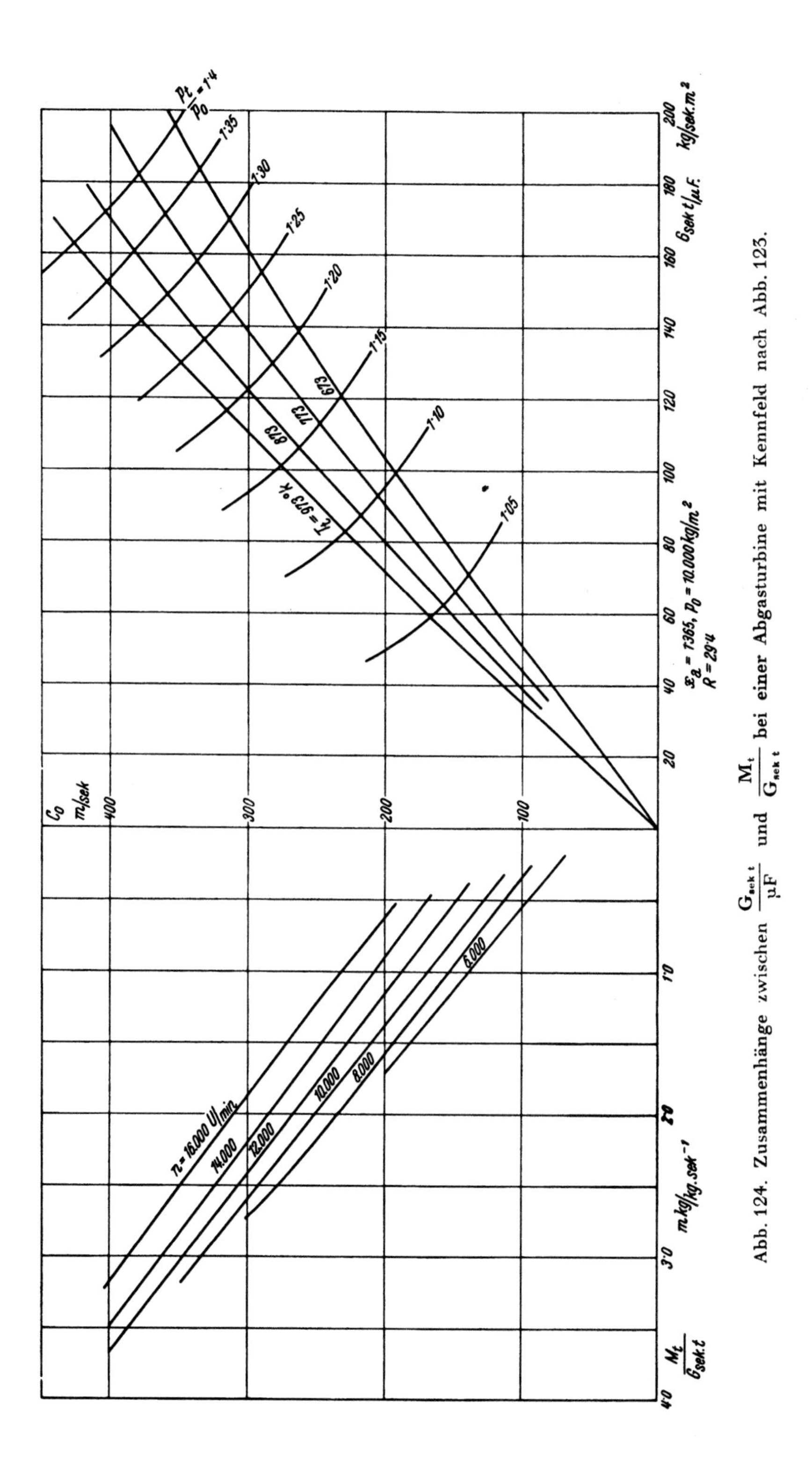

Abb. 124. Zusammenhänge zwischen $\frac{G_{sek\,t}}{\mu F}$ und $\frac{M_t}{G_{sek\,t}}$ bei einer Abgasturbine mit Kennfeld nach Abb. 123.

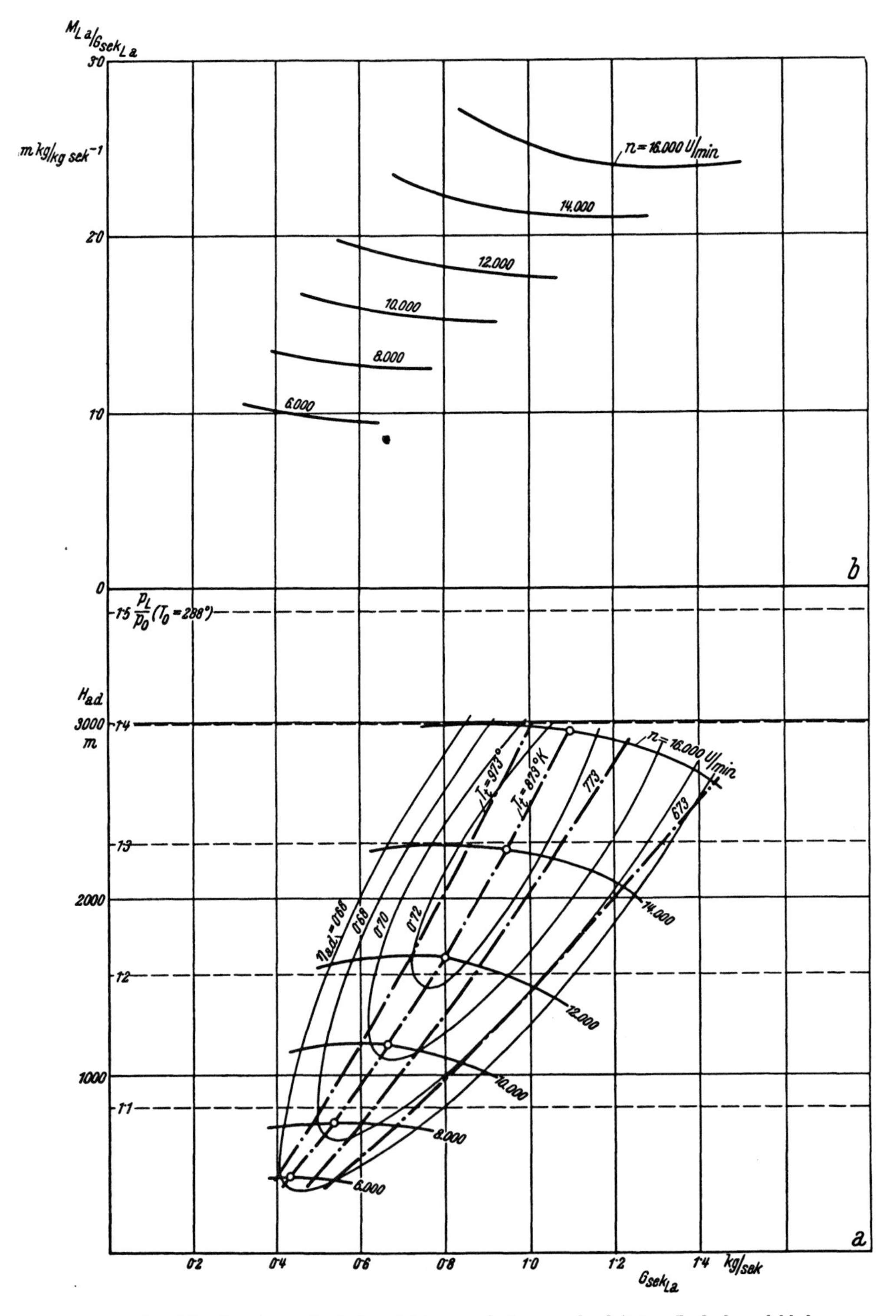

Abb. 125. Gegebenes Laderkennfeld a und daraus abgeleitetes Laderkennfeld b.

mung von Betriebspunkten bei anderen Drehzahlen schätzt man zunächst $G_{sek\,La}$, ermittelt auf gleichem Weg wie vorher $G_{sek\,t}$ und wiederholt die Bestimmung mit dem korrigierten Wert von $G_{sek\,La}$. Da $M_{La}/G_{sek\,La}$ sich nur wenig mit der Durchsatzmenge verändert und die Durchsatzmenge vor allem durch die starke Abhängigkeit des Drehmoments der Turbine vom Durchsatz festgelegt wird, korrigiert sich ein Fehler in der Schätzung von $G_{sek\,La}$ im allgemeinen schon im ersten Bestimmungsgang.

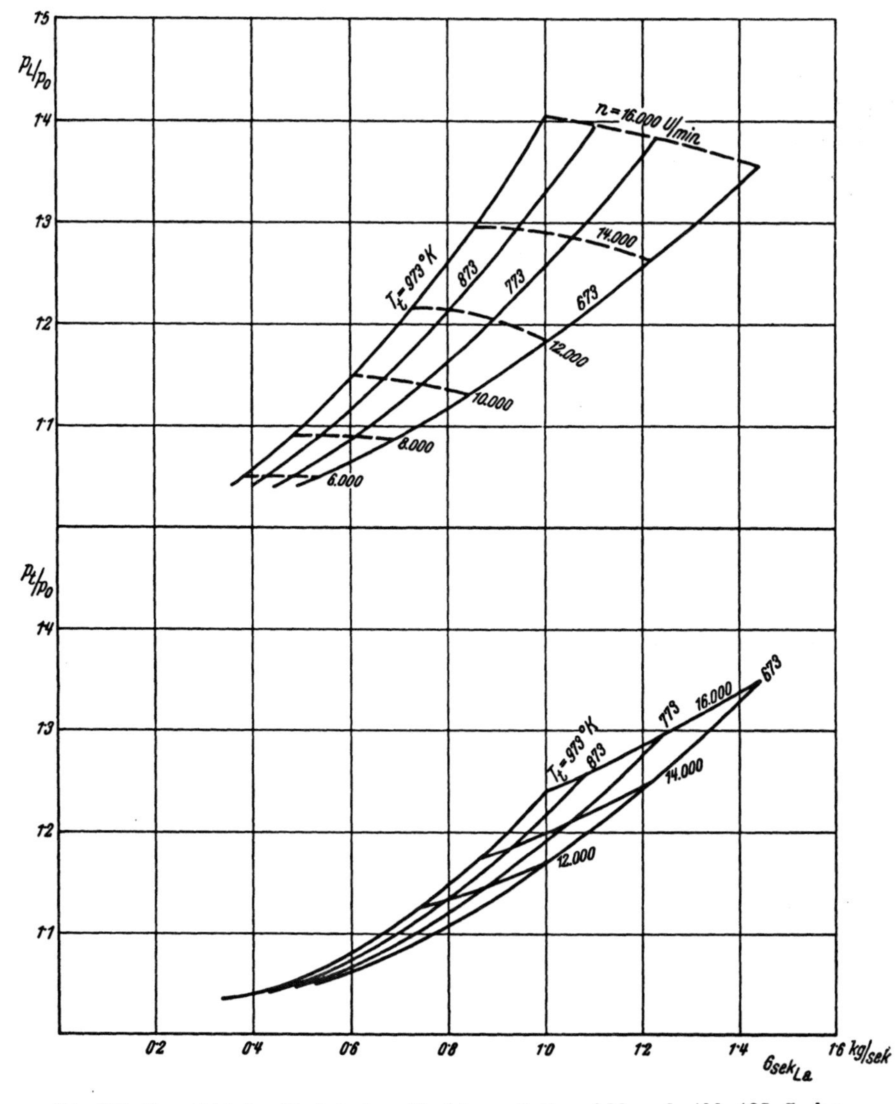

Abb. 126. Kennfeld des Turboladers. Turbine mit Kennfeld nach Abb. 123, Lader mit Kennfeld nach Abb. 125.

In Abb. 125 a wurden für den in Betracht kommenden Temperaturbereich t_t = 700°, 600°, 500°, 400° C die Betriebslinien eingezeichnet. Eine Zusammenstellung der entsprechenden Werte von $\frac{p_L}{p_0}$ und $\frac{p_t}{p_0}$ zeigt das Diagramm Abb. 126, das als Kennfeld des Turboladers bezeichnet werden kann.

Das Kennfeld ändert sich bei einer Veränderung im Düsenquerschnitt μF und dann, wenn durch Abblasen von Abgas b in (98) kleiner als 1, also die Mengenkopplung zwischen Lader und Turbine verändert wird. Die Auswirkungen dieser Veränderungen werden später besprochen.

Nun ist noch das Zusammenarbeiten des Turboladers mit dem Motor zu untersuchen. Dazu muß die Schluckfähigkeit des Motors in Abhängigkeit von Drehzahl und Ladedruck gegeben sein.

Man erhält bei polytropischer Verdichtung im Lader mit dem Exponenten m, wenn nach I. Teil, S. 37 $\nu = 0{,}5$ gesetzt wird und nach Gl. 19 für den während der Spülung einströmenden Luftaufwand

$$\Lambda_o = (\lambda_l)_{T_o} \left(\frac{p_L}{p_o}\right)^{\frac{m+3}{4m}} + \frac{120 \mu F_{red}}{n V_h} \left(\frac{p_t'}{p_L}\right)^{\frac{3}{4\varkappa}} \cdot \sqrt{2 g R T_o \left(1 - \frac{p_t'}{p_L}\right)} \cdot \left(\frac{p_L}{p_o}\right)^{\frac{m+1}{2m}} \tag{104}$$

$$\text{und } G_{sek} = \frac{\Lambda_o \cdot V_h \cdot \gamma \cdot n}{120}. \tag{105}$$

$(\lambda_l)_{T_o}$ ist der Liefergrad der nicht aufgeladenen Maschine ohne Überschneidung der Steuerzeiten, aber mit sonst gleichen Steuerungsverhältnissen. Wenn $(\lambda_l)_{T_o}$ in Abhängigkeit von n gegeben ist, so läßt sich auch das Produkt $(\lambda_l)_{T_o} \cdot n$ in Abhängigkeit von n darstellen. F_{red} ist ein Ersatzquerschnitt, der, wenn er während des ganzen Arbeitsspieles offen bleiben würde, den gleichen Zeitquerschnitt ergibt, wie die Ventilquerschnitte während der Spülung.

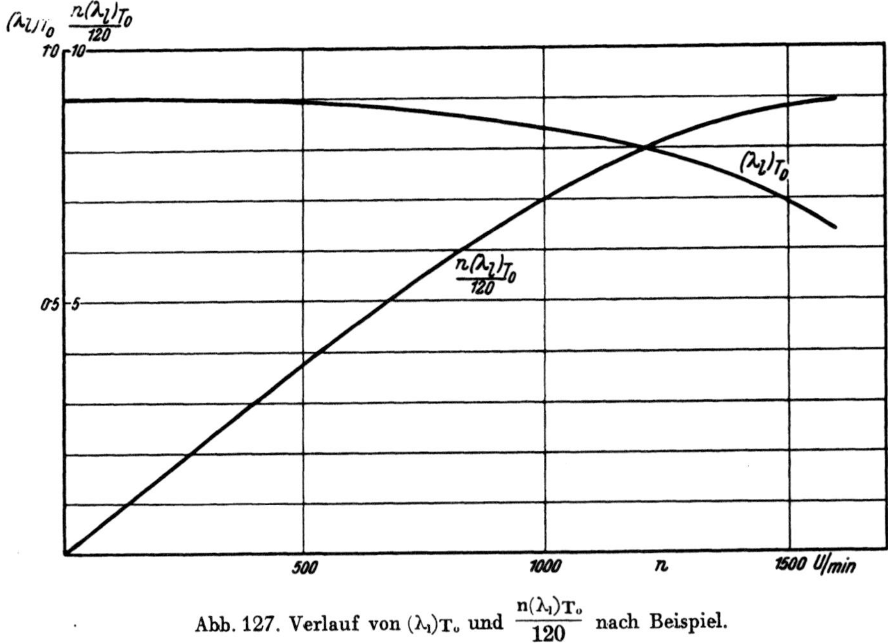

Abb. 127. Verlauf von $(\lambda_l)_{T_o}$ und $\frac{n(\lambda_l)_{T_o}}{120}$ nach Beispiel.

Das weitere Vorgehen wird wieder an dem Beispiel gezeigt. In diesem ist $T_0 = 288^0$ K, $\gamma_0 = 1{,}19$ kg/m³ (1 at), $F_{red} = 14$ cm², $\mu = 0{,}7$ und $V_h = 75{,}1$.

Abb. 127 zeigt $(\lambda_l)_{T_o} \cdot \frac{n}{120} = f\,(n)$. Der mittlere Wirkungsgrad des Laders ist nach Abb. 125 a $\eta_{ad} = 0{,}7$. Dem entspricht $m = 1{,}65$ nach (56/I). Daher ist

$$G_{sek} = 0{,}0892 \cdot \frac{(\lambda_l)_{T_o} \cdot n}{120} \cdot \left(\frac{p_L}{p_o}\right)^{0{,}7} + 0{,}475 \sqrt{1 - \frac{p_t'}{p_L}} \cdot \left(\frac{p_t'}{p_L}\right)^{0{,}54} \cdot \left(\frac{p_L}{p_o}\right)^{0{,}8}.$$

Das Turboladerkennfeld enthält für T_t = konst. zugehörige Werte von G_{sek}, p_L und p_t'. Infolge der Druckwellen in der Auspuffleitung und der Unterteilung des Auspuffsystems ist $p_t' < p_t$. Im folgenden wird mit $p_t' - p_0 = 0{,}5\,(p_t - p_0)$ gerechnet.

Wenn man Gl. 104 nach $(\lambda_l)_{T_0} \cdot \frac{n}{120}$ auflöst, so läßt sich zu jedem Punkt des Turboladerkennfeldes die zugehörige Motordrehzahl ermitteln.

Mit der Drehzahl erhält man $\Lambda_0 = \frac{G_{sek}}{\gamma_0 V_h} \cdot \frac{120}{n}$.

$$\text{Es ist ferner } \lambda_{l_0} = \frac{\varepsilon}{\varepsilon - 1} \cdot (\lambda_l)_{T_0} \cdot \left(\frac{p_L}{p_0}\right)^{0,7}, \tag{106}$$

wenn mit annähernd vollständiger Spülung des Verbrennungsraumes gerechnet werden kann. Bei kleiner Differenz $\Lambda_0 - \lambda_{l0}$, also schwacher Spülung, ist statt $\frac{\varepsilon}{\varepsilon - 1}$ ein zwischen diesem Wert und 1 liegender Faktor einzuführen. Nun kann Λ_0 und λ_{l0} in Abhängigkeit von der Motordrehzahl mit der Abgastemperatur T_t als Parameter dargestellt werden. Abb. 128 zeigt das entsprechende Diagramm für das Beispiel.

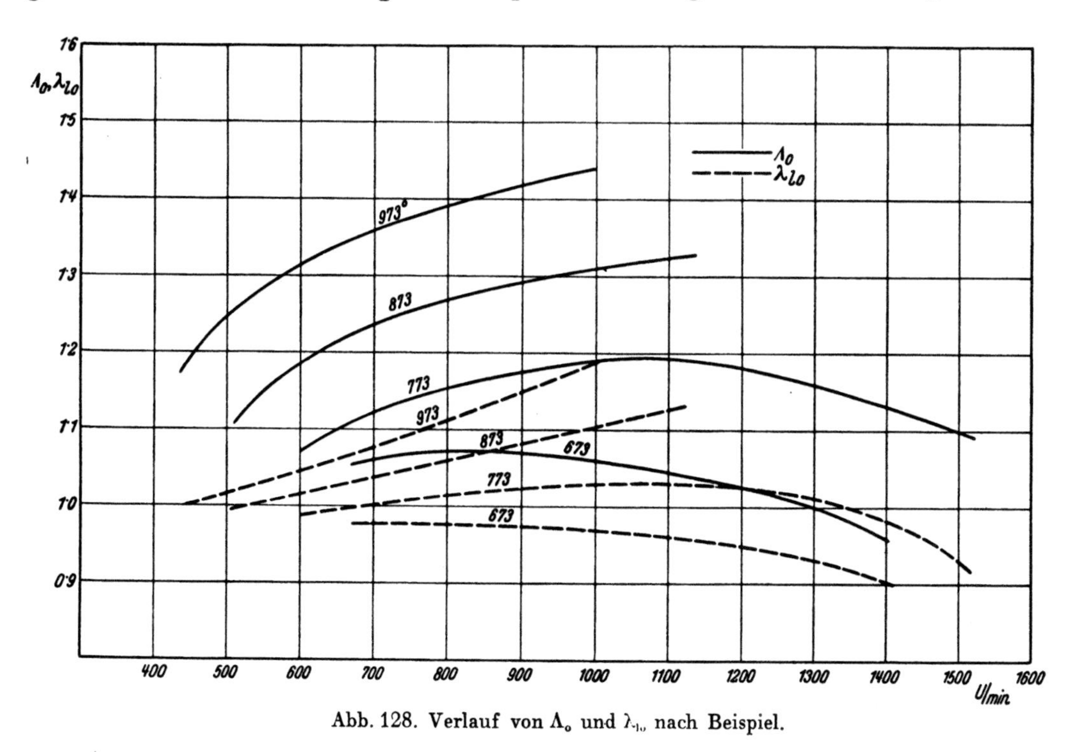

Abb. 128. Verlauf von Λ_0 und λ_{l0} nach Beispiel.

Für Motoren mit gleichbleibender Drehzahl läßt sich nach diesem Verfahren die Abhängigkeit der Kenngrößen der Aufladung vom Nutzdruck p_e ermitteln, wenn der Anteil der Abgaswärme q_a und $\eta_{i-l} = f(\lambda)$ bekannt ist. Aus Abb. 128 sind zusammengehörige Werte von Λ_0, λ_{l0} und T_t für die Betriebsdrehzahl des Motors zu entnehmen. Man löst den Ausdruck nach Einsetzen dieser Werte nach λ auf und erhält damit die Luftüberschußzahl, bei welcher die zugrunde gelegte Abgastemperatur erreicht wird. Mit diesem Wert von λ erhält man aus (61) unter Berücksichtigung der für das Verbrennungssystem gegebenen Abhängigkeit $\eta_{i-l} = f(\lambda)$ den Innendruck p_{i-l}. Daraus ist der Nutzdruck nach Annahme von p_r und p_l bestimmbar.

Der Vorgang wird an einem Betriebspunkt bei $n = 1000$ U/min des Beispiels gezeigt. Mit $L_0 = 12{,}0\ \mathrm{m^3/kg}$, $H_u = 10.000$ kcal/kg, $C_p/_{o}^{t_A} = 7{,}55$ kcal/Mol °C (als Mittelwert) und $q_a = 0{,}38$ wird aus

$$a\,.\,t_A - t_o = \frac{24{,}4 \cdot H_u \cdot q_a}{L_o \cdot C_p/_{o}^{t_A}} \cdot \frac{\lambda_{l_o}}{\Lambda_o} \tag{107}$$

$$1{,}03\ t_A - t_o = \frac{24{,}4 \cdot 10000 \cdot 0{,}38}{12{,}0 \cdot 7{,}55} \cdot \frac{\lambda_{l_o}}{\Lambda_o}$$

und z. B. für $t_A = 500^0$ C, $t_o = 15^0$ C, $\frac{\lambda_{l_o}}{\Lambda_o} = \frac{1{,}03}{1{,}19} = 0{,}865$

die Luftüberschußzahl $\lambda = 1{,}77$.

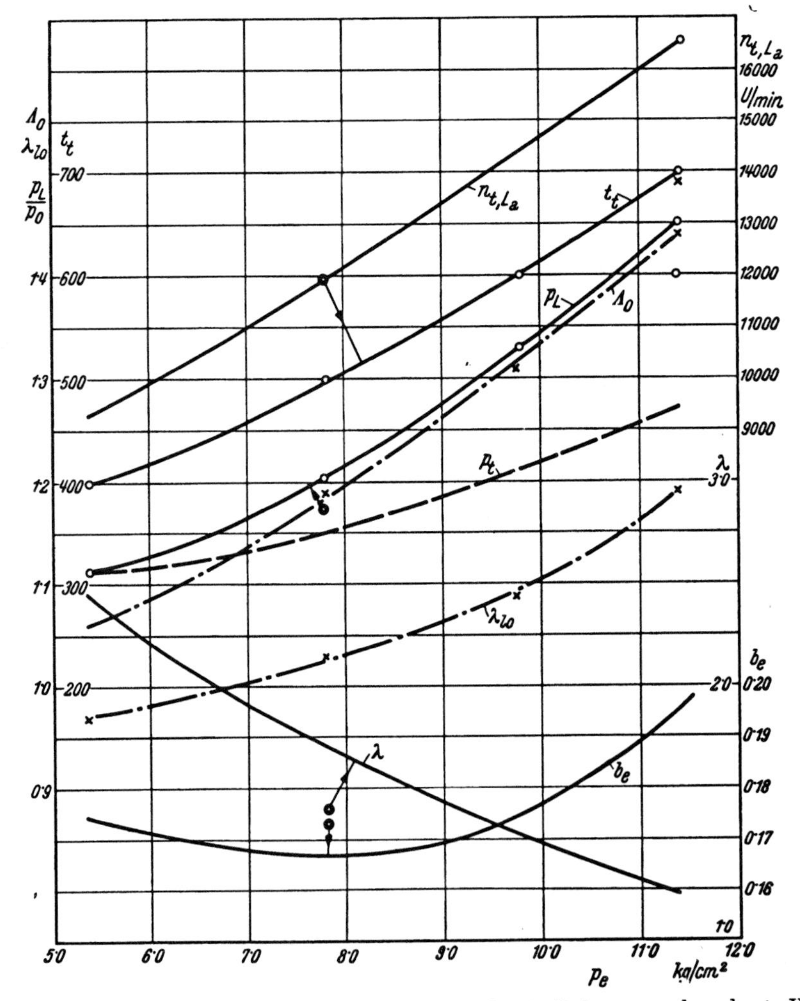

Abb. 129. Berechnete Kenngrößen des Ladungswechsels, der Aufladegruppe, berechnete Werte von p_e und b_e nach Beispiel.

Für $\lambda = 1{,}77$ wird bei einem Verdichtungsverhältnis $\varepsilon = 14$ der Wirkungsgrad der vollkommenen Maschine $\eta_{v-1} = 0{,}56$ und, wenn nach Band 2 (II. Auflage) als Durchschnittswert dem Verbrennungssystem ein Gütegrad $\eta_{g-1} = 0{,}82$ zugesprochen wird, nach (61)

$$p_{i-1} = \frac{0{,}0427 \cdot 10000 \cdot 0{,}56 \cdot 0{,}82}{12{,}0 \cdot 1{,}77} \cdot 1{,}03 = 9{,}5\ \text{kg/cm}^2.$$

Schätzt man nun $p_l + p_r = 1{,}7\ \text{kg/cm}^2$, so wird $p_e = 7{,}8\ \text{kg/cm}^2$ und

$$b_e = \frac{632}{0{,}56 \cdot 0{,}82 \cdot 10000} \cdot \frac{9{,}5}{7{,}8} = 0{,}167\ \text{kg/PSh}.$$

Aus Λ_0 läßt sich G_{sek} und daraus aus dem Turboladerkennfeld p_L und p_t ermitteln. Man erhält mit den Annahmen des Beispiels für $n = 1000$ U/min die in Abb. 129 dargestellten Zusammenhänge zwischen den Kenngrößen des Ladungswechsels, der Aufladegruppe, dem Verbrauch und dem Nutzdruck p_e. Abb. 130 zeigt von Pflaum an einer MAN-10-Zylindermaschine gemessene Werte. Der grundsätzliche Verlauf der einzelnen Abhängigkeiten ist gleich wie bei Abb. 129. Zahlenmäßige Übereinstimmung ist wegen der Verschiedenheit der zugrunde liegenden Werte nicht möglich.

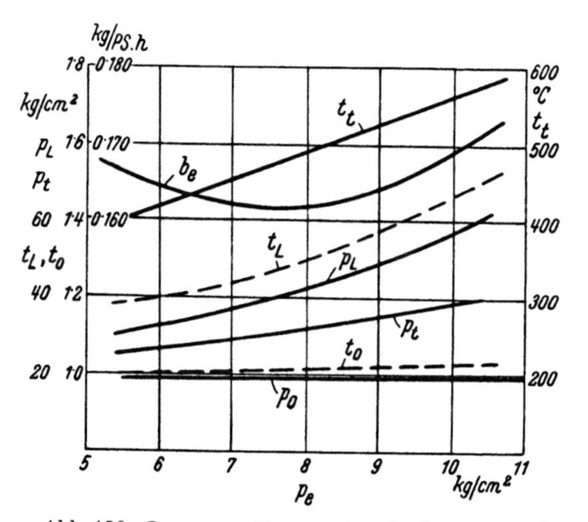

Abb. 130. Gemessene Kenngrößen des Ladungswechsels in Abhängigkeit von p bei einem aufgeladenen Viertaktdieselmotor. Nach Pflaum.

Führt man die Ermittlung für verschiedene Drehzahlen durch, so läßt sich ein Kennfeld des Motors zeichnen, aus dem sein Betriebsverhalten im ganzen Drehzahl- und Lastbereich, die natürlichen und wirklichen Drehmomentlinien, der Verlauf von b_e und der Kennwerte der Aufladegruppe bei Belastung nach verschiedenen Gesetzen, z. B. nach dem Propellergesetz usw., ersehen werden kann.

Die Genauigkeit dieser Vorausberechnung hängt natürlich vor allem von der Genauigkeit der Grundlagen ab, auf denen sie fußt.

Neben den Kennfeldern von Turbine und Lader und der Abhängigkeit von p_t' von p_t muß für die Berechnung des Verhaltens der Aufladegruppe vor allem die Abhängigkeit von q_a von Belastung und Drehzahl und von η_{i-1} von Luftüberschußzahl und Drehzahl bekannt sein. Erfahrungswerte enthält Band 2 (II. Auflage), für q_a auch Abschnitt B, I. In erster Annäherung kann q_a unabhängig von der Belastung angenommen werden. Die Zunahme von q_a mit der Drehzahl soll jedoch berücksichtigt werden.

5. Wirkung der Änderung einzelner für die Aufladung maßgebender Größen.

Im allgemeinen werden durch den ersten Entwurf günstigste Betriebsverhältnisse nicht erreicht werden. Zur Verbesserung des Zusammenwirkens von Motor und Abgasturbolader können dann verschiedene Maßnahmen ergriffen werden, deren Auswirkung im folgenden besprochen werden soll.

In Betracht kommen: Veränderung des Querschnitts der Turbinendüse, der Größe des Turboladers im Verhältnis zum Motor, der Ventilüberschneidung und Abblasen von Abgasen vor der Turbine. Weiters kann in manchen Fällen eine Kühlung der Ladeluft ausgeführt werden.

a) Wirkung einer Veränderung des Querschnittes der Turbinendüsen.

Aus dem Turbinenkennfeld Abb. 123 läßt sich die Wirkung einer Veränderung von μF auf die Wirkung einer Veränderung der Temperatur T_t zurückführen, die im Beispiel bereits untersucht wurde.

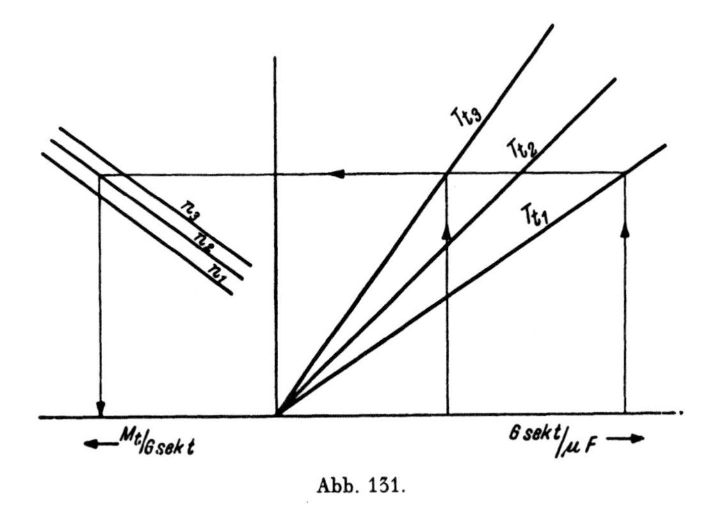

Abb. 131.

Eine Vergrößerung von $\frac{G_{sek}}{\mu F}$, also eine Verkleinerung der wirksamen Düsenfläche μF, wirkt sich nach Abb. 131 so aus, als ob die Abgastemperatur erhöht würde. In grober Annäherung kann angenommen werden, daß die Auswirkung einer Veränderung der Düsenfläche gleich der einer Veränderung der Temperatur im umgekehrten Verhältnis ist.

Das Turboladerkennfeld Abb. 123 wird demnach annähernd so verändert, daß bei einer Verkleinerung der Düsenfläche auf $\frac{1}{c}$ an Stelle der Temperatur T_t die Temperatur $c \cdot T_t$ angeschrieben werden muß. Man erhält daher bei gleichen Abgastemperaturen durch eine Verkleinerung der Düsenfläche höhere Ladedrücke, daher höhere Liefergrade und Luftaufwände, also vergrößerte Aufladung.

Eine Vergrößerung der Düsenfläche setzt dementsprechend den Ladedruck herab.

Mit abnehmender Düsenfläche rückt die Ladedruckkurve in Abb. 129 nach links und mit gleichem Luftüberschuß läßt sich ein höheres p_e erreichen. So z. B. wird durch eine 12%ige Verkleinerung der Düsenfläche bei gleichbleibendem $\lambda = 1,4$ der Nutzdruck p_e von 9,9 auf annähernd 11,0 kg/cm² erhöht.

Da sich die Drehzahl des Turboladers durch die Verkleinerung der Düsenfläche erhöht, ist zu prüfen, ob die Beanspruchungsgrenze des Läufers nicht überschritten wird. Im Laderkennfeld rückt die Kennlinie für $T_t =$ konst. mit einer Erhöhung der Temperatur nach links, im gleichen Sinne verschiebt sie sich daher auch bei einer Verkleinerung der Düsenfläche. Die Kennlinie nähert sich dadurch der Pumpgrenze des Laders und es muß geachtet werden, daß diese nicht überschritten wird.

b) Wirkung einer Veränderung der relativen Größe des Turboladers.

Nach dem Turboladerkennfeld Abb. 126 nimmt p_L und p_t mit G_{sek} zu. Wird der Motor daher relativ größer, der Turbolader relativ kleiner, so erhöht sich der Ladedruck und der Druck p_t hinter dem Motor. Die Aufladung nimmt zu und findet ihre Grenze wieder durch die Grenzdrehzahl des Turboladers. Eine ähnliche Wirkung hat, wie Abb. 128 zeigt, auch eine Erhöhung der Motordrehzahl bis zu dem Bereich, in dem der Liefergradabfall durch zunehmende Drosselung im Einlaßventil sich stärker geltend macht.

Umgekehrt läßt sich durch eine Vergrößerung des Turboladers der Ladedruck und die Drehzahl des Turboladers herabsetzen.

Die zahlenmäßigen Auswirkungen können im gegebenen Einzelfall durch Anwendung des vorbeschriebenen Verfahrens einfach ermittelt werden. Da sich quantitative Aussagen allgemein nicht machen lassen, wird auf die Durchrechnung eines Beispiels verzichtet.

c) Ventilüberschneidung.

Durch eine Vergrößerung der Ventilüberschneidung wird der Luftdurchsatz durch den Motor erhöht, im gegenteiligen Fall herabgesetzt.

Das Turboladerkennfeld wird durch eine Veränderung der Ventilüberschneidung nicht beeinflußt. Durch eine Vergrößerung der Überschneidung wird die Schluckfähigkeit des Motors vergrößert, gleichzeitig bei gleichem λ die Auspufftemperatur herabgesetzt.

Rechnet man für das Beispiel des vorhergehenden Abschnittes für $T_t = 873^0$ Temperatur vor der Turbine den Nutzdruck bei reduzierten Querschnitten von 0,5 und 1,5fachem des im Beispiel angenommenen Wertes, so erhält man:

Red. Querschnitt der Überschneidung	p_e
0,5 x F_{red} (Beispiel)	8,3 kg/cm²
1,0 x „ „	9,8 „
1,5 x „ „	11,3 „

Die Drücke p_t, p_L und die Drehzahlen des Aufladeaggregates sind bei 0,5 und 1,5 F_{red} nicht wesentlich verschieden von den Werten, die bei gleichem Nutzdruck 1,0 F_{red} zugeordnet sind. Durch die Überschneidung ist daher vor allem die Temperatur T_t vor der Turbine veränderbar. Diese muß so gewählt werden, daß bei höchster auftretender Belastung der Wert nicht überschritten wird, der mit Rücksicht auf die Festigkeit der Turbinenschaufeln zulässig ist.

d) Abblasen von Abgas vor der Turbine.

Durch das Abblasen von Abgas vor der Turbine wird das in der Turbine arbeitende Gasgewicht herabgesetzt, ihre Leistung daher bei sonst gleichen Verhältnissen auf den entsprechenden Bruchteil verkleinert.

Nach Abb. 124 läßt sich die verkleinerte Menge $b \cdot G_{sek}$, die bei der Temperatur T_t wirkt, in ihrer Wirkung in der Turbine angenähert ersetzen durch die volle Menge, die mit der erniedrigten Temperatur T_t' zufließt. Damit ist die Beurteilung des Einflusses des Abblasens qualitativ zurückgeführt auf den Einfluß, den eine Temperaturabsenkung der Abgase vor der Turbine auf ihre Leistung hat. Durch das Abblasen wird demnach die Aufladung verkleinert, der Ladedruck und die Drehzahl der Aufladegrenzen herabgesetzt.

Die zahlenmäßigen Auswirkungen des Abblasens lassen sich im gegebenen Einzelfall mittels des angegebenen Verfahrens unschwer bestimmen.

e) Rückkühlung der Ladeluft.

Eine Ladeluftrückkühlung vergrößert die Schluckfähigkeit des Motors, beeinflußt im übrigen das Kennfeld des Turboladers nicht. Die Auswirkung ist demnach annähernd gleich wie die einer relativen Verkleinerung des Turboladers, also Erhöhung des Ladedruckes und der Drehzahl des Laders.

Für die Berechnung läßt sich (104) benützen, wenn nach dem Polytropengesetz

$$\frac{m-1}{m} = \frac{\log\left(\frac{T_L}{T_o}\right)}{\log\left(\frac{p_L}{p_o}\right)} \tag{108}$$

gesetzt wird. Für die Rückkühlung auf Ausgangstemperaturen wird $m = 1$.

Die Veränderung der Motorleistung durch die Rückkühlung entspricht der Veränderung von λ_{l_0}

An Stelle von (106) ist im vorliegenden Fall der Ausdruck

$$\lambda_{l_0} = \frac{\varepsilon}{\varepsilon - 1} \cdot (\lambda_l)_{T_0} \cdot \frac{p_L}{p_o} \cdot \left(\frac{T_o}{T_L}\right)^{0,75} \tag{109}$$

zweckmäßiger, da in ihm die Ladetemperatur unmittelbar aufscheint.

Die Auswirkung einer Ladeluftrückkühlung auf die Abgastemperatur läßt sich nach den in Band 2 und 3 entwickelten Beziehungen beurteilen. In erster Annäherung kann sie vernachlässigt werden.

6. Richtlinien für die Auslegung von Abgasturboladern.

a) Motoren mit unveränderlicher Drehzahl.

Die zulässige Leistungssteigerung ist im allgemeinen durch die zulässige Wärmebelastung des Motors gegeben.

Aus den Angaben im Band 2 (II. Auflage) ist p_r abschätzbar, p_l läßt sich nach Abschnitt A, II, 1 ermitteln, wenn p_t vorläufig angenommen wird. Man erhält damit p_{i-l} und kann nun aus $\eta_{i-l} = f(\lambda, n)$ und den mit Rücksicht auf die Rauchgrenze und thermische Beanspruchung erfahrungsgemäß zulässigen Wert von λ für die Nennleistung aus (61) den erforderlichen Wert von λ_{l_0} berechnen.

Mit dem bekannten (oder geschätzten) Liefergrad der nicht aufgeladenen Maschine $(\lambda_l)_{T_0}$ wird für kräftige Spülung

$$\lambda_{l_0} = \frac{\varepsilon}{\varepsilon - 1} \cdot (\lambda_l)_{T_0} \cdot \left(\frac{p_L}{p_o}\right)^{\frac{m+3}{4m}}. \tag{110}$$

m ist entsprechend (56/I) für den zu erwartenden Gebläsewirkungsgrad anzunehmen. Bei Rückkühlung der Ladeluft liegt m zwischen diesem Wert und 1 und ist nach (108) der Temperatur der Ladeluft vor dem Zylinder anzupassen. Der Aufladedruck p_L ist aus diesen Beziehungen ermittelbar.

Der Ausdruck (98) gibt den erforderlichen Druck vor der Turbine p_t. T_t ist in zulässigen Höhen (bei ungekühlten Schaufeln $t_t = 550^0 - 650^0$ C) zu wählen.

Nun ist der Druck während der Spülung p_t' zu schätzen.

Zur Bemessung der erforderlichen Ventilüberschneidung ist Λ_0 aus (107) für die Bedingung zu ermitteln, daß mit λ, $(\lambda_l)_{T_0}$ und einem geschätzten (siehe Band 3) Wert von q_a die höchstzulässige Temperatur T_t vor der Turbine nicht überschritten wird.

Der notwendige reduzierte Querschnitt der Ventilüberschneidung F_{red} ist aus (104) zu berechnen und an Hand der Entwurfszeichnung des Brennraumes zu untersuchen, ob die erforderliche Ventilüberschneidung ausführbar ist. Da während der Spülung im oberen Totpunkt die Ventile angehoben sind, müssen Ausnehmungen am Kolben angebracht werden. Ihre Tiefe begrenzt die praktisch ausführbare Ventilüberschneidung, denn mit zunehmender Tiefe wird der Brennraum zerklüfteter, demnach ungünstiger.

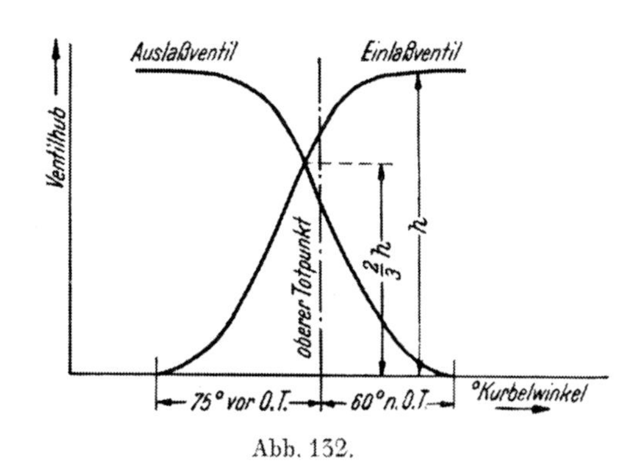

Abb. 132.

Wesentlich für die Durchströmquerschnitte für die Spülung ist die Anhubgeschwindigkeit der Ventile. Bei einer Ventilüberschneidung von 135° erhält man nach Reuter [23] erfahrungsgemäß brauchbare Verhältnisse, wenn die Ventile in der Nähe des oberen Totpunktes nach Abb. 132 annähernd $^2/_3$ ihres vollen Hubes geöffnet sind.

Die praktische Erfahrung hat gezeigt, daß hinsichtlich der Spülwirkung Motoren mit vier Ventilen denen mit zwei Ventilen überlegen sind.

Bei Maschinen mit direkter Einspritzung ohne verstärkte Wirbelung durch mäßige Einschnürungen, also mit einem Verbrennungsraum, wie sie bei größeren Maschinen gebräuchlich sind, und mit mäßigen Verdichtungen lassen sich die für die Spülung erforderlichen Ventilüberschneidungen nach Abb. 132 im allgemeinen ohne Schwierigkeiten ausführen. Wesentlich schwieriger liegen die Verhältnisse in dieser Hinsicht bei kleinen Schnelläufern mit eingeschnürten Brennräumen und den meist hohen Verdichtungen, insbesondere dann, wenn das Hubverhältnis klein ist. Die Ventilüberschneidung erfordert dann meist Aussparungen im Kolben, z. B. nach Abb. 133, die den Wärmeübergang im Verbrennungsraum verstärken und demnach die Arbeitsvorgänge ungünstig beeinflussen können.

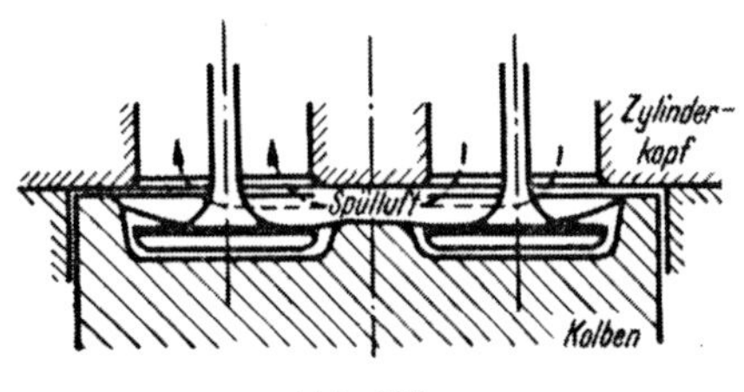

Abb. 133.

Durch sorgfältige Untersuchung der Verbrennungsverhältnisse und der Spülung an Einzylindermaschinen lassen sich brauchbare Kompromisse schließen.

Aus Λ_0 läßt sich G_{sek} ermitteln und nun der Lader und die Turbine entwerfen. Die Kennfelder des Laders lassen sich auf Grund von Erfahrungswerten genügend genau im voraus festlegen. Schwieriger liegen, wie im Abschnitt B, II, 2 angegeben wird, die Verhältnisse auf der Turbinenseite.

Aus brauchbarer Annahme über das Turbinen- und Laderkennfeld läßt sich durch das angegebene Verfahren die Abhängigkeit der Kenngrößen der Aufladergruppe von der Belastung ermitteln.

Durch Veränderung des Düsenquerschnittes der Abgasturbine und der Ventilüberschneidung können Fehlschätzungen an der ausgeführten Anlage im allgemeiner nachträglich berichtigt werden.

b) Schiffsmotoren.

Bei Schiffsmotoren nimmt das Drehmoment und damit p_e nach dem Quadrat der Drehzahl ab. Dadurch ergibt sich ein bestimmter Nutzdruck-Drehzahlverlauf (Propellerkurve).

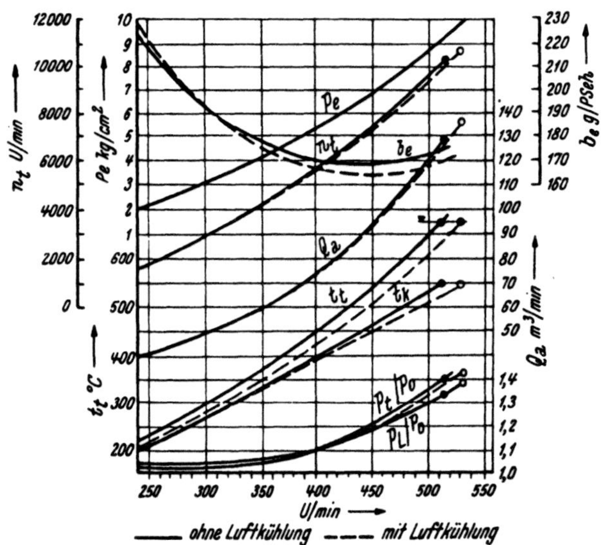

Abb. 134. Versuchsergebnisse eines Schiffsdieselmotors der Germaniawerft mit Abgasturboaufladung bei Propellerfahrt.

Die Auslegung des Turboladers hat für größte Drehzahl und damit größten Nutzdruck nach a) zu erfolgen. Den Verlauf der Kenngrößen mit abnehmender Belastung erhält man mit den im Abschnitt 4 angegebenen Verfahren, wenn dieses für mehrere Drehzahlen durchgeführt wird. Man nimmt aus Diagrammen nach Abb. 129 für jede Drehzahl die Werte heraus, welche dem Nutzdruck nach der Propellerkurve entsprechen und trägt sich die Punkte in Abhängigkeit von n oder der Leistung auf. Abb. 134 zeigt Versuchsergebnisse eines Motors mit Abgasturboaufladung bei Propellerfahrt.

c) Fahrzeugmotoren.

Bei den Motoren unter a) und b) kommt es im wesentlichen nur auf die Verhältnisse des Laders bei Höchstlast an. Die Auslegung des Laders hat für diese zu erfolgen. Bei Teillastbetrieb ist nur der Brennstoffverbrauch von Bedeutung. Rücksichten auf diesen werden jedoch im allgemeinen die Auslegung des Turboladers nicht beeinflussen.

Bei Fahrzeugmotoren besteht bei der Aufladung neben dem Problem, die Leistung möglichst zu steigern, auch das, einen günstigen Drehmomentverlauf zu erhalten. Angestrebt wird meist ein elastischer Motor, d. i. ein mit abnehmender Drehzahl zunehmender Nutzdruck (Drehmoment).

Würde der Lader, wie in a) und b) ausgeführt, in normaler Weise für größten Nutzdruck und größte Drehzahl ausgelegt werden, so würde die Aufladung mit der Drehzahl abnehmen. Der Liefergrad der Maschine würde nach Abb. 128 (Kurven für Abgastemperaturen) mit der Drehzahl zunehmen.

Um einen günstigeren Liefergradverlauf zu erhalten, benützt man den Lader für eine mittlere Drehzahl und begrenzt bei höheren Motordrehzahlen die Laderdrehzahl durch Reglereingriffe. Diese können entweder durch Vergrößern des Düsenquerschnittes mit zunehmender Motordrehzahl (z. B. Zuschalten von Düsen) oder durch Abblasen eines mit der Drehzahl zunehmenden Teils der Abgase vor der Turbine wirken. Da sich z. B. erstere Maßnahme wie eine Verringerung der Abgastemperatur T_t

auswirkt, läßt sich ihre Wirkung aus Abb. 125 beurteilen. Geht man nach Erreichen der Höchstdrehzahl auf der Linie n = konst. im Sinne zunehmender G_{sek} weiter, so fällt der Ladedruck, die Aufladung wird kleiner. Durch Auslegung des Laders für genügende Aufladung bei niederer Motordrehzahl und Drehzahlbegrenzung für den Lader läßt sich demnach auch bei freilaufenden Turboladern ein für Fahrzeugmotoren günstiger Liefergradverlauf erzielen. Da p_l und p_r mit der Drehzahl zunehmen und auch das λ an der Rauchgrenze mit der Drehzahl abnimmt, wird auch bei konstantem Liefergrad ein elastischer Drehmomentverlauf erreicht. Die Elastizität verstärkt sich noch, wenn der Liefergrad λ_{l_0} mit abnehmender Drehzahl zunimmt.

Bei der besprochenen Auslegung arbeitet der Abgasturbolader bei höheren Motordrehzahlen im Gebiet geringerer Wirkungsgrade. Die günstige Drehmomentkennlinie erfordert demnach einen Verzicht an Leistung bei hoher Drehzahl. Dieser wird häufig auch durch die Verbrennung und Triebwerksbeanspruchung notwendig.

Die Abblasregelung bringt zusätzliche Verluste, ist jedoch konstruktiv einfacher auszuführen als die Düsenregelung. Besondere Beachtung erfordert bei Fahrzeugmotoren die mechanische Trägheit des Abgasturboladers, deren Auswirkungen im Abschnitt B, II, 10 näher behandelt werden.

7. Die Abgasturboaufladung bei veränderlichem Außenzustand. Der Höhenmotor.

Bei einer Veränderung des Außendruckes, jedoch gleichbleibender Temperatur, verändert sich der Liefergrad, bezogen auf den Außenzustand, nicht. Das p_i des Motors wird damit dem Außendruck verhältig. Der Nutzdruck kann in erster Annäherung p_0 verhältig gesetzt werden. Bei größeren Änderungen ist nach Abschnitt A, II, 9, b, d zu berücksichtigen, daß sich die Reibung nicht verhältig mit p_0 ändert. Dadurch ergibt sich bei hohen Außendrücken p_0 ein etwas erhöhter mechanischer Wirkungsgrad und daher eine Steigerung von p_e, die etwas größer ist als die zum Außendruck proportionale Erhöhung. Die Ausdrücke (70), (71) berücksichtigen diesen Einfluß und lassen sich auf den vorliegenden Fall anwenden.

Bei einer Veränderung der Außentemperatur liegen die Verhältnisse weniger einfach.

In erster Annäherung kann angenommen werden, daß das Laderkennfeld mit dem Ansaugvolumen als Abszisse sich mit der Ansaugtemperatur nicht ändert. Das trifft nach van der Nüll nur in grober Annäherung zu. Bei einer genauen Ermittlung des Temperatureinflusses müßte daher für jede Temperatur das zugehörige Laderkennfeld benützt werden.

Der Temperatureinfluß soll im folgenden an dem im Abschnitt 4 gerechneten Beispiel gezeigt werden. Die Ansaugtemperatur sei 45° C, demnach um 30° höher als die Temperatur von 15° C, mit der im Abschnitt 4 gerechnet wurde.

Das Laderdiagramm kann übernommen werden, wenn man die Abszisse mit $\frac{288}{318}$ multipliziert und in der Ordinate nur den H_{ad}-Maßstab benützt. Entsprechend

$$H_{ad} = \frac{\varkappa}{\varkappa - 1} \cdot RT_0 \left[\left(\frac{p_L}{p_0}\right)^{\frac{\varkappa - 1}{\varkappa}} - 1\right] \qquad (111)$$

nimmt das Druckverhältnis mit steigender Temperatur bei gleichbleibender Förderhöhe H_{ad} ab.

Für eine Motordrehzahl und einen Nutzdruck, denen $G_{sek} = 0{,}80$ kg/sek und $n_t = 12.000$ U/min zugehören, wird z. B.:

Der Punkt im Diagramm, welcher dem gleichen Luftgewicht bei der erhöhten Temperatur entspricht, hat die Abszisse $G_{sek}' = 0{,}88$ kg/sek. Die vernachlässigbar geringe Veränderung des Drehmomentes im oberen Teil des Diagramms rechtfertigt es, die zusammengehörigen Größen auf der Turbinenseite gleich zu lassen wie bei der niederen Ansaugtemperatur. $T_t = 873^0$ K gilt daher für den vorliegenden Punkt auch bei der höheren Außentemperatur.

Man erhält aus Abb. 125 $H_{ad} = 1600$ m und damit aus (111) $\frac{p_L}{p_o} = 1{,}82$. Nun ist aus dem unveränderten Turbinenteil des Turboladerkennfeldes $p_t = 1{,}135$ kg/cm², damit $p_t' = 1{,}0675$ kg/cm² zu entnehmen. Aus (104) kann nun mit $T_0 = 318^0$ K nach Abschnitt 4 $\frac{(\lambda_l)_{T_0} \cdot n}{120}$ gerechnet werden. Man erhält

$$G_{sek} = 0{,}0808 \cdot \frac{(\lambda_l)_{T_0} \cdot n}{120} \cdot \left(\frac{p_L}{p_o}\right)^{0,7} + 0{,}452 \sqrt{1 - \frac{p_t'}{p_L}} \cdot \left(\frac{p_t}{p_L}\right)^{0,54} \cdot \left(\frac{p_L}{p_o}\right)^{0,8}$$

und aus Abb. 127 $n = 990$ U/min.

Damit wird weiter $\Lambda_0 = 1{,}20$ und $\lambda_{l_0} = 1{,}025$. Die Luftüberschußzahl λ, die der Abgastemperatur 873° K entspricht, erhält man aus (107), wenn angenommen wird, daß q_a durch die Erhöhung von T_o nicht verändert wird. Es ist

$$\lambda = \frac{24{,}4 \cdot 10{,}000 \cdot 0{,}38}{7{,}55 \cdot 12{,}0 \cdot (1{,}03 \cdot 600 - 45)} \cdot \frac{1{,}025}{1{,}20} = 1{,}53.$$

$$\text{Mit } \eta_{i-l} = 0{,}44 \text{ und } L_o = 12{,}0 \cdot \frac{318}{288} = 13{,}25 \text{ m}^3/\text{kg}$$

wird $p_{i-l} = \frac{0{,}0427 \cdot 10.000 \cdot 0{,}44}{13{,}25 \cdot 1{,}53} \cdot 1{,}03 = 9{,}55$ kg/cm² und mit $p_l + p_r = 1{,}7$ kg/cm² der Nutzdruck $p_e = 7{,}85$ kg/cm².

Trägt man die entsprechenden Punkte* in Abb. 129 ein, so lassen sich die Veränderungen durch die Erhöhung der Außentemperatur erkennen.

Bei der normalen Außentemperatur 15° C wird bei $\lambda = 1{,}53$ ein Nutzdruck von 9,15 kg/cm² erreicht. In bezug auf den Luftüberschuß ist die Maschine daher um 14% weniger belastbar. Die Turbinendrehzahl bleibt annähernd gleich, der Ladedruck ist niederer, die Abgastemperatur und der Verbrauch höher als beim Betrieb mit niederer Außentemperatur.

Im vorliegenden Fall ist der Leistungsverlust 0,55% je 1° Temperaturerhöhung. Dieser Leistungsabfall entspricht ungefähr gemessenen Werten von ähnlichen Anlagen.

Die Belastbarkeit der Maschine wird durch die Erhöhung der Außenlufttemperatur wesentlich stärker beeinträchtigt als die einer nicht aufgeladenen Maschine, bei welcher der Leistungsabfall im gleichen Falle ~ 9% betragen würde.

Die besonderen Vorteile der Ausnützung der Abgasenergie bei Höhenmotoren

---

* Die Änderungen zwischen 990 und 1000 U/min wurden vernachlässigt.

wurden schon im Abschnitt A III 4/I über den Ladungswechsel der vollkommenen Maschine festgestellt. Die Abgasturboaufladung eignet sich daher besonders auch für Höhenmotoren. Durch die Ausnützung der Abgasenergie zur Aufladung kann der Verbrauch des Motors wesentlich herabgesetzt werden. Dies wurde frühzeitig erkannt und es ist nur den außerordentlichen Schwierigkeiten der technischen Lösung zuzuschreiben, daß die Abgasturboaufladung noch nicht für Höhenmotoren ausschließlich verwendet wird. Die Schwierigkeiten liegen vor allem in der Beherrschung der hohen Schaufeltemperaturen, die bei Ottomotoren infolge der hohen Abgastemperaturen auftreten. Da neben Betriebssicherheit auch geringes Gewicht und geringer Raumbedarf für den Lader gefordert werden muß, ergibt sich die Aufgabe, ein Turboladeaggregat zu gestalten, das mit sehr hohen Drehzahlen (20.000 — 30.000 U/min) und bei sehr hohen Gastemperaturen (bei Ottomotoren ~ 1000° C) arbeitet. Auf die verschiedenen Lösungswege, die zu brauchbaren Ausführungen führten, wird im Band 15 näher eingegangen. An dieser Stelle wird nur ein Überblick über die grundsätzlichen Möglichkeiten dieses Aufladeverfahrens gegeben.

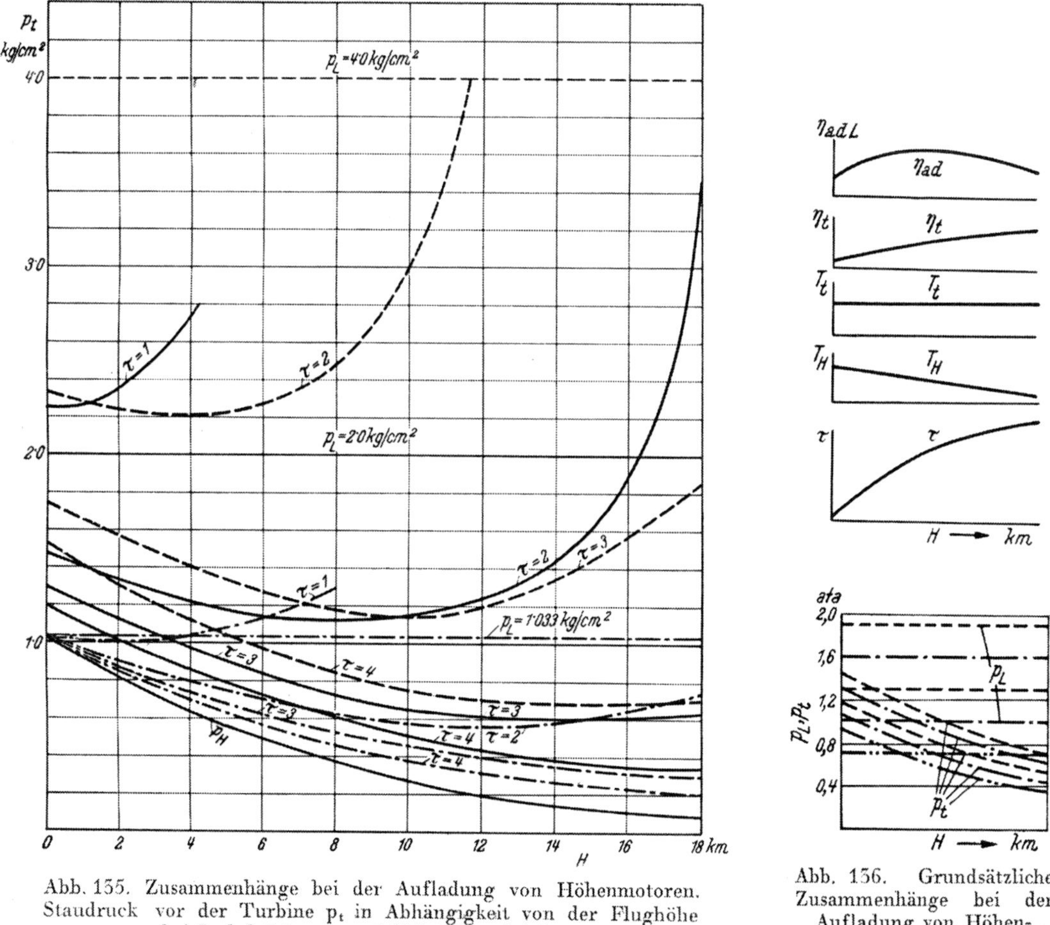

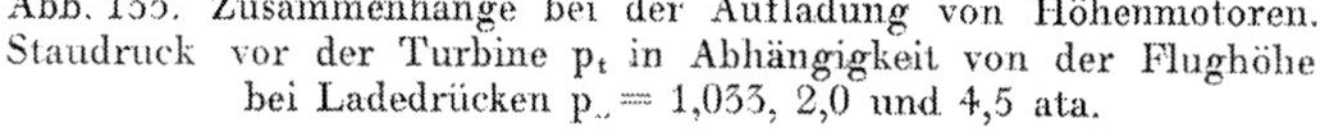

Abb. 155. Zusammenhänge bei der Aufladung von Höhenmotoren. Staudruck vor der Turbine p_t in Abhängigkeit von der Flughöhe bei Ladedrücken p_L = 1,033, 2,0 und 4,5 ata.

Abb. 156. Grundsätzliche Zusammenhänge bei der Aufladung von Höhenmotoren. Nach v. d. Nüll.

Man benützt dazu am besten die Beziehung (98). An Stelle von p_0, T_0 sind die Größen p_H, T_H einzusetzen, die aus der Ina-Tafel Seite 22/I entnommen werden können.

Nach van der Nüll wird die Kenngröße $\tau = \eta_t \cdot \eta_{La} \cdot \frac{T_t}{T_o}$ in der nächsten Zeit 4,0 nicht überschreiten. Man erhält mit $\varkappa_a = 1{,}31$, $R_a = 30{,}0$ und $\frac{G_t}{G_L} = 1{,}08$, die mittleren Verhältnissen von Ottomotoren entsprechen, für die Aufladung auf $p_L = 1{,}033$ kg/cm² und Überladung auf $p_L = 2{,}0$ und $4{,}0$ kg/cm² die in Abb. 135 dargestellten Zusammenhänge. Aus diesen geht hervor, daß bei größeren Kennziffern τ die für den Motorbetrieb (Spülung) erforderliche positive Differenz $p_L - p_t$ im ganzen heute interessierenden Höhenbereich besteht, daß sie mit zunehmender Flughöhe bis auf einen Höchstwert ansteigt und darüber hinaus rasch abnimmt, wobei bei kleinen Werten von p_L und großen Werten von τ der Höchstwert nicht mehr in den Bereich der heute praktisch in Betracht kommenden Höhen fällt.

Es ist daher auch Hochüberladung beim Höhenmotor mit Abgasturbolader an sich durchaus möglich, sofern die beiden Srömungsmaschinen für die Verarbeitung der beträchtlichen Gefälle ausgelegt werden, die dann zu bewältigen sind.

Zur Beurteilung der praktischen Ausführbarkeit der Abgasturboaufladung für Höhenmotoren muß die erreichbare Kennzahl τ bekannt sein. Van der Nüll [24] hat durch Auswertung von Versuchsergebnissen und Überlegungen den zu erwartenden Verlauf der einzelnen Größen, welche die Kennzahl beeinflussen, über der Höhe ermittelt und kommt zu dem in Abb. 136 skizzierten Ergebnis. Demnach steigt τ mit zunehmender Flughöhe. Das Verhältnis $\frac{p_L}{p_t}$ steigt mit zunehmender Flughöhe und zunehmendem Ladedruck und damit verbessern sich die Spülverhältnisse und daher auch der Liefergrad des Motors mit zunehmender Höhe.

Zur Ermittlung der wichtigsten Größen der Abgasturboaufladung von Höhenmotoren hat Leist [25] ein Diagramm entworfen, das, in bezug auf die zugrunde liegenden Werte gegenüber dem Original geringfügig verändert, in Abb. 137 dargestellt ist.

Bei der Ermittlung geht man vom Feld IV aus und folgt dem für ein Beispiel eingezeichneten Linienzug. Nach Annahme von $T_t \cdot \eta_t$ in Feld III geht man einerseits nach oben auf die Linie A im Feld I und erhält $\frac{p_t}{p_H}$ und damit im Feld II den Druck vor der Turbine p_t.

Wird nur der Bruchteil b der Abgase in der Turbine verarbeitet, so ist vom Schnittpunkt der Bezugslinie im Feld III mit $b = 1{,}0$ rechtwinkelig bis auf die Linie für das entsprechende b abzuzweigen.

Vom Feld III gelangt man in der anderen Richtung nach Feld V, hat dort gegebenenfalls wieder Ausblasen zu berücksichtigen, zieht auf C in Feld VI, erhält c_1 und aus dem Schnitt der auf c_1 gerichteten Linie mit $\frac{u}{c_1}$ den Wert von u. Mit n ergibt sich dann D. Die Eintrittstemperatur im Laufrad und das entsprechende Volumen wird über Kurve B, T_t im Feld I erhalten.

Einen Überblick über die Zusammenarbeit zwischen Lader, Abgasturbine und Motor bei einem Höhentriebwerk erhält man, wenn man von einem gegebenen Laderkennfeld ausgeht, den Druck vor der Turbine p_t aus Abb. 137 ermittelt und die Schluckfähigkeit des Motors aus

$$G_{sek} = \frac{n \cdot V_h}{120} \cdot \gamma_L \left[(\lambda_l)_{T_o} \cdot \frac{p_L}{p_o} \cdot \left(\frac{T_L}{T_o}\right)^{0,25} + \frac{120 \mu F_{red}}{n \cdot V_h} \left(\frac{p_t'}{p_L}\right)^{\frac{3}{4\varkappa}} \cdot \sqrt{2 g R T_L \left(1 - \frac{p_t'}{p_L}\right)} \right] \quad (112)$$

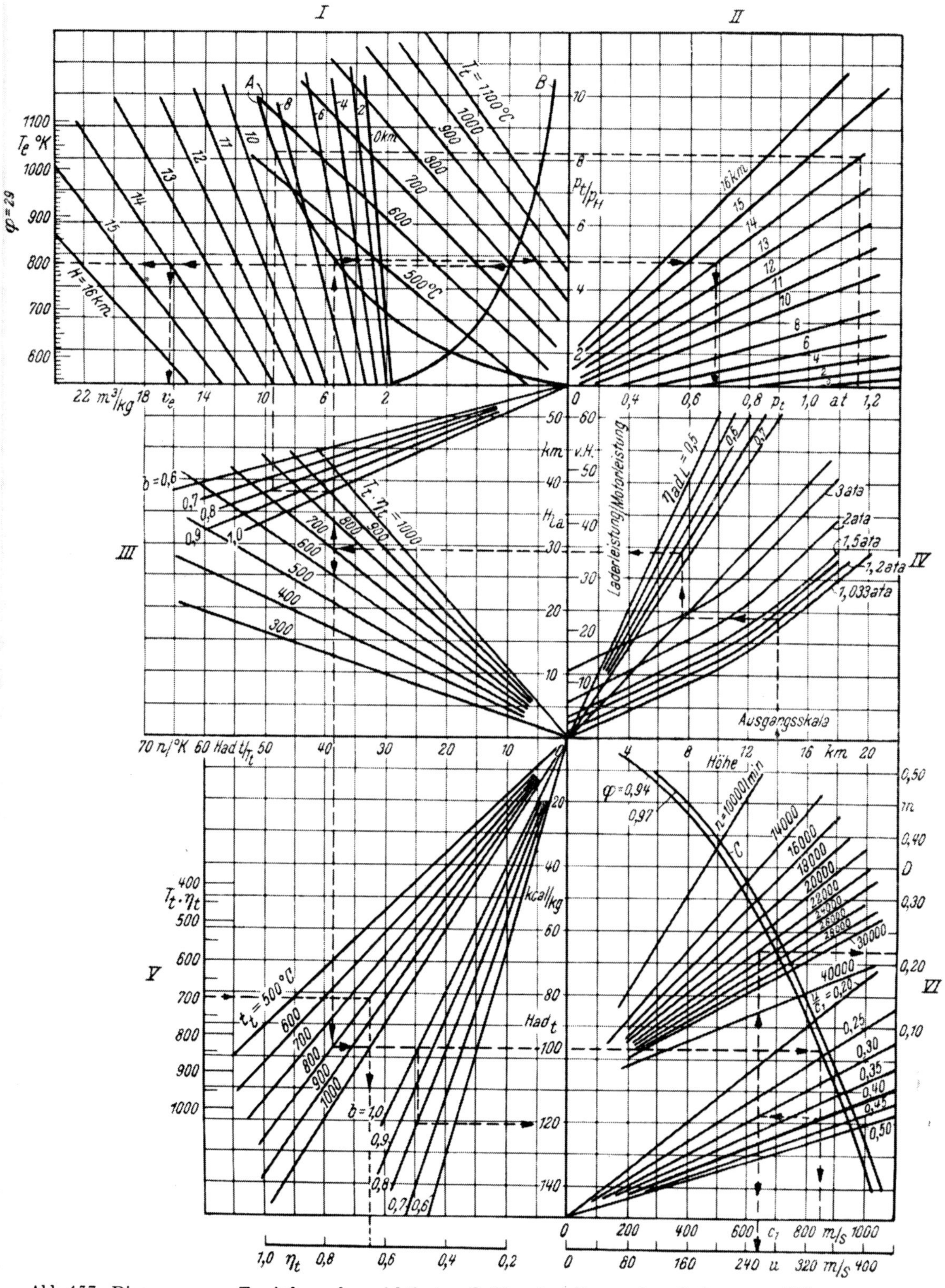

Abb. 137. Diagramm zur Ermittlung der wichtigsten Größen der Abgasturboaufladung von Höhenmotoren. Nach Leist.

berechnet. Die Durchführung einer solchen Berechnung wird im folgenden für den gebräuchlichsten Fall skizziert, daß der Ladedruck unabhängig von der Höhe auf einen konstanten Wert eingeregelt wird und die Ladeluft auf eine ebenfalls konstant bleibende Temperatur rückgekühlt wird. Nimmt man weiters an, daß auch die Motordrehzahl gleich bleibt, so ist dann G_{sek} nur von p_t' abhängig, das im allgemeinen hier gleich p_t gesetzt werden kann, da der Einfluß von Druckschwankungen im Auspuffrohr auf den Ladungswechsel bei Höhenmotoren nicht sehr groß ist.

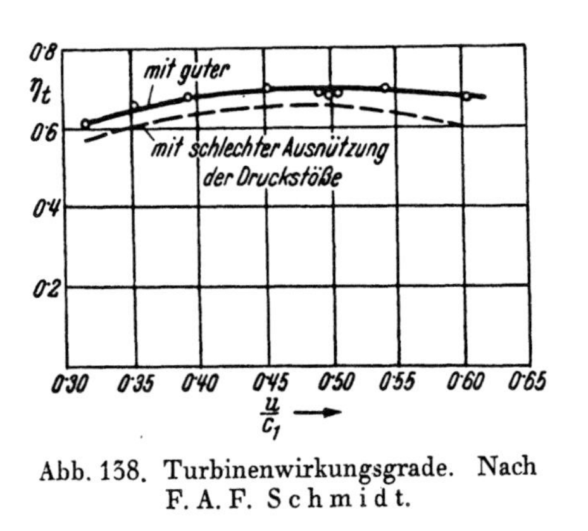

Abb. 138. Turbinenwirkungsgrade. Nach F. A. F. Schmidt.

Aus dem Laderkennfeld läßt sich aus $V_{sek} = G_{sek} \cdot v_H$ das angesaugte Volumen ermitteln. Der Berechnung der adiabatischen Förderhöhe für $\frac{p_L}{p_H}$ ist die Temperatur T_H zugrunde zu legen. Man erhält mit H_{ad} und mit einem vorläufig, mit geschätztem p_t berechneten G_{sek} den Betriebspunkt im Laderdiagramm in erster Annäherung. Nun wird mit H_{ad}, η_{ad} und angenommenen Werten von T_t und η_t in Abb. 137 p_t ermittelt und die Rechnung bei größeren Fehlschätzungen von p_t mit dem korrigierten Wert von G_{sek} wiederholt.

Vom Lader her liegt $n_L = n_t$ annähernd fest. Wenn D gegeben ist, so ermittelt man daraus u/c_o und kann den Turbinenwirkungsgrad dem Verhältnis $\frac{u}{c_o}$ anpassen. Dazu können z. B. die von Schmidt in Abb. 138 gemachten Angaben benützt werden. Die Rechnung ist mit dem so korrigierten Turbinenwirkungsgrad zu wiederholen.

Bei Otto-Flugmotoren ist im allgemeinen die Spülluftmenge nicht so groß, daß sie die Abgastemperatur in der Turbine wesentlich beeinflußt. Es kann daher mit gleichbleibender Temperatur vor der Turbine gerechnet werden.

Gleichbleibender Ladedruck, unabhängig von der Höhe, ist nur durch Regeleingriffe erzielbar.

Als solche kommen vor allem in Betracht:

1. Drosselung in der Gas- und Luftleitung.
2. Abblasen eines Teiles der Gase vor der Turbine.
3. Veränderung der Düsenquerschnitte in der Turbine.

Am wirtschaftlichsten ist die Regelung nach 3., am leichtesten zu verwirklichen sind die Regelungen nach 1. und 2.

Die Regelung des Düsenquerschnittes läßt sich mit Diagramm Abb. 137 besonders einfach untersuchen: Man ermittelt, wie oben angegeben, die Verhältnisse auf der Turbinenseite, erhält aus Feld I v_e im engsten Querschnitt der Düse und damit

$$\mu F = \frac{G_{sek} \cdot v_e}{c_o}. \tag{113}$$

μF über der Höhe aufgetragen, gibt die erforderliche Querschnittveränderung der Düse.

Bei der Untersuchung von Abblasregelungen ist die Rechnung für verschiedene Werte von b zu wiederholen, bis bei gleichbleibendem μF

$$b \cdot G_{sek} = \frac{\mu F \cdot c_o}{v_e} \tag{114}$$

wird. Die gleiche Bedingung mit $b = 1$ muß bei der Drosselregelung erfüllt sein.

Erreicht der Abgasturbolader seine Grenzdrehzahl (Beanspruchungsgrenze), so muß im weiteren auf gleichbleibende Laderdrehzahl geregelt werden.

Eine genauere Ermittlung der Zusammenhänge ist möglich, wenn auch das Turbinenkennfeld bekannt ist. Es läßt sich für jede Höhe das im Abschnitt B, II, 4 angegebene Verfahren anwenden und dabei auch der Einfluß der Anfangstemperatur auf das Laderkennfeld berücksichtigen.

Wenn es bei genügend hohen Kennziffern τ erreicht wird, daß der Lader mit einem Aufstau auf p_o vor der Abgasturbine getrieben wird, dann arbeitet der Motor selbst als Bodenmotor, ohne daß Arbeit für die Verdichtung der Luft abgezweigt werden muß. Es lassen sich dann mit Abgasturboaufladung in der Höhe Brennstoffverbräuche erzielen, die ungefähr gleich den Verbräuchen am Boden sind.

Ein weiterer wesentlicher Vorteil des Abgasturboladers liegt in dem Wegfall der mechanischen Kupplung von Lader und Kurbeltriebwerk.

8. Der Zweitaktmotor mit Abgasturbospülpumpe.

Unter bestimmten Voraussetzungen ist es möglich, die Spülpumpe von Zweitaktmotoren durch eine Abgasturbine anzutreiben. Man erhält dadurch besonders wirtschaftliche Anlagen.

Zur Beurteilung der Bedingungen, unter denen Abgasturbospülung möglich ist, geht man wieder von den für die Stauturbine geltenden Beziehungen aus. Zur Berücksichtigung der Druckschwankungen im Auspuffrohr vor der Turbine rechnet man während der Spülung mit einem mittleren Gegendruck p_t', die Leistung der Turbine mit dem zeitlichen Mittel p_t. Dieser entspricht der Anzeige eines trägen Manometers, das dauernd, p_t' der eines solchen, das nur während der Spülung mit dem Auspuffrohr verbunden ist. Man wird durch eine zweckmäßige Auslegung des Auspuffrohres trachten, die Differenz $p_t - p_t'$ möglichst groß zu machen. Der Wirkungsgrad der Turbine wird auf das Gefälle $p_t - p_o$ bezogen, die Spülung mit dem wirksamen Gefälle $p_s - p_t$ gerechnet.

Faßt man die Glieder auf der rechten Seite des Ausdrucks (98) zu einer Kennzahl K_t zusammen, so gilt aus der Gleichheit von Turbinen- und Spülgebläseleistung

$$K_t = \frac{\left(\frac{p_s}{p_o}\right)^{\frac{\varkappa-1}{\varkappa}} - 1}{1 - \left(\frac{p_o}{p_t}\right)^{\frac{\varkappa_a-1}{\varkappa_a}}} \tag{115}$$

Für den Luftaufwand benützt man Ausdruck (35)/II, in den an Stelle von p_g der während der Spülung wirksame Gegendruck p_t' eingesetzt wird. Man erhält:

$$\Lambda_o = 4632 \cdot \frac{\sigma_e^{3/2}}{A_e'} \cdot \left(\frac{p_s}{p_o}\right)^{\frac{\varkappa-1}{\varkappa}} \cdot \left(\frac{p_t'}{p_o}\right)^{\frac{1}{\varkappa}} \cdot \frac{T_o}{\sqrt{T_s}} \cdot \sqrt{1 - \left(\frac{p_t'}{p_s}\right)^{\frac{\varkappa-1}{\varkappa}}} \tag{116}$$

Hiezu kommt die Beziehung (107) für die Auspufftemperatur. Bei Viertakt-Ottomotoren ist die Abgastemperatur für den Turbinenbetrieb im allgemeinen zu hoch und erfordert Kühlmaßnahmen, bei Viertakt-Dieselmotoren liegt sie meist gerade im erforderlichen und erträglichen Bereich. Bei Zweitakt-Dieselmotoren ist sie im allgemeinen so tief, daß die Turbine die für das Spülgebläse erforderliche Leistung nur unter besonders günstigen Voraussetzungen aufzubringen vermag.

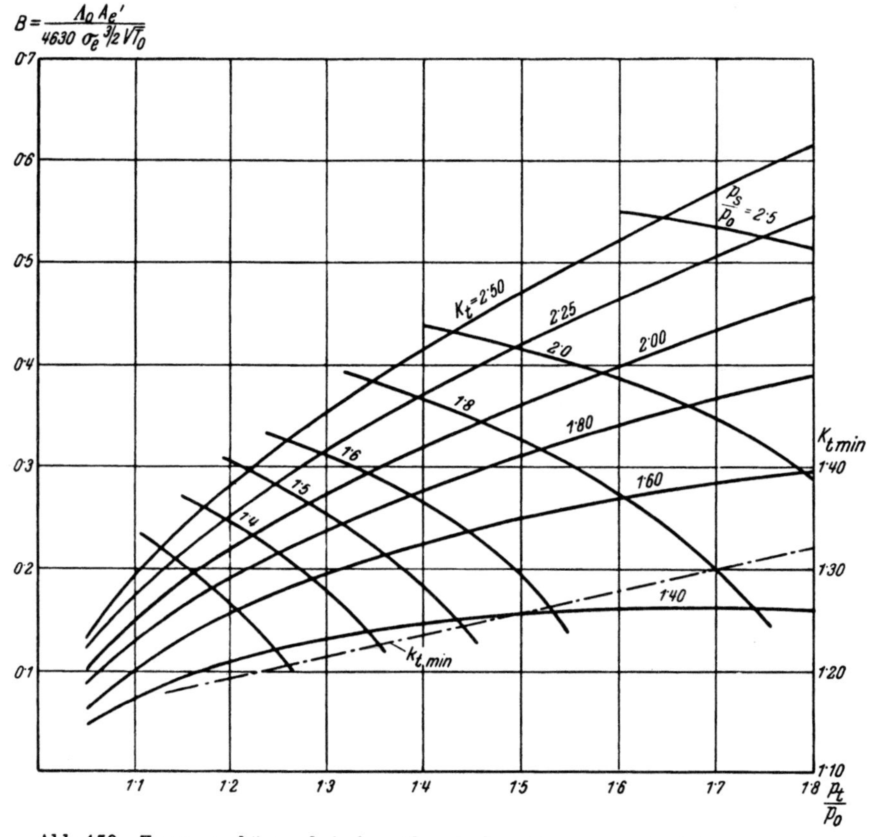

Abb. 139. Zusammenhänge bei der Abgasturbospülung von Zweitaktmotoren.

Die Größen in (107) sind nur vom Verbrennungssystem und den Ladungswechselvorgängen abhängig und damit im wesentlichen gegeben. Eine Beeinflussung von q_a im günstigen Sinne über diese Größen ist nur durch Wahl von Verbrennungssystemen möglich, die einen niederen Wärmeübergang im Zylinder haben, bei denen daher ein hoher Anteil der Brennstoffwärme mit den Abgasen abgeht. Es kommen demnach vor allem Systeme mit direkter Einspritzung für die Abgasturbospülung in Betracht, da bei diesen infolge der verhältnismäßig schwachen Gasbewegung im Zylinder der Wärmeübergang während der Verbrennung verhältnismäßig gering ist.

Im weiteren enthält der Ausdruck (107) den Ladegrad $\lambda_z = \frac{\lambda_1}{\Lambda_0}$. Es muß getrachtet werden, den Ladegrad λ_z möglichst groß zu machen. Ein guter Spülerfolg muß daher mit kleinstmöglichem Luftaufwand erzielt werden. Die Abgasturbinenspülung läßt sich daher nur in Verbindung mit Spülsystemen mit sehr hoch liegender Spülkurve, demnach vor allem bei Gleichstromspülungen ausführen. Nur bei sonst sehr günstigen Umständen kann auch bei sehr guten Umkehr- oder Querspülungen Abgasturbospülung in Betracht gezogen werden. Dem Streben nach großem λ_z steht beim Höchstleistungs-Zweitaktmotor entgegen, daß die Wärmebelastung mit λ_z gleichfalls zunimmt und die Betriebsmöglichkeiten entscheidend beeinflußt. Bei der Untersuchung der Ausführbarkeit von Abgasturbospülung ist daher stets auch die Wärmebelastung des Motors in Betracht zu ziehen.

Für den Ladegrad ist nach (99), (100), (101)/Teil II

$$\lambda_z = \frac{\lambda_{l_0}}{\Lambda_o} = (1 - \sigma_{ab}) \cdot \frac{\varepsilon}{\varepsilon - 1} \cdot \left(\frac{p_{zm}}{p_o}\right) \left(\frac{T_o}{T_s}\right) \left(\frac{p_{zab}}{p_{zm}}\right)^{\frac{1}{\varkappa}} \cdot \left(\frac{1 - e^{-a \cdot \frac{p_0}{p_{zm}} \cdot \frac{T_s}{T_0} \cdot \frac{\Lambda_0}{z_m}}}{\Lambda_o}\right). \quad (117)$$

Mit den angegebenen Ausdrücken ist nun eine überschlägige rechnerische Ermittlung der Zusammenhänge und der allgemeinen Voraussetzungen für die Abgasturbospülung möglich.

Rechnet man mit einer Rückkühlung der Spülluft auf die adiabatische Verdichtungsendtemperatur, so vereinfacht sich der Ausdruck (112). Man erhält für die reine Stauturbine ($p_t = p_t'$), die als ungünstiger Grenzfall zunächst in Betracht gezogen wird, und aus (112) und (116) die in Abb. 139 dargestellten Beziehungen.

K_t muß die in Abb. 139 dargestellten Kleinstwerte $K_{t\,min}$ übersteigen, damit Leistungsgleichheit von Turbine und Spülgebläse überhaupt möglich ist. Man wird für die Ausführung mit einem Kleinstwert von $K_t = 1{,}4$ rechnen müssen.

Die Größe B ist für die Spülverhältnisse und die damit zusammenhängende Schnelläufigkeit der Maschine maßgebend. Je größer B wird, eine um so größere Kennzahl A_e' (siehe Seite 24/II) ist bei sonst gleichen Verhältnissen ausführbar.

Die einzuhaltende Richtung: hohe Werte von K_t und hohe Werte von $\frac{p_s}{p_o}$ für große Werte von B ist aus Abb. 139 klar zu erkennen.

Mit den Werten von $\varkappa_a = 1{,}34$, $R_a = 29{,}0$ und $a = 1{,}03$ nach Seite 105 wird

$$K_t = 1{,}15 \cdot \frac{T_t}{T_o} \cdot \eta_{ad} \cdot \eta_t. \quad (118)$$

Für das Produkt der Wirkungsgrade läßt sich 0,45 als heute gut erreichbarer Wert setzen. Daraus erhält man für $K_t = 1{,}4$ eine Abgastemperatur $T_t = 770^0\,K$, also $t_t \sim$ $\sim 500^0\,C$.

Aus (107) läßt sich nun der mindest erforderliche Ladegrad ermitteln.

In günstigen Fällen (direkte Einspritzung) kann $q_a \sim 0{,}40$ gesetzt werden. Mit

$$C_p \Big/_{o}^{t_A} = 7{,}44 \text{ kcal/Mol}^0\,C,$$

einer Luftüberschußzahl $\lambda = 1{,}5$, $L_o = 12\,m^3/kg$ ($15^0\,C$, 1 at), $\varepsilon = 16$, wird dann

$$\lambda_z = \frac{\lambda_l}{\lambda_o} = 0{,}675.$$

Durch die Spülung muß demnach mindestens ein Ladegrad von 0,675 erreicht werden.

Um die mit einem gegebenen Spülsystem erreichbare Höchstleistung zu ermitteln, ist $\frac{p_s}{p_o}$ anzunehmen. Man erhält aus Abb. 139 dann $\frac{p_t}{p_o}$ und B.

Nach Seite 37/II kann überschlägig $p_{zm} \sim \frac{p_s + p_t}{2}$ und bei normaler Schlitzsteuerung $p_{zab} = p_{za}' = p_{zm}$ gesetzt werden. Es ist weiter

$$T_s = T_o \left(\frac{p_s}{p_o}\right)^{\frac{\varkappa - 1}{\varkappa}},$$

wenn, wie angenommen wird, auf adiabatische Verdichtungstemperatur rückgekühlt wird. Nach Abschnitt (A II 1 g α/II) kann überschlägig mit $\sigma_a - \sigma_e = 0{,}00285 \cdot \sqrt{A_a} - 1{,}2 \cdot 10^{-5} A_a$ gerechnet werden.

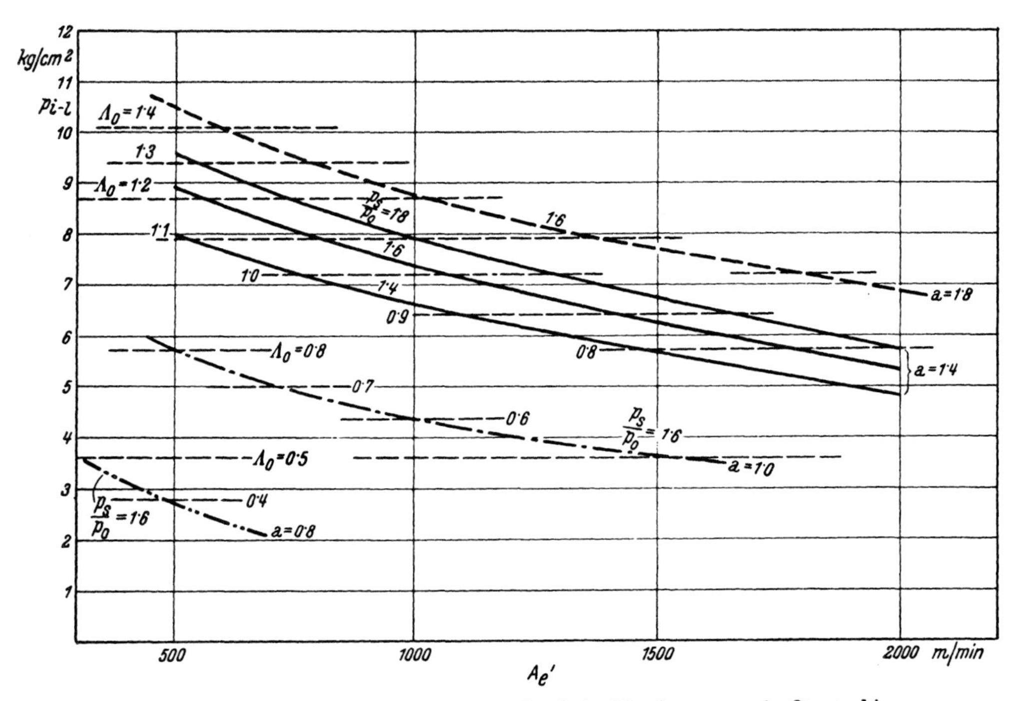

Abb. 140. Abgasturbospülung eines Zweitakt-Dieselmotors mit Stauturbine. $l_o = 18{,}0$ m³/kg; $\eta_{i-l} = 0{,}45$; $K_t = 1{,}4$; $t_t \sim 500°$; $\eta_{it} \cdot \eta_{ad} = 0{,}45$.

Man nimmt zunächst σ_a an, berechnet aus (107) das für das gegebene λ_z zulässige Λ_o. Nun ist σ_e zu schätzen und das zugehörige A_e' zu berechnen. Dem Wert von A_e' ist bei gegebenem Spülsystem ein bestimmter Wert von A_a zugeordnet. Man erhält daraus σ_a und wiederholt die Rechnung mit geänderten Werten von σ_e, bis der angenommene Wert von σ_a gleich dem so ermittelten Wert wird. Im folgenden wurde $A_e' = A_a$ gesetzt.

Abb. 140 zeigt das Ergebnis einer Rechnung mit den obigen Annahmen und $\eta_{i-l} = 0{,}45$. Da die Spülpumpenarbeit durch die Abgasturbine aufgebracht wird, ist

$$p_e = p_{i-l} + p_l - p_r, \tag{119}$$

worin p_l für die vorliegende Überschlagsrechnung vernachlässigt werden kann.

p_{i-l} ist von der Kennzahl A_e' und damit von der Schnelläufigkeit, von $\frac{p_s}{p_o}$ und von der Spülkurve (und damit von a) abhängig.

Besonders ausgeprägt ist die Abhängigkeit von der Spülkurve. Brauchbare Leistungen können bei raschlaufenden Motoren nur mit sehr gutem Spülsystem erzielt werden.

Bei Beurteilung der praktischen Ausführbarkeit der Abgasturbospülung ist zu berücksichtigen, daß ein bestimmter Luftaufwand mit Rücksicht auf die thermische Belastung des Motors nicht unterschritten werden darf. Allgemein gültige Annahmen über diese Luftaufwandsgrenze lassen sich nicht machen. Sie hängt von den besonderen Verhältnissen des Motors, insbesondere von seiner Schnelläufigkeit und von der Kühlung des Kolbens ab und ist im gegebenen Fall durch Versuche zu bestimmen. Nach den vorliegenden Erfahrungen ist anzunehmen, daß bei Schnelläufern der Luftaufwand 1,3 — 1,4 nicht unterschritten werden soll. Maschinen mit größerer Kennzahl A_e können bei reinem Staubetrieb der Abgasturbospülung ohne Aufladung so große Luftaufwände nicht erreichen.

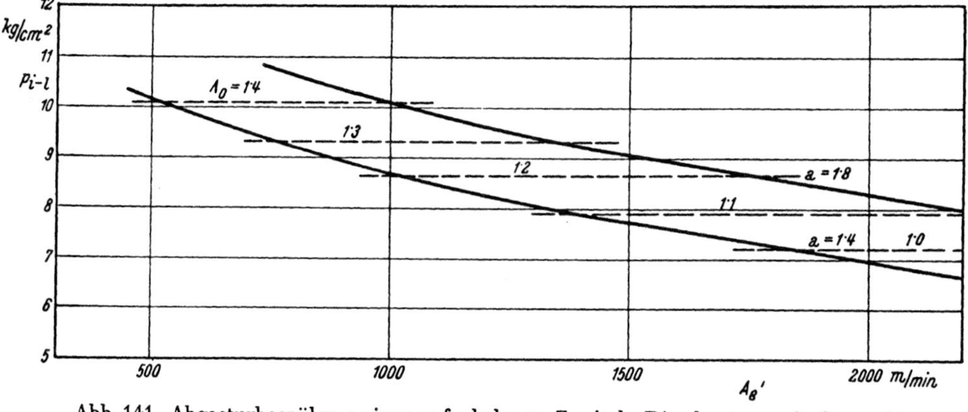

Abb. 141. Abgasturbospülung eines aufgeladenen Zweitakt-Dieselmotors mit Stauturbine. $K_t = 1{,}4$; $\frac{p_s}{p_o} = 1{,}6$.

Mit Aufladung, die ja bei Gleichstromspülung stets verwirklicht wird, liegen die Verhältnisse günstiger.

Abb. 141 zeigt für einen Spüldruck $\frac{p_s}{p_o} = 1{,}6$ und für Spülkurven mit a = 1,4 und 1,8 den mit Aufladung und Abgasturbospülung erreichbaren Innendruck p_{i-l} und die zugehörigen Luftaufwände. Bei der Berechnung von λ_z wurde angenommen, daß beim Abschluß der Einlaßschlitze der Zylinder auf Spüldruck aufgeladen ist. Auch hier liegen die Luftaufwände noch immer verhältnismäßig nieder und nur bei hohen Werten von a, also sehr gutem Spülsystem und nicht sehr hoher Kennzahl A_e' ist es möglich, den Wert von $\Lambda_o = 1{,}3 — 1{,}4$ zu erreichen.

Eine weitere Verbesserung in den allgemeinen Verhältnissen ist durch Ausnützung der Druckschwingungen in der Auspuffleitung zur Erleichterung der Spülung und Verbesserung der Energieausnützung in der Turbine möglich. Der Einfluß der Druckstöße auf die Energieausnützung wird im folgenden Abschnitt besprochen werden. Hier wird zunächst nur mit einer Druckabsenkung während der Spülung auf den Mittelwert p_t' gerechnet.

Setzt man den mittleren Überdruck $p_t' — p_o$ während der Spülung als Bruchteil α des gesamtzeitlich mittleren Überdrucks $p_t — p_o$, also

$$p_t' - p_o = \alpha (p_t - p_o), \tag{120}$$

so kann durch Veränderung von α zwischen 1 und 0 der Einfluß der Absenkung des Gegendrucks im gesamten in Betracht kommenden Bereich untersucht werden.

Nach Abb. 142 ist für $A_e' = 1000$ m/min, also bei einem Motor mäßiger Schnel läufigkeit, bei Schlitzsteuerung mit symmetrischen Steuerzeiten und Umkehr- od Querspülung der Antrieb der Spülpumpe durch eine Abgasturbine nicht möglich Mit Aufladung, also unsymmetrischen Steuerzeiten, läßt sich Abgasturbospülung b Gleichstrom- und guter Umkehrspülung verwirklichen. Bei letzterer allerdings nu dann, wenn eine merkbare Differenz $p_t - p_t'$ durch die Anlage des Auspuffrohr erzielt wird.

Für Umkehrspülung ist $\beta \sin \gamma \sim$ $\sim 0,22$ gut ausführbar. Bei Schnellläufern kann $\mu_m \sim 0,5$ geschätzt werden. Damit wird bei $A_e' = 1000$ m/min und $\frac{r}{l} = \frac{1}{4}$ ein Produkt $Dn = 1000$ m/min verwirklichbar. Bei Gleichstromspülung mit Ventilen im Zylinderdeckel läßt sich ein größerer Wert erzielen, da hier die Einlaßquerschnitte längs des ganzen Umfanges des Zylinders untergebracht werden können. Mit der gleichen Durchflußzahl wie früher erhält man dann $Dn = 2000$ m/min.

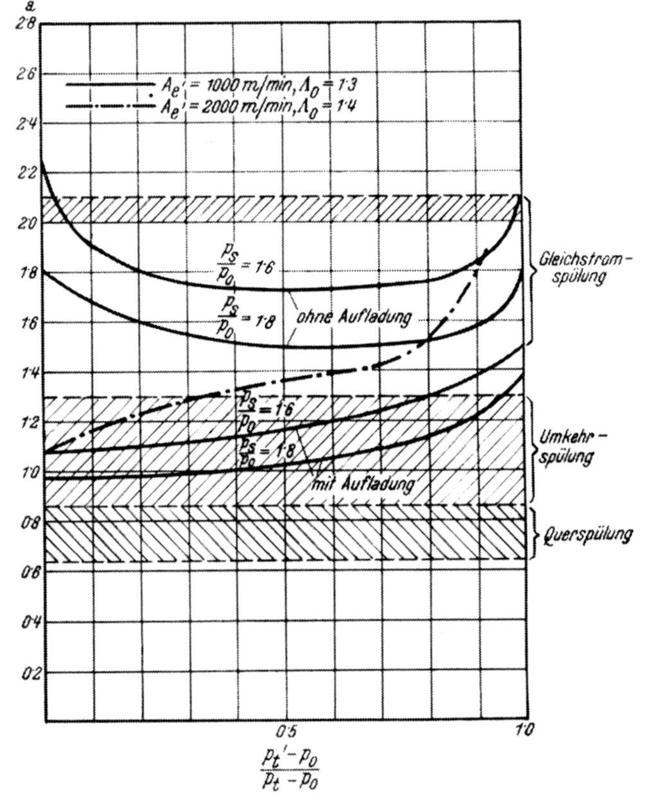

Abb. 142. Abgasturbospülung eines Zweitakt-Dieselmotors. Einfluß der Auswirkung der Druckschwingungen im Saugrohr zur Erleichterung der Spülung.

Die strichpunktierte Kurve in Abb. 142 entspricht einem Wert $A_e' = 2000$ m/min, also ausgesprochenem Schnellauf, und $\Lambda_o = 1,4$, ein Luftaufwand, der wegen der Kühlwirkung erforderlich sein wird. Gleichstromspülung und $p_t - p_t' > 0$ ist hier Voraussetzung für Abgasturbospülung.

Zusammenfassend kann demnach festgestellt werden, daß die Verhältnisse für Abgasturbospülung um so günstiger liegen, je höher die Spülkurve und je größer der Spüldruck ist. Steuerungen mit unsymmetrischen Diagrammen (Aufladesteuerungen) sind normalen Schlitzsteuerungen hinsichtlich der Eignung für Abgasturbospülung überlegen. Zunehmende Kennzahl A_e' vermindert die Eignung des Motors für Abgasturbospülung.

Durch diese Ausführungen wird das Gebiet qualitativ abgegrenzt, in dem Abgasturbospülung von Seite des Ladungswechsels möglich ist.

Infolge der hohen Abgastemperatur und des hohen Aufstaus, die Voraussetzung für die Abgasturbospülung sind, wird der Motor im allgemeinen und die vom Abgasstrom berührten Teile im besonderen bei Abgasturbospülung thermisch sehr hoch beansprucht. Dadurch ist eine Begrenzung des Anwendungsgebietes der Abgasturbospülung gegeben, die dieses gegenüber dem Bereich, in dem sie allein mit Rücksicht auf den Ladungswechsel ausführbar ist, weiter einengen kann. Erfahrungen darüber sind noch nicht veröffentlicht worden. Nach Kenntnis des Verfassers wurde bisher nur der Junkers-Zweitaktmotor Jumo 205 mit Abgasturbospülung ausgeführt. Es ist bekannt, daß bei diesen Motoren die thermische Beanspruchung des Auslaßkolbens außerordentliche Schwierigkeiten bereitet hat, die nur in mühevoller Entwicklungsarbeit überwunden werden konnten.

Einen Einblick in die Verhältnisse einer Doppelkolbenmaschine mit Abgasturbospülung vermittelt die folgende Berechnung, der folgende Annahmen zugrunde liegen: $D = 105$ mm, Hub des Einlaßkolbens $s_e = 160$ mm, Hub des Auslaßkolbens $s_a = 160$ mm, $n = 2200$ U/min.

Es sei ferner $\frac{p_s}{p_o} = 1{,}6$ und entsprechend $\eta_{ad} = 0{,}65$ die Temperatur der Spülluft $T_s = 353^0$, bei $T_o = 288^0$ K. Das Verdichtungsverhältnis ist $\varepsilon = 17$. Der Spülkurve wird nach Abb. 139 ein $a = 1{,}8$ zugrunde gelegt.

Nach Messungen von F. A. F. Schmidt [10] war für eine Gegenkolbenmaschine $q_a = 0{,}43$. Es wird mit einer Luftüberschußzahl $\lambda = 1{,}6$ gerechnet, bei der noch eine nahezu saubere Verbrennung erwartet werden kann.

Nach Seite 133 wird für $K_t = 1{,}4$ bei leicht erreichbarem Wirkungsgrad von Turbine und Spülgebläse $t_t = 500^0$ C.

Aus (107) erhält man mit $C_p\Big/_{o}^{t_A} = 7{,}44$, $L_o = 12$ m³/kg

den Ladegrad: $\lambda_z = \frac{\lambda_{l_0}}{\Lambda_o} = 0{,}67$.

Das relative Zylindervolumen beim Abschluß des Einlasses (Beginn der Verdichtung) ist mit x_a als entsprechendem relativem Kolbenweg des Auslaßkolbens:

$$z_{ab} = \frac{\varepsilon}{\varepsilon - 1} \cdot \left(1 - \frac{\sigma_e \cdot s_e}{s_a + s_e} - \frac{x_a \cdot s_a}{s_a + s_e}\right). \tag{121}$$

Aus Abb. 139 wird $\frac{p_t}{p_o} = 1{,}54$ und wenn man durch entsprechende Auslegung des Auslaßsystems $p_t' - p_o = 0{,}7\,(p_t - p_o)$ erreicht: $\frac{p_t'}{p_o} = 1{,}38$ und $p_{zm} = \frac{p_t' + p_s}{2} = 1{,}492$ kg/cm².

Damit wird (117) für den Ladegrad mit $z_m = 1$

$$0{,}67 = z_{ab} \cdot 1{,}49 \cdot \left(\frac{1{,}6}{1{,}49}\right)^{\frac{1}{1{,}4}} \cdot \frac{288}{353} \left[\frac{1 - e^{-1{,}8 \cdot \frac{1}{1{,}49} \cdot \frac{353}{288} \cdot \Lambda_0}}{\Lambda_o}\right].$$

Eine zweite Beziehung erhält man aus (116). Dieser Ausdruck kann im vorliegenden Fall überschlägiger Berechnung trotz Aufladung angewendet werden, wenn die stärkere Drosselung während des Einströmens durch den sich vorzeitig schließenden Auslaß durch die Wahl von μ_m berücksichtigt wird. Für Doppelkolbenmaschinen wird:

$$A_e' = \frac{D \cdot n \cdot (s_e + s_a)}{s_e \cdot \beta_e \cdot \sin\gamma \cdot \mu_m} \left[1 - \frac{1}{2}\left(\frac{r}{l}\right)_e\right]. \tag{121 a}$$

Die Auswertung eines Versuches von Zeman ergab $\mu_m = 0{,}55$. Die relative Schlitzbreite ist

$$\beta_e \cdot \sin\gamma = 055 \cdot \left(\frac{r}{l}\right)_e = \frac{1}{3{,}8}.$$

Damit wird

$$A_e' = 1330 \text{ m/min}$$

und

$$\Lambda_o = 4632 \cdot \frac{\sigma_e^{3/2}}{1330} \cdot 1{,}6^{0{,}286} \cdot 1{,}38^{0{,}715} \cdot \sqrt{1{,}144 - 1{,}096}.$$

Λ_o und σ_e ist aus den Beziehungen (116) und (117) durch Probieren ermittelbar. Man rechnet mit angenommenem Λ_o aus (116) das zugehörige σ_e, bestimmt x_a aus der bekannten Voreilung der Auslaßkurbel (hier 9° KW angenommen) und rechnet aus (117) den Luftaufwand. Die Annahmen von Λ_0 sind so lange zu verändern, bis angenommenes Λ_0 und der aus (117) berechnete Wert übereinstimmen.

Man erhält im vorliegenden Fall $\underline{\Lambda_o = 1{,}37.}$

Der Innendruck wird mit $\eta_{i-1} = 0{,}43$ (entsprechend dem Gütegrad $\eta_g = 0{,}75$)

$$p_{i-1} = 0{,}0427 \cdot \frac{10.000 \cdot 0{,}43}{1{,}6 \cdot 12{,}0} \cdot 0{,}67 \cdot 1{,}37 = 8{,}75 \text{ kg/cm}^2.$$

Mit einem $p_r \sim 1{,}0 \text{ kg/cm}^2$ wird daraus $p_e = 7{,}75 \text{ kg/cm}^2$ und der Verbrauch

$$\frac{632}{0{,}43 \cdot 10.000} \cdot \frac{8{,}75}{7{,}75} = 0{,}166 \text{ kg/PS.h.}$$

Der Zweitakt-Ottomotor eignet sich infolge seiner wesentlich höheren Abgastemperatur besser zur Abgasturbospülung als der Zweitakt-Dieselmotor. Es steht mehr Abgasenergie zur Abgasturbospülung zur Verfügung als bei diesem und daher erweitert sich der Bereich der Spülsysteme, Luftaufwände und Spüldrücke, in dem Abgasturbospülung energiemäßig möglich ist.

Ein breiteres Anwendungsgebiet wird sich dem Zweitakt-Ottomotor für größere Leistungen nur als Einspritzmotor eröffnen, da nur mit innerer Gemischbildung großer Kraftstoffverlust bei der Spülung vermieden werden kann. Der Einführung des Zweitakt-Ottomotors mit Kraftstoffeinspritzung stellen sich heute noch Schwierigkeiten bei Gemischbildung und Regelung entgegen, von denen vor allem die letzteren noch erhebliche Entwicklungsarbeit erfordern werden. Es ist aber zu erwarten, daß die einschlägigen Probleme gelöst werden können und diese Motorart dann ein größeres Anwendungsgebiet finden wird.

Im nachfolgenden wird ein bestimmter Fall durchgerechnet:

Für $\lambda = 1{,}0$ und $q_a = 0{,}44$ (entsprechend einer von F. A. F. Schmidt [10] für Viertakt-Ottomotoren mitgeteilten Wärmebilanz) wird

$$1{,}045\, t_a - 15^0 = \frac{24{,}4 \cdot 10.400}{1{,}0 \cdot 12{,}5} \cdot 0{,}44 \cdot \lambda_z \cdot \frac{1}{7{,}70}.$$

Läßt man nur $t_a = 600^0$ C zu, um ohne Schaufelkühlung bei der Turbine durchzukommen, so wird

$$\lambda_z = 0{,}525.$$

Mit $\varkappa_a = 1{,}32$, $R_a = 29{,}3$ und dem Gewichtsverhältnis $a = 1{,}045$ und $\eta_t \cdot \eta_{ad} = 0{,}45$ wird

$$K_t = 1{,}235 \cdot \eta_t \cdot \eta_{ad} \cdot \frac{T_t}{T_o} = 1{,}7.$$

Für einen Schnelläufer mit einer Kennzahl $A_e' = 2000$ m/min, einem Luftaufwand $\Lambda_0 = 1{,}35$ soll nun der Kennwert a der Spülkurve ermittelt werden, den diese wenigstens haben muß, damit Abgasturbospülung möglich ist.

Aus Abb. 139 wird mit den obigen Werten von K_t und $\left(\frac{p_s}{p_0}\right)$ nach dem Motor $\left(\frac{p_t}{p_0}\right) = 1{,}44$. Rechnet man wieder mit einer Druckverminderung während der Spülung auf 0,7 $(p_t - p_0)$, so wird $p_t' = 1{,}31$ kg/cm².

Die erforderliche Einlaßschlitzlänge ist durch (118)/II zu ermitteln. Mit $T_s = 353^0$ wird $\sigma_e = 0{,}225$ und aus (118)/II $\sigma_a - \sigma_e = 0{,}10$, daher $\sigma_a = 0{,}325$.

Für Steuerungen mit symmetrischen Steuerzeiten, also ohne Aufladung, kann angenähert $p_{zm} = \frac{p_t' + p_s}{2}$, $p_{za}' = p_{zm}$ gesetzt werden. Es ist daher mit $\varepsilon = 7$ aus (117)

$$\underline{\underline{a = 1{,}27.}}$$

d. h. Abgasturbospülung wäre bei diesen Annahmen mit einer sehr guten Umkehrspülung ausführbar. Durch Vergrößerung von $\frac{p_s}{p_0}$, durch verstärkte Druckabsenkung während der Spülung und durch Aufladung ließe sich der Bereich der zulässigen a-Werte nach unten erweitern.

Bei einem Innenwirkungsgrad von $\eta_{i-1} = 0{,}33$ läßt sich mit diesem Λ_0 ein Wert von

$$p_{i-1} = 0{,}0427 \cdot \frac{10.400 \cdot 0{,}33}{1{,}0 \cdot 12{,}5} \cdot 1{,}35 \cdot 0{,}525 = 8{,}3 \text{ kg/cm}^2$$

erreichen. Rechnet man wieder mit $p_r = 1{,}0$ kg/cm², so wird $p_e = 7{,}3$ kg/cm² und $b_e = 0{,}216$ kg/PS.h (bezogen auf $H_u = 10.000$ kcal/kg). Abgasturbospülung ist daher grundsätzlich auch für ausgeprägte Schnelläufer mit normalen Schlitzsteuerungen ausführbar. Durch Variation der Annahmen über Spüldruck, Kennzahl A_e' können Übersichtsdiagramme gezeichnet und die Bereiche abgegrenzt werden, in denen Abgasturbospülungen ausführbar sind. Die qualitativen Abhängigkeiten sind gleich wie bei Dieselmotoren, die Bereiche der Ausführbarkeit gegenüber diesen erweitert.

Die Untersuchungen sind in gegebenen Fällen den in Betracht kommenden Spül- und Verbrennungssystemen anzupassen. Dazu sind die Kenngrößen, wie Durchflußzahlen des Spülsystems, Spülkurve, Wärmeanteil q_a, λ und η_{i-1} der auszuführenden Verbrennungsverfahren zu ermitteln und dem Entwurf der Übersichtsblätter zugrunde zu legen. Je umfangreicher das Erfahrungsmaterial an Grundwerten ist, das für solche Untersuchungen zur Verfügung steht, desto treffsicherer lassen sich diese gestalten.

9. Die Druckschwankungen in der Abgasleitung vor der Turbine, der Gegendruck während Ladungswechsel und Spülung, die Ersatzstauturbine.

Es wurde schon erwähnt, daß die reine Stauturbine keineswegs eine ideale Vorrichtung zur Ausnützung der Abgasenergie ist, da sie die Arbeitsfähigkeit der Abgase infolge unvollständiger Expansion nur zu einem ganz geringen Bruchteil ausnützt.

Die reine Stauturbine wurde bei praktischen Ausführungen niemals verwirklicht, man ist ihr aber bei den ersten Ausführungen von Abgasturboaufladung durch Ausführung großer Sammelbehälter vor der Turbine recht nahegekommen. Im Lau der Entwicklung wurde vom Grenzfall der reinen Stauturbine immer mehr abgerück durch eine Verengung der Auspuffleitung die Druckschwankungen in dieser ve stärkt und damit zwei Wirkungen erzielt:

1. kann durch eine entsprechende Lagerung der Druckwellen die Spülung erleich tert werden. Dazu muß während der Spülung in der Auspuffleitung sich nach den spülenden Zylinder ein Drucktal befinden,

2. kann ein Teil der Arbeitsfähigkeit, welche die Abgase infolge unvollständige Expansion besitzen (Fläche I a in Abb. 143), durch Druckwellen der Turbine zugeleite und von dieser ausgenützt werden.

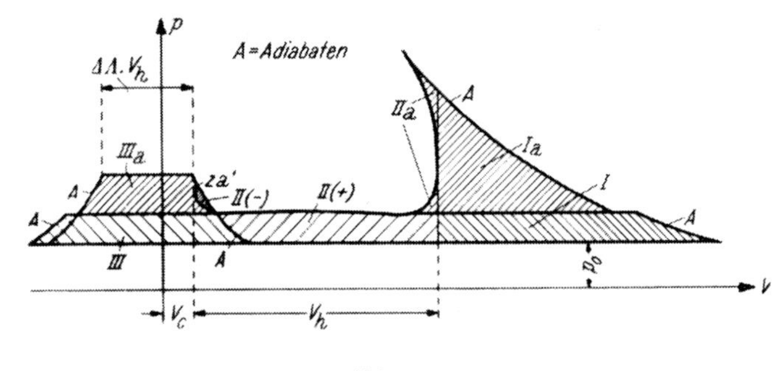

Abb. 143.

Abb. 144 enthält nach Pflaum [26] Diagramme von Abgasleitungen vo Maschinen mit Abgasturboaufladung aus verschiedenen Baujahren. Die Druck- differenz $p_L - p_t$ wurde während der Spülung im Zuge der Entwicklung vergrößert die Spülung dadurch erleichtert. Abb. 145 zeigt den Druckverlauf in der Abgasleitung einer Maschine neuerer Bauart bei verschiedenen Belastungen. Durch entsprechende Ausbildung des Auspuffrohres und des Anschlusses an die Turbine werden kräftige Druckwellen erzeugt, die durch tiefe Täler getrennt sind.

Die Spülwirkung ist für die Auflademaschinen, wie zahlreiche Beobachtungen gezeigt haben, von entscheidender Bedeutung, weniger wegen der summarischen Wärmeabfuhr, die nicht sehr groß ist, sondern weil die Wärme den thermisch hoch- beanspruchten Teilen (Kolben und Auslaßventil) entzogen wird. Da die ausführbare Ventilüberschneidung, wie früher besprochen, konstruktiv durch die Rücksicht auf für die Verbrennung günstige Brennraumformen begrenzt ist, kann die Spülwirkung nach Erreichen der Grenze für die Ventilüberschneidung (etwa 140° KW bei Diesel- motoren) nur mehr durch Erhöhung der wirksamen Druckdifferenz verbessert werden.

In bezug auf die Energieverhältnisse ist zu beobachten, daß nach den Ausfüh- rungen in Abschnitt B, II, 2 die Leistung der Turbine nach Abb. 143 aus drei Quellen stammt:

1. aus der Arbeitsfähigkeit der Abgase infolge unvollständiger Expansion (Fläche I),

2. aus der Mehrarbeit des Kolbens während des Auslasses gegenüber der verlust- losen Maschine (Fläche II),

3. aus der Arbeitsfähigkeit der Spülluft (Fläche III). Die durch die Flächen I a, II a und III a dargestellte Arbeit wird überwiegend zunächst in kinetische Energie verwandelt und dann verwirbelt, demnach nur zum kleinen Teil zum Betrieb der Turbine ausgenützt.

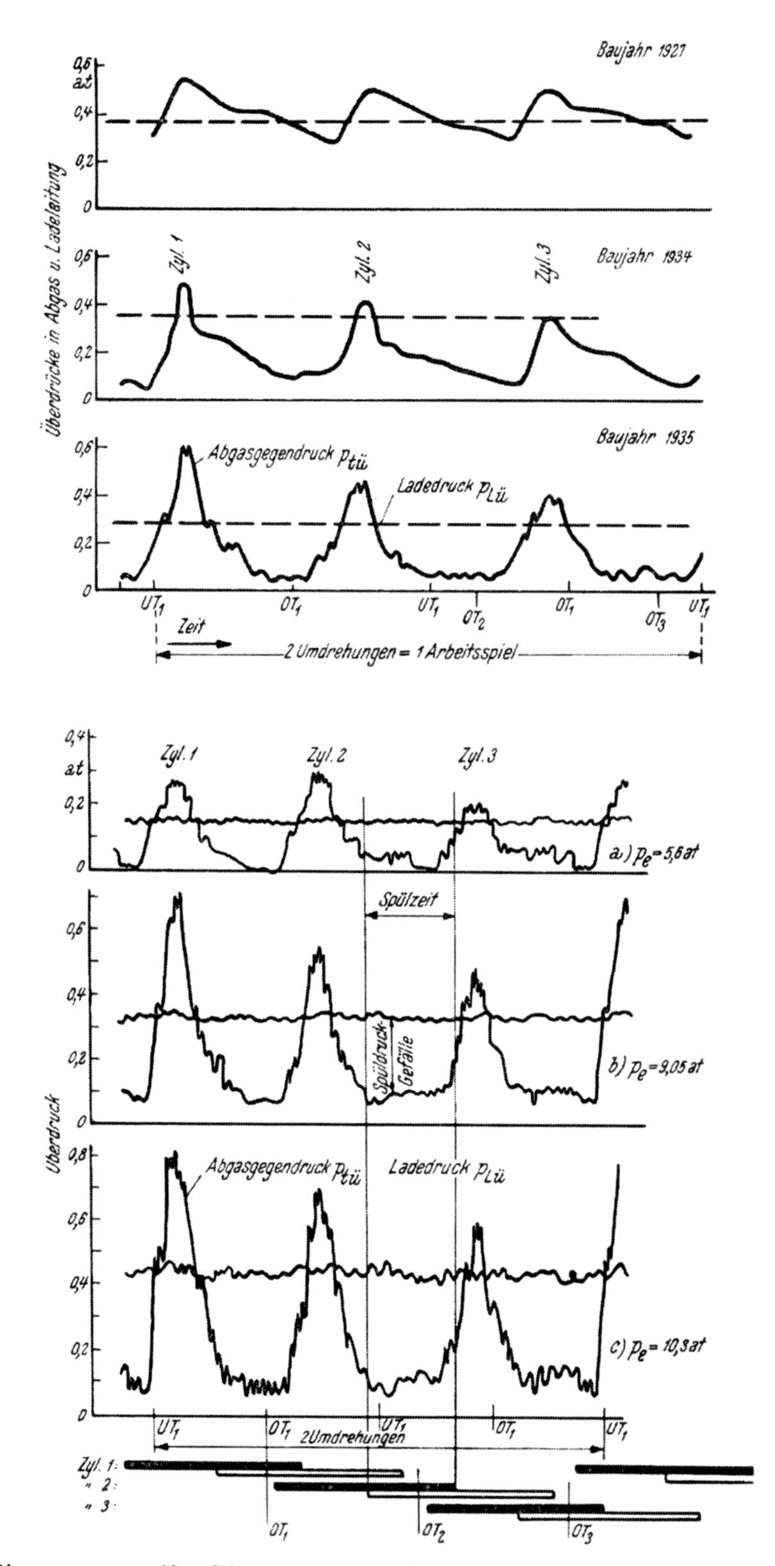

Abb. 144. Diagramme von Abgasleitungen von Maschinen mit Abgasturboaufladung aus verschiedenen Baujahren. Nach Pflaum.

Die Fläche II kann durch Aufstau so weit vergrößert werden, als es der Energi haushalt des Aufladeaggregats erfordert. Je besser die Energien, entsprechend d(Flächen I a, II a und III a, demnach in der Turbine ausgenützt werden, desto klein kann die Fläche II gemacht werden, desto kleiner ist demnach der Gegendruck wäl rend des Ausschiebens. Ein Gewinn an Ausnützung der oben angegebenen Fläch(kommt demnach der Motorleistung über die Ladungswechselarbeit zugute und erhöl dadurch unmittelbar Innendruck und Wirtschaftlichkeit des Motors.

Die Verhältnisse bei der Energieübertragung durch Druckwellen wurden durc Teil I (Abschnitt B, VI) dargestellt. Im weiteren wird darauf noch eingegangen.

Bei Viertaktmotoren berührt der Grad der Ausnützung der Abgasenergie d Wirtschaftlichkeit des Motors, im allgemeinen aber nicht die Ausführbarkeit der Au ladung überhaupt.

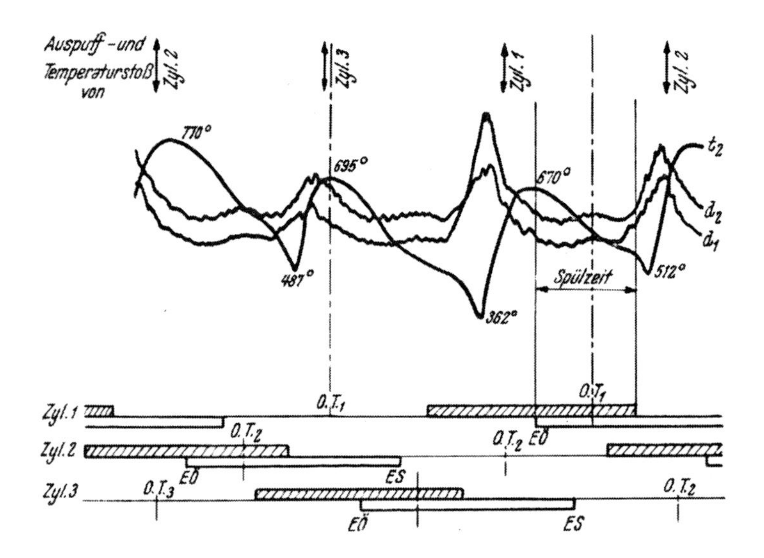

Abb. 145. Druck- und Temperaturverlauf an zwei Stellen der Abgasleitung einer neuzeitlichen Sechszylinder-Auflademaschine. n = 700 U/min. Nach Pflaum.

Bei Zweitaktmotoren ist die Abgasenergie wesentlich knapper als beim Viertakt und es hängt daher vielfach die Ausführbarkeit der Abgasturbospülung davon ab, daß genügend Teile der Arbeitsflächen I a, II a und III a in der Turbine ausgenützt werden können.

In beiden Fällen, beim Viertakt und beim Zweitakt, liegt die weitere Entwicklung des Abgasturboantriebes von Lader bzw. Spülpumpe vor allem in der Verbesserung der Energieübertragung zur Turbine. Von Verbesserungen auf der Laderseite und beim Ladungswechsel im Zylinder ist nicht mehr sehr viel zu erhoffen.

Da sich damit das Interesse bei der weiteren Entwicklung vor allem auf die Abgasseite konzentrieren wird, werden im folgenden die Verhältnisse auf dieser näher untersucht.

Die Vorausberechnung der Energieausnützung und die theoretische Erfassung der Energieübertragung auf die Turbine ist auf folgende Weise möglich:

Wie im Abschnitt B, IV des Teils I gezeigt wurde, ist es bei gegebenen Steuerdaten des Auslaßventiles, gegebenen Durchflußzahlen und Auspuffrohrabmessungen möglich, die im Auspuffrohr entstehenden Druck- und Geschwindigkeitswellen mit gewissen Vereinfachungen vorauszuberechnen. Dabei wird die Turbinendüse als Drosselöffnung aufgefaßt und die Rückwurfverhältnisse an dieser in bekannter Weise ermittelt. Man erhält auf diese Weise den Druckverlauf vor der Turbinendüse.

Der Temperaturverlauf im Auspuffrohr läßt sich bestimmen, wenn man berücksichtigt, daß die aus dem Zylinder austretenden Gasteile infolge der Verwirbelung, die unmittelbar hinter dem Auslaßventil nahezu die gesamte kinetische Energie in Wärme umsetzt, annähernd die Temperatur T_z annehmen, die sie im Zylinder hatten.

Ist $\triangle V_a$ das im Zeitintervall austretende Volumen im Zustand im Zylinder, so wird die Länge dieses Gasvolumens in der Auspuffleitung

$$\triangle l = \frac{\triangle V_a}{F_l} \cdot \frac{p_z}{p_t} \tag{122}$$

und seine Temperatur T_z. Man kann nun entweder vereinfacht mit einem mittleren Druck im Auspuffrohr rechnen, also den Einfluß der Druckwellen auf das Volumen vernachlässigen oder nach Teil I, Abschnitt B, IV, 1 durch Ermittlung der individuellen Verschiebungen die Wege der einzelnen Teile und ihre Volumsänderung (damit auch ihre Temperaturänderung) berücksichtigen.

Man erhält damit ein mehr oder minder angenähertes Abbild der Temperaturverteilung im Rohr und den Temperaturverlauf vor der Turbinendüse. Der Druckverlauf muß jedoch mit einer gleichbleibenden, mittleren Temperatur im Rohr berechnet werden, um mit den abgeleiteten Beziehungen und erträglichem Rechenaufwand auskommen zu können.

Aus dem Druck- und Temperaturverlauf vor der Düse erhält man nun die Turbinenleistung:

$$N_t = \frac{1}{75} \cdot \frac{1}{360\,i} \cdot \int\limits_0^{360\,i} \frac{c_1^2}{2g} \cdot G_{sek} \cdot \eta_{tu} \cdot d\alpha - N_{tr}. \tag{123}$$

Es ist $i = 1$ beim Zweitakt und $i = 2$ beim Viertakt.

Ist der Zustand vor der Düse der Turbine T_t, p_t und die Zuströmgeschwindigkeit zur Düse c_{zu}, so ist Druck und Temperatur durch

$$p_{t_0} = p_t + \frac{c^2_{zu}}{2g} \cdot \frac{p_t}{RT_t}, \tag{124}$$

$$T_{t_0} = T_t\left(1 + \frac{\varkappa_a}{\varkappa_a - 1} \cdot \frac{\triangle p_L}{p_L}\right) \tag{125}$$

auf $c_{zu} = 0$ umzurechnen. Aus

$$c_1 = \varphi \sqrt{\frac{\varkappa_a}{\varkappa_a - 1} \cdot 2g \cdot RT_{t_0} \left[1 - \left(\frac{p_o}{p_{L_0}}\right)^{\frac{\varkappa_a - 1}{\varkappa_a}}\right]} \tag{126}$$

$$\text{und } G_{sek} = \mu F_{red} \cdot \psi \cdot \frac{p_{L_0}}{\sqrt{RT_{t_0}}} \tag{127}$$

ist die Turbinenleistung berechenbar. η_{tu} ist im wesentlichen nur von $\frac{u}{c_1}$ abhängig. Die Wirkungsgradkurve ist durch Versuch zu ermitteln oder nach Erfahrungswerten anzunehmen. Es ist zu beachten, daß Kurven benützt werden müssen, bei denen der Stoß berücksichtigt wird.

N_{tr} ist der Leistungsaufwand zur Überwindung der Radreibung und der mechanischen Reibung der Turbine.

Rechnet man mit $\eta_{tü} = 1{,}0$ und $N_{tr} = 0$, so erhält man die Leistung der vollkommenen Turbine N_{tv}.

Der Turbinenwirkungsgrad η_t ist dann

$$\eta_t = \frac{N_t}{N_{tv}}. \tag{128}$$

Setzt man die Summe der Arbeitsflächen I, II und III des Diagramms eines Zylinders in Abb. 143 ins Verhältnis zur Arbeit, die in der Turbine geleistet wird, so erhält man den Gesamtwirkungsgrad der Turbinenseite η_T:

$$\eta_T = \frac{75\, N_t \cdot 60\, i}{n \cdot z \cdot L_{I+II+III}} = \eta_{tü} \cdot \eta_t. \qquad (z = \text{Zylinderzahl}) \tag{129}$$

Der Gesamtwirkungsgrad läßt sich teilen in einen Wirkungsgrad der Energieübertragung zur Turbine $\eta_{tü}$ und den Turbinenwirkungsgrad im engeren Sinn. Darin ist

$$\eta_{tü} = \frac{75 \cdot N_{tv} \cdot 60 \cdot i}{n \cdot z \cdot L_{I+II+III}} \tag{130}$$

Mit additiven Gliedern ausgedrückt, wird

$$L_{I+II+III} = \frac{75 \cdot N_t \cdot 60 \cdot i}{n \cdot z} + L_{vt} + L_{vü} \tag{131}$$

mit L_{vt} als Verlust in der Turbine, $L_{vü}$ als Verlust der Übertragung. Verbesserungsfähig ist vor allem die Energieübertragung. Bei dieser entsteht der größte Verlust nach dem Auslaßventil durch Verwirbelung der kinetischen Energie des Gasstromes nach dem Ventilspalt.

Eine Beeinflussung des Verlustes ist möglich durch die im Auspuffrohr entstehenden Druckwellen und durch Rückumsetzung eines Teiles der kinetischen Energie nach dem Ventil in Verdichtungsarbeit.

Der Einfluß der Druckwellen auf die Energieübertragung zur Turbine läßt sich unter der Voraussetzung, daß man jede Rückumsetzung der kinetischen Energie in Verdichtungsarbeit nach dem Ventil ausschließt, durch Berechnung von N_{tv} nach den früher angegebenen Verfahren ermitteln. Durch Variation der maßgebenden Verhältnisse, Ventileröffnungskurve und Leistungsquerschnitt, lassen sich die Zusammenhänge zwischen diesen Größen und dem Verlust bei der Energieübertragung $L_{vü}$ ermitteln.

Eine teilweise Rückumsetzung der kinetischen Energie des Gasstromes nach dem Ventil in Verdichtungsarbeit könnte durch experimentelle Untersuchungen über verlustarme Ventilkanalformen angestrebt werden. Es ist jedoch zu berücksichtigen, daß im allgemeinen die Freiheiten in der Gestaltung des Ventilkanals durch konstruktive Erfordernisse wesentlich eingeengt sind. Je kleiner $L_{vü}$ in (131) wird, desto kleiner braucht der Gegendruck während des Ladungswechsels sein, desto größer wird daher die (positive) Ladungswechselarbeit p_l und damit p_i.

Wie schon erwähnt, ist für die Gestaltung des Auslaßsystems noch ein zweiter Gesichtspunkt maßgebend und im allgemeinen in erster Linie bestimmend: Die Erleichterung der Spülung durch Herabsetzen des Gegendruckes während derselben.

Der Gegendruck während der Spülung und die gespülte Luftmenge können durch die schrittweise Berechnung (Teil I) unmittelbar ermittelt werden. Wiederholte Rechnung unter Variation der Abmessungen des Kanalsystems gibt die Bedingung für optimale Auslegung.

Beim Entwurf des Auspuffsystems sind mit Rücksicht auf Spülung und Energieübertragung vor allem folgende Größen richtig anzunehmen bzw. abzustimmen:

a) Die Zahl der Zylinder, die in ein Auspuffrohr ausblasen,

b) der Querschnitt des Auspuffrohres.

Zu a): Die Zahl der Zylinder, die in ein Auspuffrohr ausblasen, ist bestimmt durch die Rücksicht auf die Spülung. Während der Spülung eines Zylinders darf durch das Rohr keine Vorauspuffwelle gehen. Da mit einer Vorauspuffwelle von 80^0—100^0 KW und Dauer einer Ventilüberschneidung bei Viertaktmotoren bis 140^0 KW gerechnet werden muß, ist die Zahl der Zylinder, die in ein Auspuffrohr ausblasen können, im allgemeinen auf drei begrenzt, liegt aber auch manchmal darunter (2). Damit ergeben sich nach M a y r [27] bei Mehrzylindermaschinen die in Band 12, Abb. 10, dargestellten Auspuffrohranordnungen.

Bei Zweitaktmotoren muß im allgemeinen für je ein bis zwei Zylinder eine Auspuffleitung vorgesehen werden, um ein Überschneiden von Spülung und Vorauspuff zu verhindern.

Zu b): Der Druckverlauf in der Auspuffleitung hängt wesentlich von den Reflexionsverhältnissen am turbinenseitigen Ende ab.

In bezug auf die Energieübertragung ist es offenbar am günstigsten, wenn die gesamte potentielle und kinetische Energie der Druckwelle gegenüber dem Druckniveau p_0 durch die Düse der Turbine zugeführt wird. In diesem Fall erfolgt keine Reflexion an der Düse, die Druckwelle wird von der Düse ohne Rückwurf verschluckt.

Man erhält unter diesen Bedingungen auch einen für die Spülung günstigen Druckverlauf, bei dem nach Abb. 145 die einzelnen Auspuffwellen durch tiefe Drucktäler getrennt sind, da diese nicht durch reflektierte Wellen aufgefüllt werden.

Die Bedingungen für Reflexionsfreiheit lassen sich nicht vollständig erfüllen, immerhin läßt sich die reflektierte Welle doch weitgehend abschwächen. Im Teil I wird im Abschnitt B, III, 3, c auf diese Zusammenhänge hingewiesen. Nach Kenntnis des Verfassers hat P i s c h i n g e r die Bedingung der Reflexionsfreiheit an der Turbine zuerst als wesentlich für günstige Betriebsverhältnisse erkannt.

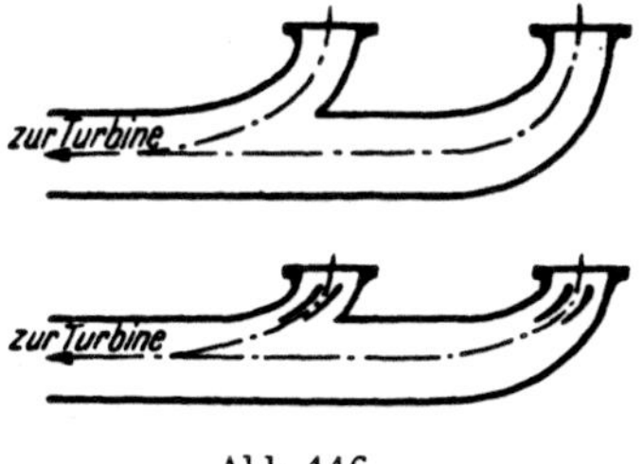

Abb. 146.

Schwacher Rückwurf an der Turbine erfordert ein bestimmtes Querschnittverhältnis vom Rohr zur Düse, das nach Teil I/B, III berechnet werden kann. Die absolute Größe des Rohrquerschnitts ergibt sich aus diesem Verhältnis und dem mit Rücksicht auf den erforderlichen Aufstau zu bemessenden Düsenquerschnitt.

Nach F. A. F. S c h m i d t [10] sind die Rohrleitungen von schnellaufenden Motoren (Flugmotoren) nach mittleren Gasgeschwindigkeiten von 60—80 m/sek zu bemessen. R e u t e r [23] empfiehlt, wohl vor allem für größere Maschinen geringerer Schnelläufigkeit, mittlere Gasgeschwindigkeiten von 35—50 m/sek. Die in jedem Fall zweckmäßigsten Werte können durch Rechnung angenähert und durch Versuche genauer bestimmt werden.

Von besonderer Bedeutung ist die strömungstechnisch richtige Gestaltung de Auslaßrohrsystems vor der Turbine. Durch Verbesserungen in der Formgebung de Kanäle nach den Ventilen läßt sich der Teil der Arbeitsfläche I a und III a in Abb. 14 der als ausnützbare Energie an die Turbine herangebracht werden kann, vergrößer

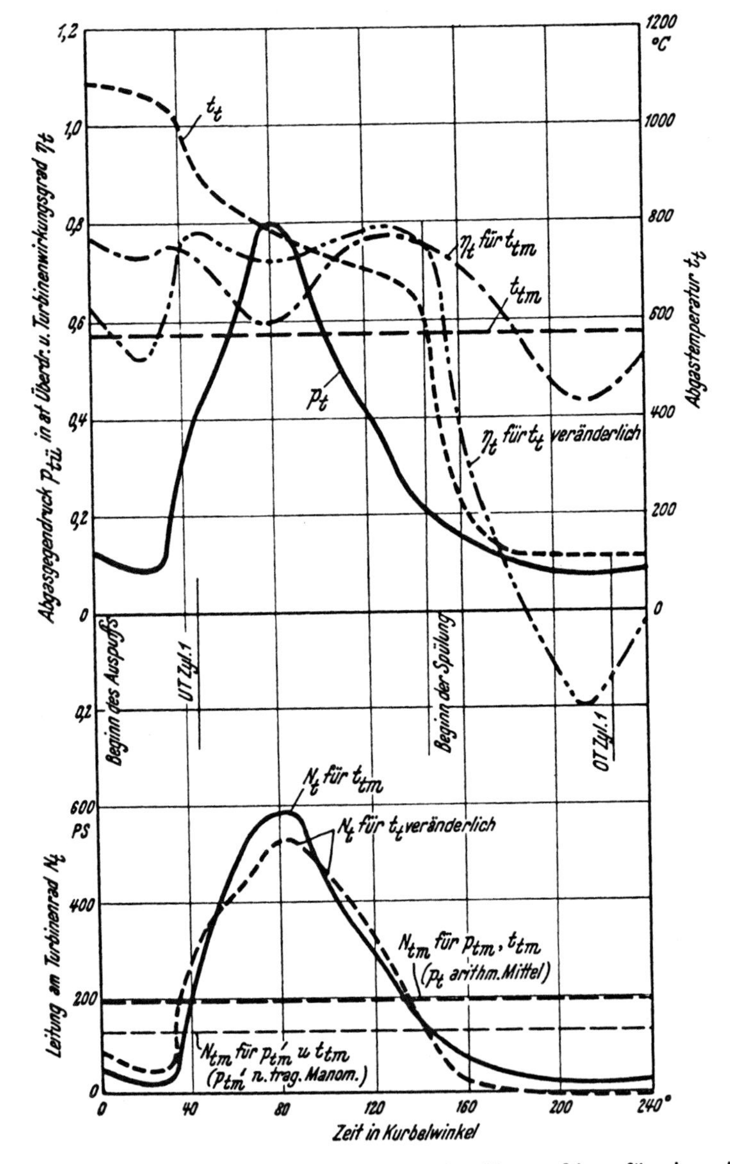

Abb. 147. Zeitlicher Verlauf von Wirkungsgrad und Leistung der Abgasturbinen für einen Auspuffvorgang bei verschiedenem Druck- und Temperaturverlauf. Nach Pflaum.

und dadurch sowohl der Gesamtwirkungsgrad der Anlage wie auch die Spülung verbessern. Ausbildung der Einmündung nach Abb. 146 haben nach Reuter nicht unerheblichen Gewinn an Aufladung und damit an Leistung gebracht. Untersuchungen über die strömungstechnisch zweckmäßige Ausbildung des Auslaßsystems könnten weitere Verbesserungen ermöglichen. Sehr empfindlich sind die Aufladeanlagen hinsichtlich Verluste durch Undichtigkeiten oder durch Drosselungen im Einlaß- oder

Auspuffsystem. Vor allem der Zufluß zum Lader und der Abfluß von der Turbine sollen so bemessen werden, daß Drosselungen vermieden werden. Die erforderliche Ausschaltung von Druckschwankungen nach der Turbine führt auf die gleiche Forderung nach weiten Auspuffleitungen und großen Auspufftöpfen.

Die in den früheren Abschnitten abgeleiteten Ausdrücke bezogen sich ausschließlich auf Stauturbinen. Um sie mit möglichst guter Annäherung auf die praktisch ausgeführten Turbinen mit Ausnützung der Auspuffstöße anwenden zu können, müssen Beziehungen zwischen beiden Bauarten hergestellt und der Turbine mit wechselndem Druckgefälle (kurz als Auspuffturbine bezeichnet) die äquivalente Stauturbine zugeordnet werden.

Die einfachste und im allgemeinen übliche Art der Zuordnung besteht darin, daß man, bei mit trägem Manometer gemessenen Druck, als Staudruck bezeichnet, den Wirkungsgrad der Stauturbine so annimmt, daß sie, mit diesem Druck und der gleichfalls mit trägem Thermometer gemessenen Temperatur betrieben, die gleiche Leistung wie die Auspuffturbine hat. Den Gegendruck während der Spülung führt man als Bruchteil des Stauüberdruckes in die Rechnung ein. Der Gegendruck während des Ausschiebens wird im allgemeinen gleich dem so ermittelten Staudruck gesetzt.

Man erhält auf diese Weise Turbinenwirkungsgrade, die nach Abb. 138 über denen einer Stauturbine liegen, jedoch nur scheinbare Wirkungsgrade sind, da die in den Druckwellen zugeführte Energie nicht vollständig berücksichtigt wird.

In Wirklichkeit sind die Wirkungsgrade der Auspuffturbine infolge der Stöße beim Eintritt, der ja nur für ein Verhältnis $\frac{u}{c_1}$ stoßfrei gestaltet werden kann, niederer als die der Stauturbine, wenn auf die tatsächlich zugeführte Energie bezogen wird.

Wenn der Druck- und Temperaturverlauf vor der Turbine ermittelt ist (Berechnung oder Messung), läßt sich, wie oben angegeben, die Leistung der Auspuffturbine berechnen und der Druck vor der Stauturbine dann so annehmen, daß sie die gleiche Leistung gibt. Der mittlere Druck während der Spülung rechnet sich mit guter Annäherung aus

$$\sqrt{p_{L,s} - p_t'} = \frac{\int f_e \cdot \sqrt{p_{L,s} - p_t} \cdot d\alpha}{\int f_e \, d\alpha} \tag{132}$$

und der mittlere Gegendruck während des Ausschiebens beim Viertakt, indem man p_t in Abhängigkeit vom Kolbenweg aufträgt und daraus p_g ermittelt.

Pflaum hat aus dem mit Oszillographen aufgezeichneten und mit piezoelektrischen Geräten und feinen Thermoelementen aufgenommenen Druck- und Temperaturverlauf die Leistung der Turbine mit verschiedenen Vereinfachungen berechnet und mit der gemessenen Leistung verglichen. Abb. 147 zeigt den Temperatur- und Druckverlauf vor der Turbine und ihren Leistungsverlauf, wobei allen Rechnungsgängen die gleiche Wirkungsgradkurve $\eta_{tu} = f\left(\frac{u}{c_1}\right)$ für stoßfreien Eintritt zugrunde gelegt wurde.

Zahlentafel 4 zeigt die Leistungen, die bei verschiedenen Rechnungsgängen erhalten wurden:

Zahlentafel 4.

Gemessene und berechnete Leistungen von Abgasturbinen bei verschiedenen Rechnungsgängen.

Verfahren	Gemessen	I	II	III	IV
Abgasdruck $p_{tü}$ at	—	lt. Diagr.	lt. Diagr.	zeitlicher Mitteldruck berechnet aus Diagramm	mit trägem Manometer $p_{tü} = 0{,}21$
Abgastemperatur t_t	—	Verlauf n. Abb. 147	mit trägem Thermometer 573° C	mit trägem Thermometer 573° C	mit trägem Thermometer 573° C
Leistung PS	177	184	190	196	130
Wirkungsgrade η_{tu}	—	Verlauf n. Abb. 147	Verlauf n. Abb. 147	78,7	75,2

Die beste Übereinstimmung liefert die Rechnung mit Berücksichtigung des gemessenen Druckverlaufs und des veränderlichen Temperaturverlaufs. Letzterer wurde in annähernd gleicher Art, wie auf S. 143 angegeben, ermittelt. Während der Spülung wurde der Temperaturverlauf so gewählt, daß die gleiche zeitlich mittlere Abgastemperatur erhalten wird, wie sie das träge Thermometer anzeigt.

Die Rechnung mit zeitlichem Temperaturmittel, jedoch veränderlichem Abgasgegendruck (II) und die mit zeitlichem Temperaturmittel und mit zeitlichem Gegendruckmittel (III) geben etwas zu hohe Werte. Die Rechnung mit dem Druckwert der durch ein träges Manometer gemessen wurde, gibt im vorliegenden Fall eine wesentlich niedere Leistung. Es müßte demnach, bezogen auf die Anzeige des trägen Manometers, an Stelle des dem Druckgefälle zugeordneten Wertes von $\eta_{tu} = 75\%$ mit einem Turbinenwirkungsgrad von $\eta_{tu} = 102\%$ gerechnet werden, um die wirkliche Turbinenleistung zu erhalten.

Der Unterschied zwischen den Turbinenwirkungsgraden für Auspuff- und Staubetrieb liegen hier in diesem Fall wesentlich höher als z. B. nach den Angaben von F. A. F. Schmidt in Abb. 138.

Eine zahlenmäßige Verallgemeinerung der Ergebnisse von Pflaum ist nicht möglich, immerhin läßt sich aus ihnen schließen, daß die Turbinenleistung durch das früher angegebene Verfahren mit guter Annäherung gerechnet werden kann. Gegenüber der von Pflaum durchgeführten Berechnung ist eine Verbesserung in der Annäherung dadurch möglich, daß man die bei nicht stoßfreiem Eintritt gemessenen Wirkungsgrade in Abhängigkeit von u/c_1 in die Rechnung einführt, während Pflaum mit den Wirkungsgraden bei stoßfreiem Eintritt rechnet.

Die Zuordnung der Ersatzturbine zur Auspuffturbine kann verbessert werden, wenn man in

$$N_{tu} = \frac{1}{75} \cdot G_{sek} \cdot \frac{c_1^2}{2g} \cdot \eta_{tu} \tag{133}$$

c_1 bei gegebenem u so annimmt, daß die Leistungen von Stau- und Auspuffturbinen bei gleichem Durchsatz G_{sek} gleich werden. Man erhält aus c_1 einen Wert p_t, der nach dem Ergebnis von Pflaum in der Nähe des zeitlichen Mittelwertes der Druckschwankungen liegt. η_{tu} wird in diesem Fall in Abhängigkeit von u/c_1 nach Erfahrungs- oder Meßwerten angenommen. Durch geeignete Meßeinrichtungen (entsprechend abgestimmte Größe eines dem Manometer vorgeschalteten Raumes, richtige Ausführungen der Verbindungsbohrung) wird es auch möglich sein, sich bei der Messung dem zeitlichen Mittelwert des Druckes besser zu nähern als bei den Versuchen von P f l a u m.

c_1 der Ersatzturbine läßt sich auch annähernd durch eine Messung bestimmen. Setzt man für den Umfangswirkungsgrad nach S t o d o l a [28] den bekannten Ausdruck

$$\eta_{tu} = a \cdot \frac{u}{c_1}\left(b - \frac{u}{c_1}\right), \quad (134)$$

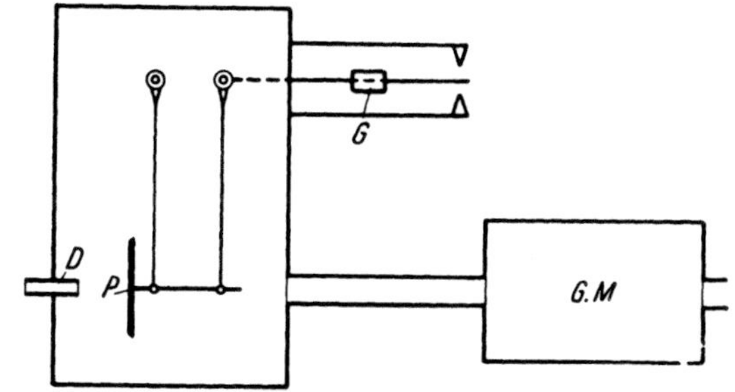

Abb. 148. Einrichtung zur Bestimmung von c_1 der Ersatzturbine. G = Laufgewicht, D = Düse, P = Prellplatte, GM = Gasmesser.

so wird durch Gleichsetzen der Ausdrücke

$$c_1 = \frac{g}{720} \cdot \frac{\int G_{sek} \cdot c_1 \cdot d\alpha}{G_{sek}} = \frac{P_t \cdot g}{G_{sek}}. \quad (135)$$

Nun ist $P_t = \frac{1}{720} \cdot \frac{\int G_{sek} \cdot c_1 \cdot d\alpha}{g}$ (136)

der Impuls, der auf eine Platte senkrecht zur Turbinendüse übertragen wird. Da es nur auf das Verhältnis P_t / G_{sek} ankommt, kann man zur Ermittlung von c_1 eine Meßeinrichtung benützen, bei der aus einer kleinen Nebendüse ein Gasstrom auf eine Platte geleitet, der Impuls bestimmt und die Gasmenge gemessen wird. Abbildung 148 zeigt das Schema einer solchen Einrichtung. Damit läßt sich auch die mit Rücksicht auf den Wirkungsgrad günstigste Umfangsgeschwindigkeit ermitteln. Sie ist

$$u = \frac{b}{2} c_1. \quad (137)$$

b ist annähernd cos α_1 (α_1 = Eintrittswinkel der Düse = Winkel der Düsenachse mit der Ebene des Laufrades).

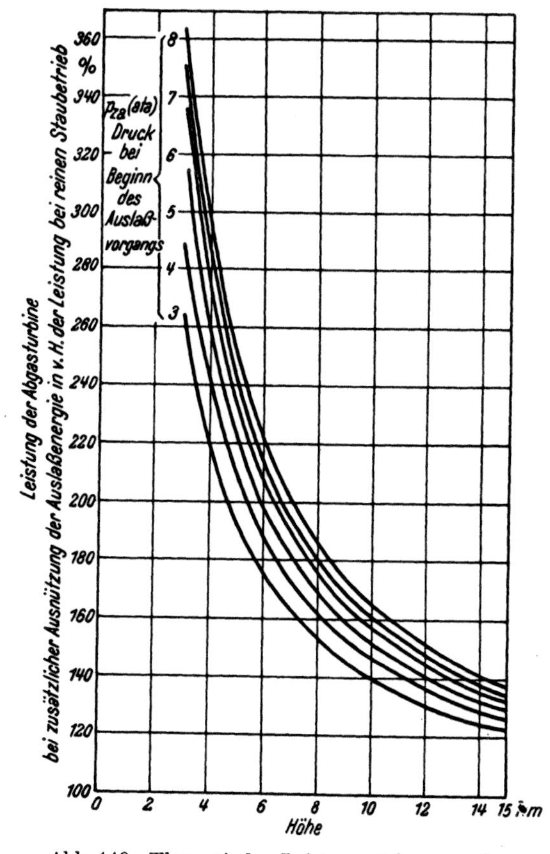

Abb. 149. Theoretische Leistungssteigerung der Abgasturbine durch die Auswirkung der Energie, die dem Verlust durch unvollkommene Dehnung entspricht, in Abhängigkeit von der Höhe. Nach K o r n a c k e r.

Eine Messung von p_t' und p_{tg} ist genau nur durch Indizieren, annähernd durch träge Manometer möglich, die nur während der Spülung bzw. während des Auslaßhubes eingeschaltet sind.

Rechnet man mit dem Staudruck p_t, der c_1 zugeordnet ist, dem Gegendruck während der Spülung p_t und während des Ausschiebens p_{tg}, so lassen sich die in den Abschnitten B, II, 1÷8 abgeleiteten Beziehungen für Stauturbinen benützen. Die praktische Erprobung einer Einrichtung nach Abb. 148 steht noch aus.

Vielfach wird von einer Stauturbine, deren Betriebsverhältnisse rechnerisc gefunden wurden, auf die zugehörige Abgasturbine zu schließen sein. Man kan dann c und damit $\frac{p_t}{G_{sek}}$ rechnen und durch Veränderung des Düsenquerschnitt trachten, dieses Verhältnis zu erreichen.

Die rechnerische Ausmittlung der wichtigsten Abmessungen des Rohrsystem zwischen Motor und Turbine ist nur durch Probieren möglich, indem man di Annahmen, vor allem Düsenquerschnitt und Auspuffrohrquerschnitt, verändert, bi die Berechnung des Druckverlaufes und der Turbinenleistung die gewünschte Ergebnisse liefert.

Zusammenfassend ist demnach im allgemeinen bei der Auslegung von Auspuffturbinen folgender Weg einzuhalten: Zunächst wird die Auslegung für die rein Stauturbine vorgenommen und dazu die in den Abschnitten 3, 4 entwickelten Beziehungen benützt. Man setzt dazu im allgemeinen annähernd $p_t' - p_0 = 0{,}3 \div 0{,}($ $(p_t - p_0)$ und $p_{tg} = p_t$. Der Düsenquerschnitt der Stauturbine entspricht annähernd dem Düsenquerschnitt der Auspuffturbine gleicher Leistung. Der Rohrleitungsquerschnitt wird so gewählt, daß die Druckwellen am turbinenseitigen Ende entsprechend den Ausführungen im Teil I möglichst schwach zurückgeworfen werden. Dadurch ist nach Teil I das Verhältnis von Rohr- zu Düsenquerschnitt gegeben. Die absolute Größe des Düsenquerschnitts ist mit Rücksicht auf die Leistung der Turbine durch Versuch oder Rechnung abzustimmen. Die gesamte Ausmittlung läßt sich bei gegebenem Kennfeld der Turbine weitgehend rechnerisch durchführen, die letzte Feinabstimmung ergibt sich aus dem Versuch.

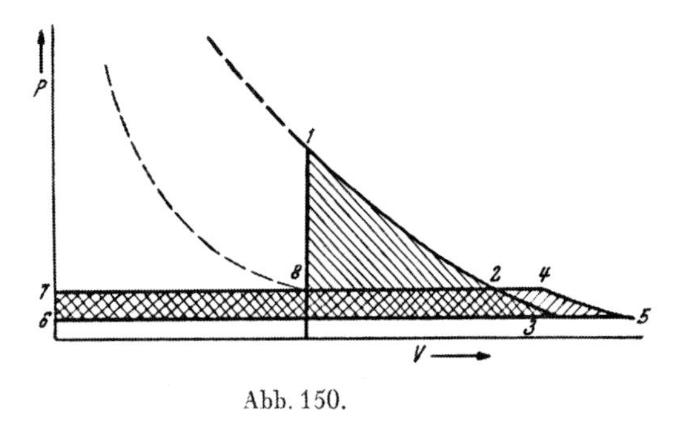

Abb. 150.

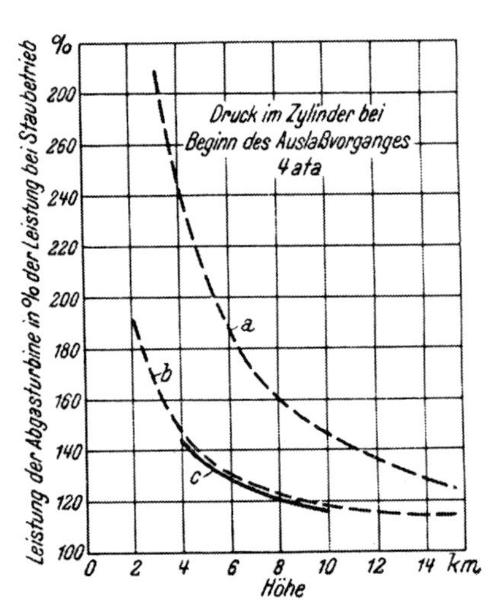

Abb. 151. Theoretisch mögliche Leistungssteigerung der Turbine durch die Ausnützung der Energie, die dem Verlust durch unvollkommene Dehnung entspricht, im Vergleich zur gemessenen Leistungssteigerung der Turbine durch die Druckwelle

Für Abgasturbinen von Höhenmotoren hat Kornacker [29] den Einfluß der Ausnützung der Abgase auf die theoretische und praktische Turbinenleistung gerechnet.

Abb. 149 zeigt die theoretisch mögliche Vergrößerung der Leistung der Turbine durch Ausnützung des gesamten Wärmegefälles gegenüber der Leistung beim Stauauspuff. In Abb. 150 sind die zugehörigen Arbeitsflächen nochmals dargestellt.

Die theoretisch mögliche Leistungssteigerung durch Ausnützung der Abgasenergie nimmt mit der Höhe ab. Mit zunehmender Flughöhe wird daher auch der Einfluß der Ausnützung der Arbeitsfähigkeit der Abgase auf die Energieausnützung in der Turbine kleiner. Für einen bestimmten Fall (Expansionsenddruck im Zylinder

4 at, 3 Zylinder an einer Abgasleitung) ergab sich, daß nach Kurve b in Abb. 151 ungefähr 30% der Arbeitsfähigkeit der Abgase durch Druckwellen zusätzlich der Turbine zugeführt werden können.

Eine entsprechende Leistungssteigerung nach Kurve c, hier bezogen auf die tatsächliche Turbinenleistung (also mit Berücksichtigung von Abkühlung in der Auspuffleitung und Turbinenwirkungsgrad) wurde auch an der Turbine gemessen. Die Leistungssteigerung des Gesamttriebwerkes in Bruchteilen der theoretisch ausnützbaren Auslaßenergie ist in Abb. 152 dargestellt. Wenn die Druckwellen dem Staudruck überlagert werden, so wird die Leistung der Turbine, aber auch der Gegendruck während des Ladungswechsels erhöht. a entspricht dem resultierenden Gewinn an Leistung von Turbine und Motor. Vermindert man die Leistung der Turbine durch Vergrößern der Düse auf das gleiche zeitlich mittlere Gefälle in der Turbine wie ohne Ausnützung der Energie der Druckwellen, so wird der Gegendruck nach dem Motor kleiner und dadurch die Motorleistung erhöht. Die Leistungssteigerung des gesamten Triebwerks entspricht der Kurve b in Abb. 152. Durch die Bemessung des Düsenquerschnittes kann demnach der Leistungsgewinn durch teilweise Ausnützung der Arbeitsfähigkeit der Abgase wahlweise dem Motor über die Ladungswechselarbeit oder der Turbine zugeführt werden.

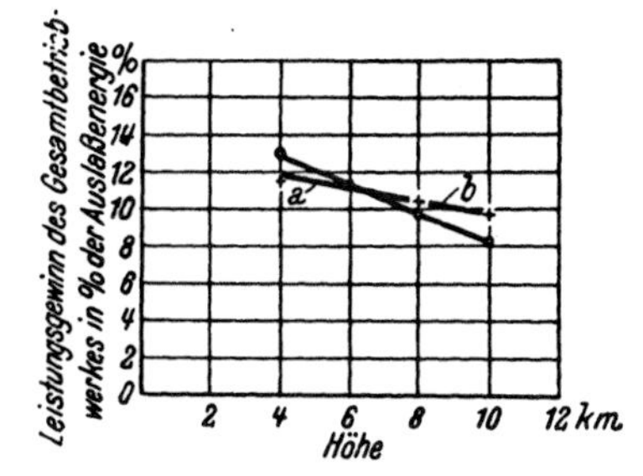

Abb. 152. Leistungssteigerung des Gesamttriebwerkes durch die Ausnützung der der Druckwelle entsprechenden Energie, bezogen auf die gesamte, dem Verlust durch unvollkommene Dehnung entsprechende Energie.

10. Das dynamische Verhalten des Abgasturboladers bei Belastungsänderungen.

Bei einer raschen Vergrößerung der Belastung, wie sie vor allem bei Fahrzeug- und Triebwagenmotoren vorkommt, aber auch im Betrieb ortsfester Anlagen auftritt, muß die Ladergruppe rasch die der neuen Belastung entsprechende Drehzahl erreichen, damit die Luftförderung der Brennstofförderung möglichst rasch nachkommt und der Betrieb mit zu kleinem Wert von λ zeitlich möglichst beschränkt wird.

Die Nachprüfung des dynamischen Verhaltens der Anlage und damit der Geschwindigkeit, mit der sich der neue Gleichgewichtszustand einstellt, kann rechnerisch und versuchsmäßig erfolgen. Der rechnerische Weg ist beim Entwurf bzw. bei der Nachprüfung entworfener Anlagen einzuschlagen. Man benützt dabei die früher entwickelten Beziehungen und bringt sie in die für die vorliegende Anwendung geeignete Form.

Von Bedeutung sind nur die Vorgänge bei der Belastungszunahme, ein langsames Abklingen der Laderdrehzahl bei der Abnahme der Belastung ist für das Betriebsverhalten belanglos.

Der Impuls zur Belastungszunahme wird beim Fahrzeugmotor durch den Fahrer gegeben, der den Gleichgewichtszustand zwischen Lader und Motor durch Vergrößerung der Füllung des Motors, also z. B. bei Dieselmotoren durch Vergrößerung der je Hub eingespritzten Brennstoffmenge B_H, stört. Der mit niederer Drehzahl laufende Motor wird nun beschleunigt, bis das Motordrehmoment gleich dem Belastungsmoment wird.

Die Ladergruppe erhält einen Impuls durch Erhöhung der Auspufftemperatu und Zunahme der Durchsatzmenge. Ihr Läufer wird dadurch beschleunigt, da da Turbinendrehmoment sich vergrößert, das Laderdrehmoment zunächst nahezu gleic bleibt. Die Drehzahl erhöht sich so weit, bis der Gleichgewichtszustand, welcher de höheren Motordrehzahl und Motorbelastung entspricht, erreicht ist.

Zwischen dem Beschleunigungsvermögen des Motors und dem des Laders mu ein bestimmtes Verhältnis bestehen. Ein sehr rasch beschleunigter Motor — als z. B. eine Vierzylindermaschine mit kleinem Schwungrad und kleinen angekuppel ten Massen, z. B. einem leichten Fahrzeug, muß durch eine Ladergruppe mit Luf versorgt werden, die gleichfalls gutes Beschleunigungsvermögen hat, um nicht län gere Zeit mit einer Luftmenge arbeiten zu müssen, die für vollständige Verbrennun und genügende Kühlung des Motors nicht ausreicht. Ein starkes Nachhinken de Laders kann zur Folge haben, daß das volle Drehmoment der Maschine erst mi Verzögerung zur Verfügung steht und das Beschleunigungsvermögen des Fahr zeugs dadurch beeinträchtigt wird. Je rascher die Ladergruppe nach einer Belastungs erhöhung die erhöhte Gleichgewichtsdrehzahl erreicht, desto besser werden im all gemeinen die Beschleunigungsverhältnisse des Gesamttriebwerks sein.

Bei ortsfesten Anlagen, die im allgemeinen mit gleichbleibender Drehzah arbeiten, ist für das Verhalten des Motors bei einer plötzlichen Belastungszunahme ausschließlich das Beschleunigungsvermögen der Ladergruppe maßgebend. Bei einer plötzlichen Vergrößerung der Belastung wird der Motor zunächst mit dem kleinen Ladedruck des vorhergegangenen Gleichgewichtszustandes arbeiten müssen, daher zuerst nur ungenügend mit Luft versorgt werden. Es ist aus den früher angeführten Gründen erwünscht, diesen verbrennungsmäßig und hinsichtlich der thermischen Belastung ungünstigen Übergangszustand zeitlich möglichst zu begrenzen. Dazu muß die Ladergruppe hohes Beschleunigungsvermögen, daher ihr Läufer geringes Trägheitsmoment haben.

Die rechnerische Behandlung des Beschleunigungsvorganges führt infolge der verwickelten Zusammenhänge und der vielfachen Beziehungen der einzelnen Größen zueinander nicht zu geschlossenen Ausdrücken. Sie ist ohne sehr große Vereinfachungen nur durch schrittweise Berechnung möglich.

Das Vorgehen wird im folgenden für den Fall skizziert, daß ein mit kleiner Drehzahl und Belastung arbeitender Fahrzeugmotor durch Vergrößerung der Füllung beschleunigt wird.

Dazu wird durch einen Eingriff des Fahrers die Füllung von B_{H_0} auf B_H vergrößert. B_H ist die je Hub eingebrachte Kraftstoffmenge in kg.

Der Übergangsvorgang wird in entsprechend kleine Intervalle (Kompromiß zwischen Rechenaufwand und Genauigkeit) geteilt. Innerhalb jedes Intervalls werden zur Vereinfachung die Anfangswerte der veränderlichen Größen in die Gleichungen eingesetzt, welche die Vorgänge rechnerisch erfassen. Damit werden die Veränderungen der einzelnen Werte berechnet. Wiederholt man die Rechnung unter Einsetzen des Mittels aus Anfangs- und Endwerten, so läßt sich im allgemeinen die Annäherung des Endwertes für das Intervall verbessern. Wenn man die Intervalle genügend klein wählt, wird aber in den meisten Fällen mit der Berechnung mit den Anfangswerten das Auslangen gefunden werden können.

Es wird angenommen, daß sich durch Vergrößerung der Füllung augenblicklich Abgastemperatur und Drehmoment des Motors ändern. Für die Abgastemperatur erhält man aus (107)

$$1{,}03\, t_A = t_o + \frac{H_u B_H \cdot n \cdot q_a}{120\, G_{sek} \cdot c_p \Big/_{o}^{t}} \cdot \qquad c_p \Big/_{o}^{t_{am}} \; \mathrm{kcal/kg}\, {}^0\mathrm{C} \tag{138}$$

Der sekundliche Luftdurchsatz ist nach (104)

$$G_{sek} = \frac{V_h \cdot \gamma_o \cdot n}{120} \cdot (\lambda_l)_{T_0} \cdot \left(\frac{p_L}{p_o}\right)^{\frac{m+3}{4m}} + \mu F_{red}\, \gamma_o \left(\frac{p_t'}{p_L}\right)^{\frac{3}{4\varkappa}} \cdot \sqrt{2gRT_o\left[1 - \frac{p_t'}{p_L}\right]} \cdot \left(\frac{p_L}{p_o}\right)^{\frac{m+1}{2m}}, \tag{139}$$

der entsprechende Liefergrad ist nach (110) $\lambda_{l_0} = \frac{\varepsilon}{\varepsilon - 1} \cdot (\lambda_l)_{T_0} \cdot \left(\frac{p_L}{p_o}\right)^{\frac{m+3}{4m}}$.

Für die Größen p_t', p_L, $(\lambda_l)_{To}$ sind die Werte zu Beginn des Intervalls einzusetzen.

Man erhält nun aus Diagramm Abb. 124 der Abgasturbine, wenn man auf der rechten Seite von $\frac{G_{sek}}{\mu F}$ ausgeht und zur Linie T_A entsprechend dem früher gerechneten Wert zieht, auf der linken Seite $M_t/G_{sek\,t}$ und daraus M_t.

Aus dem Laderdiagramm erhält man das Drehmoment des Laders M_L und berechnet die Änderung der Winkelgeschwindigkeit der Aufladegruppe mit

$$\triangle\omega_t = \frac{M_t - M_L}{J_t} \cdot \triangle t. \tag{140}$$

J_t = Trägheitsmoment des Läufers.

Das Drehmoment des Viertaktmotors ist

$$M_M = \frac{427}{4} \cdot H_u \cdot B_H \cdot \eta_i - \frac{V_h p_r}{4\pi}. \tag{141}$$

Darin ist $\eta_i \sim \eta_{i-1} = f(\lambda, n, \frac{p_L}{p_0})$ durch das Verbrennungssystem gegeben. Die Luftüberschußzahl ist aus $\lambda = \frac{V_h\, \lambda_{lo}}{B_H\, L_0}$ zu berechnen. Mit dem Belastungsmoment M_B, das in Abhängigkeit von der Drehzahl gegeben ist, kann die Änderung der Winkelgeschwindigkeit des Motors aus

$$\triangle\omega_m = \frac{M_M - M_B}{J_M} \cdot \triangle t \tag{142}$$

berechnet werden.

Mit der so ermittelten Motor- und Laderdrehzahl wird p_L aus Laderdiagramm Abb. 126 bzw. mit (139) G_{sek} ermittelt.

Nun kann p_t im Turbinendiagramm Abb. 124 abgegriffen und danach p_t' geschätzt werden. Damit ist G_{sek} berechenbar. Die Werte zu Beginn des zweiten Intervalls sind nun bestimmt. Die Rechnung ist nun in gleicher Weise fortzusetzen, bis der neue Gleichgewichtszustand erreicht ist.

Bei ortsfesten Anlagen ist nur die Beschleunigung der Ladergruppe zu untersuchen, da die Drehzahl des Motors — abgesehen von der geringen Änderung infolge der Ungleichförmigkeit des Reglers — gleich bleibt. Da die Füllungsverstellung durch den Regler sehr rasch erfolgt, kann man im allgemeinen annehmen, daß der Regler die neue Füllung sofort einstellt und hat dann den Beschleunigungsvorgang der Ladergruppe bei gleichbleibendem B_H zu untersuchen.

Schwankungen in der Füllungseinstellung, Überregulieren infolge schlechter Brennstoffausnützung bei kleinem Luftüberschuß, also zu Beginn des Überganges, werden meist außer Betracht bleiben können.

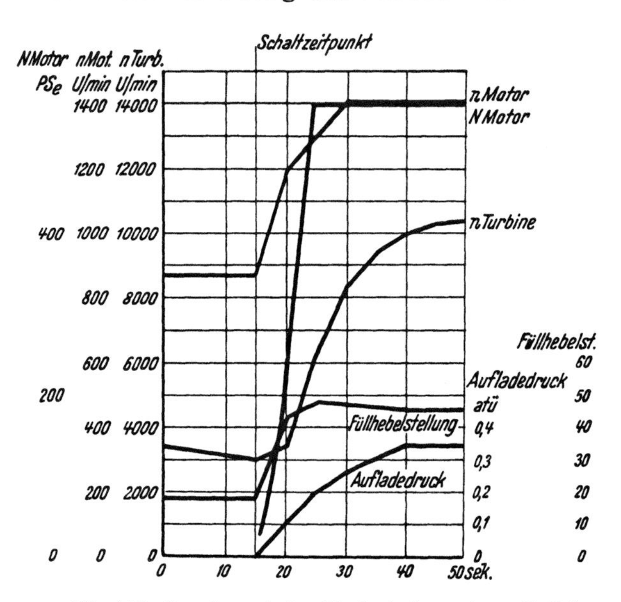

Abb. 153. Vorgänge beim Hochschalten eines 12-Zyl.-Maybach-Dieselmotors G 6 von Stufe 0 auf Stufe 5.

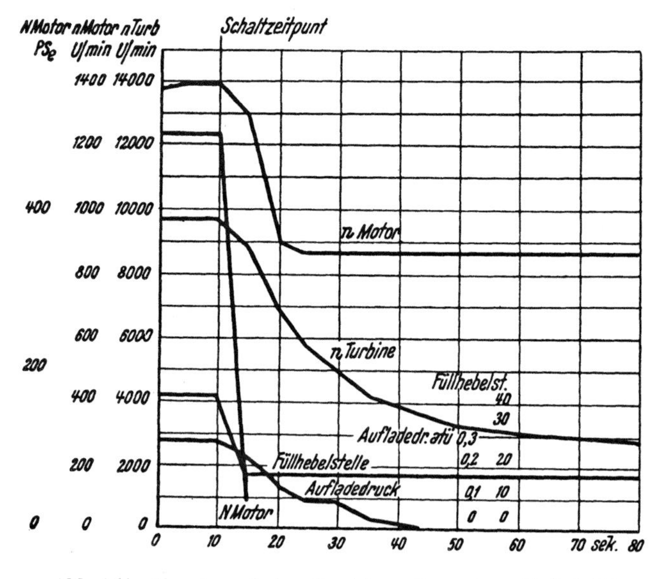

Abb. 154. Vorgänge beim Zurückschalten eines 12-Zyl.-Maybach-Dieselmotors G 6 von Stufe 5 auf Stufe 0.

Den Verlauf von Übergangsvorgängen bei Auflademotoren veranschaulichen die folgenden Meßergebnisse:

Abb. 153 und 154 zeigen Vor- und Zurückschaltung bei einem Maybach-Triebwagenmotor. Angegeben ist der Verlauf der Turbinendrehzahl und des Aufladedruckes. Die Füllhebelstellung zeigt die Brennstoffmenge B_H an. Der Motor erreicht seine neue Gleichgewichtsdrehzahl wesentlich rascher als die verhältnismäßig kurze Aufladegruppe. Der Motor arbeitet 15 sek mit voller Leistung, aber bei nicht vollem Ladedruck, demnach mit verringertem Luftaufwand, also wahrscheinlich mit rußender Verbrennung. Auch beim Rückschalten läuft die Turbine dem Motor in bezug auf die Anpassung an den neuen Gleichgewichtszustand erheblich nach. Für den Betrieb des Motors ist das ohne Einfluß.

Abb. 155 zeigt den Belastungsvorgang an einer ortsfesten Anlage. Der Regler erreicht seine neue Stellung außerordentlich rasch, auch die Turbine beschleunigt sehr rasch bis in die Nähe der Gleichgewichtsdrehzahl.

Bei einem zweiten Versuch nach Abb. 156 wurde der Motor vom Stillstand angelassen und dann voll belastet.

Der Lader beginnt sich beim Öffnen des Anlaßluftventils zu beschleunigen und hat beim Einsetzen der ersten Zündungen 2 sek nach Beginn des Anlassens schon $n_t = 4000$ U/min. Volle Motordrehzahl und die entsprechende Ladedrehzahl ist schon nach 6 sek erreicht. Die Maschine war mit einem Generator belastet, der erst nach 14 sek seine volle Spannung erreicht. Nach dem Einschalten der Belastung in der 14. Sekunde des Anlaßvorgangs erreicht die Ladegruppe nach weiteren 6 Sekunden ihre volle Drehzahl.

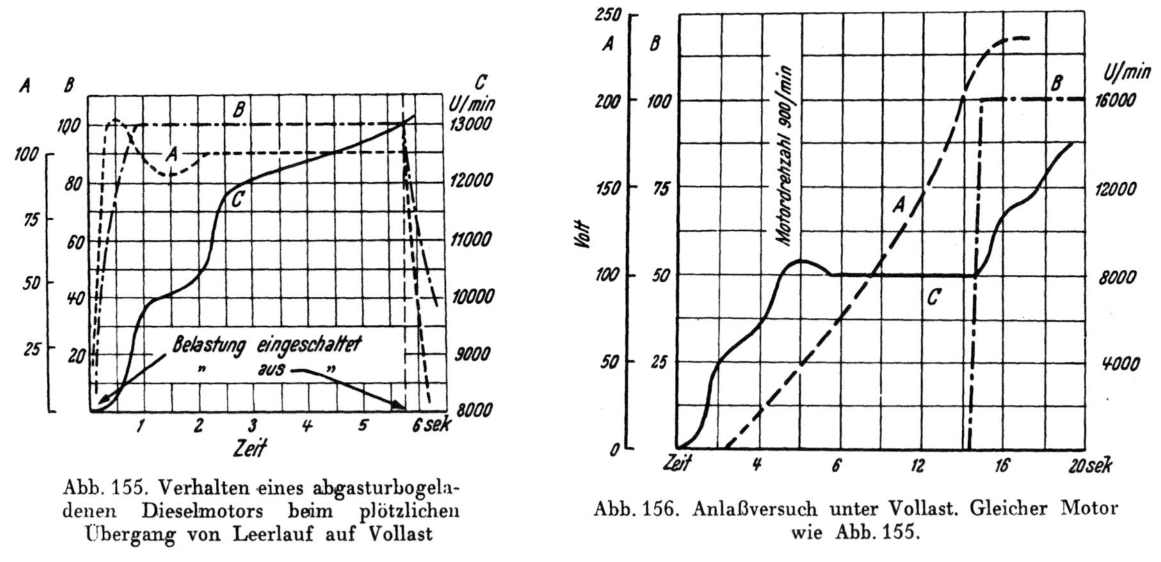

Abb. 155. Verhalten eines abgasturbogeladenen Dieselmotors beim plötzlichen Übergang von Leerlauf auf Vollast

Abb. 156. Anlaßversuch unter Vollast. Gleicher Motor wie Abb. 155.

Die Anzeige der Meßgeräte wurde bei diesen Versuchen durch eine Filmkamera (64 Bilder in der Sekunde) aufgenommen.

III. Ausnützung der Abgasenergie durch Rückstoßdüsen.

1. Allgemeines.

Tritt aus einer mit dem Flugzeug mitbewegten Düse das sekundliche Gasgewicht G_{sek} mit der Relativgeschwindigkeit c_a zum Flugzeug, also zur Düse aus, so entsteht ein Schub

$$S = \frac{1}{g} \cdot G_{sek} \cdot c_a. \tag{143}$$

Der Schub ist unabhängig von der Fluggeschwindigkeit. Er gibt bei einer Fluggeschwindigkeit c_o eine Leistung $L = \int S \,.\, c_o \, dt$ an das Flugzeug ab. In einem Flugmotor tritt die Verbrennungsluft nach Abb. 157 mit einer Relativgeschwindigkeit gleich der Fluggeschwindigkeit c_o ein und verläßt mit der Relativgeschwindigkeit c_a das Auspuffrohr. Die Absolutgeschwindigkeit der Abgase nach dem Verlassen des Motors ist $c_a - c_o$, daher hat 1 kg Abgas die kinetische Energie $\frac{(c_a - c_o)^2}{2g}$, die für die Vortriebsarbeit verlorengeht. Der Verlust wird um so kleiner, je näher c_o an c_a liegt und verschwindet mit $c_a = c_o$.

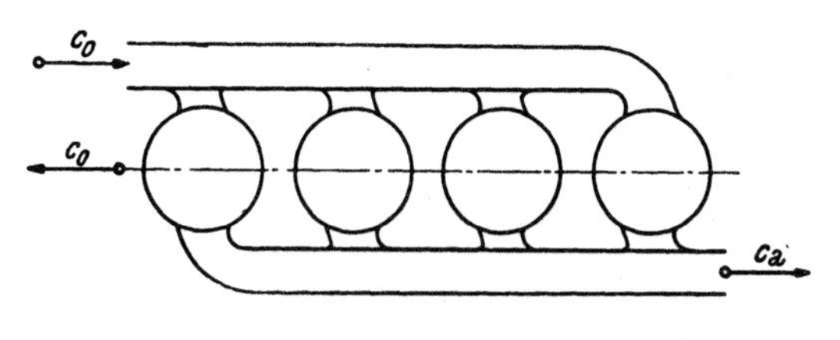

Abb. 157. Schema eines Rückstoßantriebes.

Die Geschwindigkeit c_a wird durch Expansion der Gase beim Ausströmen aus dem Zylinder vom Zylinderdruck p_z auf den Außendruck p_o erzeugt. Die insgesamt den Abgasen übertragene kinetische Energie ist bei verlustfreier Expansion gleich der Summe der Flächen I + II in Abb. 158. Die Fläche I entspricht der Arbeit, die bei vollkommener Durchführung des Ausströmvorganges, also bei vollkommene Maschine, in kinetische Energie umgesetzt werden könnte, die Fläche II dem Ausschubverlust, der hier als Gewinn an kinetischer Energie im ausgeschobenen Abga wieder aufscheint. Die Bestimmung dieser Arbeitsflächen wird später besprochen werden. Da p_z während des Ausströmens von p_{za}' beim Öffnen des Auslaßventils bis auf annähernd p_0 absinkt, wird auch c_a von einem Größtwert bis auf annähernd 0 absinken. Ein Anpassen von c_a an die Fluggeschwindigkeit ist daher beim einfachen Ausschubvorgang nicht möglich.

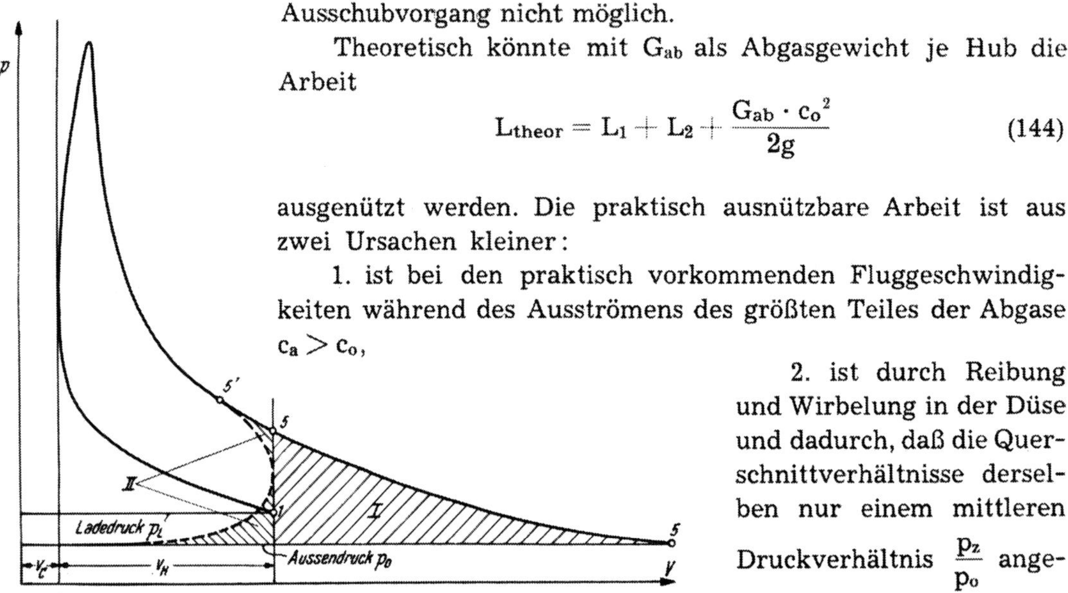

Abb. 158.

Theoretisch könnte mit G_{ab} als Abgasgewicht je Hub die Arbeit

$$L_{theor} = L_1 + L_2 + \frac{G_{ab} \cdot c_0^2}{2g} \tag{144}$$

ausgenützt werden. Die praktisch ausnützbare Arbeit ist aus zwei Ursachen kleiner:

1. ist bei den praktisch vorkommenden Fluggeschwindigkeiten während des Ausströmens des größten Teiles der Abgase $c_a > c_0$,

2. ist durch Reibung und Wirbelung in der Düse und dadurch, daß die Querschnittverhältnisse derselben nur einem mittleren Druckverhältnis $\frac{p_z}{p_0}$ angepaßt werden können, die kinetische Energie des aus der wirklichen Düse austretenden Abgasstromes kleiner als bei Expansion in einer idealen Düse mit dem jeweiligen Druckverhältnis angepaßtem, also veränderlichem Querschnitt.

Es ist zweckmäßig, die beiden Verluste durch besondere Wirkungsgrade zu erfassen.

Der Wirkungsgrad der vollkommenen Düse η_{vD} entspricht dem Bruchteil Abgasenergie (innere Energie + kinetische Energie relativ zur Ruhe), welcher in der vollkommenen Düse in Nutzarbeit umgesetzt würde.

Der Gütegrad der Düse η_{gD} gibt an, welcher Teil der in einer vollkommenen Düse erzielbaren Nutzarbeit (also Vortriebsarbeit) in der wirklichen Düse erzeugt wird. Die effektive Arbeit der Düse L_{eD} ist demnach

$$L_{eD} = L_{theor} \cdot \eta_{vD} \cdot \eta_{gD}. \tag{145}$$

Der erste der beiden Wirkungsgrade läßt sich rechnerisch, der zweite nur durch Versuche bestimmen.

Es ist zweckmäßig, die Arbeiten, um sie mit den im Motor geleisteten Arbeiten vergleichen zu können, als Mitteldrücke einzuführen:

Es ist

$$p_{eD} \cdot 10 \cdot V_h = L_{eD}, \tag{146}$$

wenn L_{eD} in kgm, das Hubvolumen V_h in l und p_{eD} in kg/cm² eingesetzt wird.

Hat der Propeller einen Wirkungsgrad η_p, so ist der Mitteldruck, welcher der Vortriebsarbeit je Hub und Zylinder entspricht,

$$p_{eT} = p_e \cdot \eta_p + p_{eD} \tag{147}$$

Bei der Gestaltung der Ausströmverhältnisse muß getrachtet werden, für die gesamte Vortriebsarbeit des Triebwerkes p_{eT} einen Höchstwert zu erreichen. Das bedingt eine zweckmäßige Aufteilung der Leistung auf Zylinder und Abgasdüse durch richtige Bemessung der letzteren.

2. Die Ermittlung der Vortriebsarbeit der vollkommenen Düse.

Nach dem Impulssatz ist der Rückstoß in jedem Zeitpunkt

$$S = \frac{1}{g} \cdot c_a \cdot \frac{d\,G_{ab}}{d\,t}. \tag{148}$$

Die im Zeitdifferential geleistete Arbeit ist $S \,.\, c_o \,.\, dt$ und demnach die während eines Ausschubvorganges geleistete Arbeit der vollkommenen Düse:

$$L_{vD} = \int S \cdot c_o \cdot dt = \frac{c_o}{g} \cdot \int\limits_0^{G_{ab}} c_a\, d\,G_{ab}. \tag{149}$$

Das Integral ist über den ganzen Auslaßvorgang zu nehmen.

Bezeichnet man wieder mit z_a' den Gaszustand im Zylinder beim Öffnen des Auslaßventils und nimmt man an, daß die Expansion adiabatisch verläuft und ein mittlerer Exponent $\varkappa$ der Adiabate benützt werden kann, so wird mit μf als wirksame Fläche und Vernachlässigung der Gasspeicherung in der Schubdüse

$$c_a = \sqrt{2g \cdot \frac{\varkappa}{\varkappa - 1}} \cdot \sqrt{R T'_{za}} \cdot \sqrt{1 - \left(\frac{p_o}{p_z}\right)^{\frac{\varkappa - 1}{\varkappa}}} \cdot \left(\frac{p_z}{p'_{za}}\right)^{\frac{\varkappa + 1}{2\varkappa}} \tag{150}$$

$$dG_{ab} = \mu f \cdot \psi \, \frac{\sqrt{R T'_{za}}}{v'_{za}} \cdot \left(\frac{p_z}{p'_{za}}\right)^{\frac{\varkappa + 1}{2\varkappa}} \cdot dt. \tag{151}$$

Man erhält daraus nach Einführen des Kurbelwinkels α als relatives Zeitmaß:

$$L_{vD} = \frac{c_o}{3n} \cdot \sqrt{\frac{\varkappa}{\varkappa - 1}} \cdot \int \mu f \cdot p_z \frac{\psi}{\sqrt{2g}} \sqrt{1 - \left(\frac{p_o}{p_z}\right)^{\frac{\varkappa - 1}{\varkappa}}} \cdot \left(\frac{p_z}{p'_{za}}\right)^{\frac{1}{\varkappa}} \cdot d\alpha. \tag{152}$$

Ist demnach durch Indizieren oder durch schrittweise Berechnung der Druckverlauf in Abhängigkeit vom Kurbelwinkel bekannt, so ist daraus L_{vD} einfach ermittelbar. Für ψ ist bei überkritischem Druckverhältnis p_z/p_o der Höchstwert einzusetzen. μf ist experimentell bei jedem Ventilhub für verschiedene Druckverhältnisse zu bestimmen. Die dazu erforderlichen stationären Strömungsversuche sind mit angebauter Düse auszuführen.

Abb. 159 zeigt das Ergebnis einer Durchrechnung eines Ausströmvorganges, bei dem c_a und $\frac{d\,G_{ab}}{d\alpha}$ gesondert bestimmt wurden, Abb. 160 den entsprechenden Impulsverlauf.

Eine angenäherte und einfachere Ermittlung von L_{vD} ist möglich, wenn ma die Anteile der Flächen I und II an L_{vD} gesondert bestimmt. Fläche I entsprich der Ausschubarbeit eines Triebwerkes mit vollkommenem Auslaßorgan, also verlust losem Ausschub.

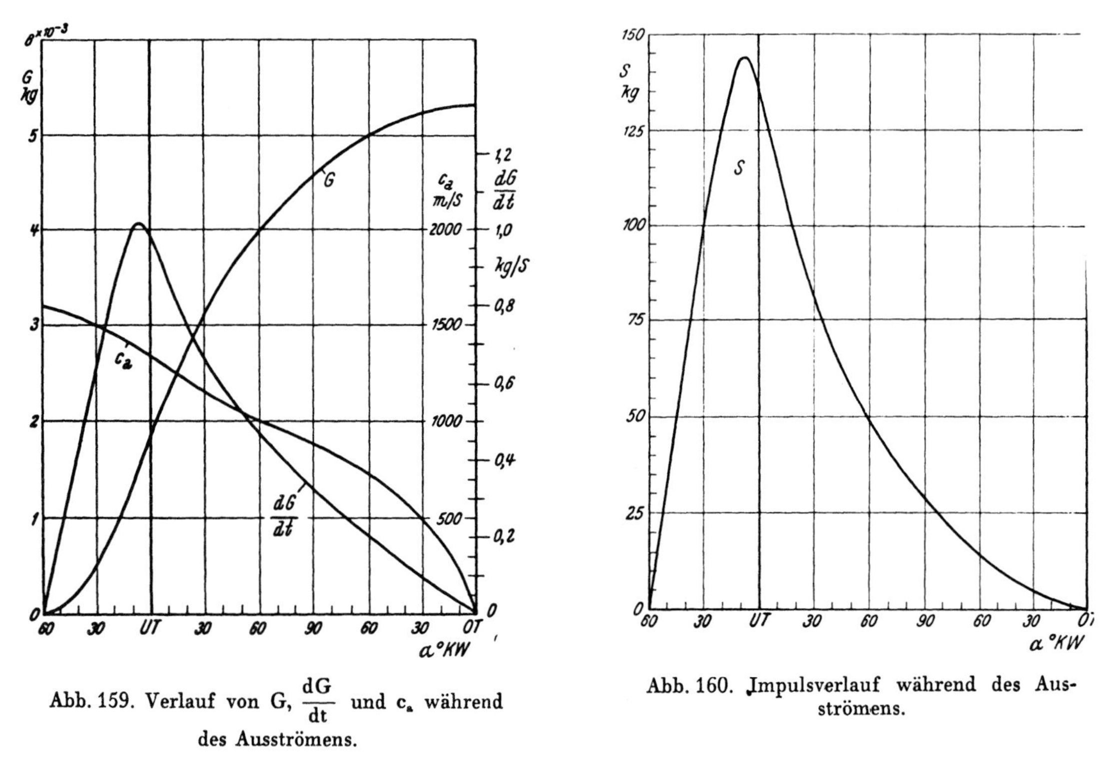

Abb. 159. Verlauf von G, $\frac{dG}{dt}$ und c_a während des Ausströmens.

Abb. 160. Impulsverlauf während des Ausströmens.

Franz hat dafür Beziehungen aufgestellt und mit (150) für die Geschwindigkeit

$$G_{ab} = G_5 \cdot \frac{1}{\varkappa} \cdot \left(\frac{p_5}{p_o}\right)^{\frac{1}{\varkappa}} \cdot \left(\frac{p_z}{p_o}\right)^{\frac{\varkappa+1}{\varkappa}} \cdot \left(\frac{p_o}{p_z}\right) \tag{153}$$

und

$$L_{vD} = c_o \cdot G_5 \sqrt{T_5} \cdot Z \tag{154}$$

erhalten. Darin ist

$$Z = \sqrt{\frac{2R}{g \cdot \varkappa \cdot (\varkappa - 1)}} \cdot \left(\frac{p_o}{p_5}\right)^{\frac{\varkappa+1}{2\varkappa}} \int\limits_{\frac{p_o}{p_z}=\frac{p_o}{p_5}}^{\frac{p_o}{p_z}=1} \left(\frac{p_5}{p_z}\right)^{\frac{\varkappa+1}{\varkappa}} \cdot \sqrt{\left(\frac{p_5}{p_z}\right)^{\frac{\varkappa-1}{\varkappa}} - 1} \cdot d\left(\frac{p_o}{p_z}\right). \tag{155}$$

Die Größe Z ist nur eine Funktion der verschiedenen Druckverhältnisse. Sie ist aus Abb. 161 für verschiedene Werte von $\varkappa$ zu entnehmen.

Berechnungen, die Ullmann im Institut des Verfassers durchgeführt hat, haben ergeben, daß in einer vollkommenen Düse bei einer Fluggeschwindigkeit von $c_o =$ $= 200$ m/sek bei verschiedenen, die wirklichen Betriebsbedingungen eingrenzenden Verhältnissen 26 bis 32 % des gesamten Ausströmverlustes als Schubkraft wieder gewonnen werden. Mit diesem Ergebnis wird eine rasche und einfache Bestimmung der theoretischen Schubkraft bis $c_0 = 200$ m/sek möglich. Es ist:

$$L_{vD} = c_o \cdot G_5 \cdot \sqrt{T_5} \cdot Z + (0{,}26 \div 0{,}32) \cdot p_{ma} V_h \cdot 10 \text{ kgm} \tag{156}$$

oder als Mitteldruck

$$p_{vD} = \frac{c_o G_5 \sqrt{T_5} \cdot Z}{10 V_h} + (0{,}26 \div 0{,}32) \cdot p_{ma} \text{ kg/cm}^2. \tag{157}$$

Das zweite Glied gilt nur für $c_o = 200$ m/sek und für in der Nähe liegende Werte.

G_5 erhält man aus dem Liefergrad und dem Gewichtsverhältnis $\frac{G_B}{G_L}$ Kraftstoff/ /Luft. Bei Einspritzmotoren ist v_L das spezifische Volumen der Luft vor dem Einlaßventil. Bei guter Spülung, die bei Einspritzmotoren heute vorausgesetzt werden kann, ist

$$G_5 = \frac{V_h \cdot \lambda_l}{1000\, v_L} \cdot \left(1 + \frac{G_B}{G_L}\right). \tag{158}$$

Bei Vergasermotoren ist v_L das spezifische Volumen des Kraftstoffdampf-Luftgemisches.

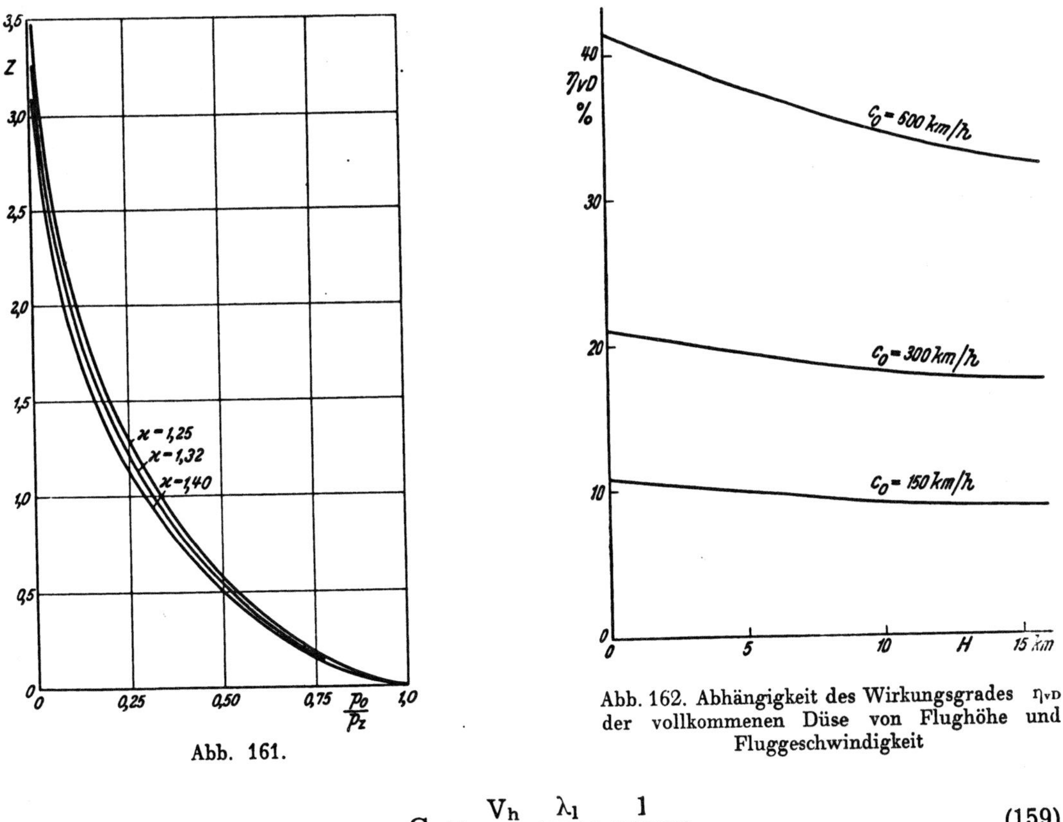

Abb. 161.

Abb. 162. Abhängigkeit des Wirkungsgrades η_{vD} der vollkommenen Düse von Flughöhe und Fluggeschwindigkeit

$$G_5 = \frac{V_h}{1000} \cdot \frac{\lambda_l}{v_L} \cdot \frac{1}{1 - \alpha}. \tag{159}$$

α ist der Abgasgehalt der Ladung, der hier schätzungsweise berücksichtigt werden sollte, da Vergasermotoren nicht gespült werden können.

Die Temperatur T_5 ergibt sich aus (154).

Wie sich leicht zeigen läßt, beträgt bei der Ausströmgeschwindigkeit c_a und der Fluggeschwindigkeit c_o der augenblickliche Wirkungsgrad der vollkommenen Düse

$$\eta_{vD} = 2 \cdot \frac{\frac{c_o}{c_a}}{1 + \left(\frac{c_o}{c_a}\right)^2}. \tag{160}$$

Während eines Ausströmvorganges verändert sich der Wirkungsgrad infolge der veränderlichen Ausströmgeschwindigkeit, maßgebend ist demnach der Mittelwert derselben, der aus (156, 149) mit $L_{eD} = L_{vD}$ und $\eta_{gD} = 1{,}0$ erhalten werden kann.

Abb. 162 zeigt die grundsätzlichen Abhängigkeiten des Wirkungsgrades der vollkommenen Düse η_{vD} von Fluggeschwindigkeit und Flughöhe. Mit zunehmender Fluggeschwindigkeit nimmt der Wirkungsgrad zu. Die Ausströmgeschwindigkeit wächst mit dem Aufladedruck und der Flughöhe und bei gleicher Fluggeschwindigkeit nimmt daher η_{vD} nach Abb. 163 mit zunehmendem Aufladedruck und nach Abb. 162 mit zunehmender Flughöhe ab.

3. Die Ermittlung des Gütegrades der Schubdüse.

Der Gütegrad der Schubdüse η_{gD} ist das Verhältnis des mit ihr erzielten Schubes zum Schub, der mit einer vollkommenen Lavaldüse erreicht wird. η_{gD} kann nur durch Versuche ermittelt werden. Abb. 164 zeigt eine Einrichtung, die im Institut des Verfassers von Ullmann entwickelt wurde.

Ein Pendel P, das an seiner Unterseite die abgewickelte Nockenform trägt, ist senkrecht über dem Versuchszylinder, dem Originalzylinder des zu untersuchenden Motors, drehbar aufgehängt. Dem Fall aus verschiedenen Höhen entsprechen verschiedene Geschwindigkeiten. Vor der Abgasschubdüse befindet sich eine pendelnd aufgehängte Prallplatte P, deren Ausschlag ein Maß für den Impuls ist. Man erhält

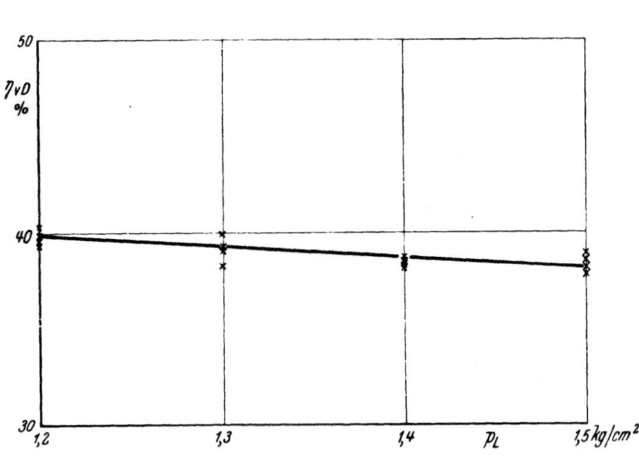

Abb. 163. Abhängigkeit des Wirkungsgrades η_{vD} der vollkommenen Düse vom Aufladedruck.

$$r \int S \cdot dt = \Phi\omega, \tag{161}$$

wobei r der Radius des Pendels, Φ sein Trägheitsmoment um die Drehachse und

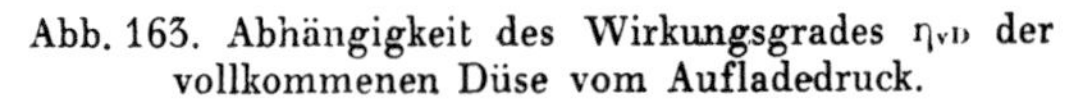

$$\int S dt = \Phi \sqrt{\frac{2g}{r^3}} \cdot \sqrt{1 - \cos\alpha} = C \cdot F(\alpha) \tag{162}$$

ist.

Zur Ermittlung des Schubimpulses genügt es demnach, den Winkel α zu messen. Man erhält η_{gD}, indem man sich aus dem Druck beim Öffnen des Auslaßventils im Zylinder mit (155) den Schubimpuls

$$\int S_v dt = G_5 \cdot \sqrt{T_5} \cdot Z \tag{163}$$

ermittelt. Ausschubarbeit wird durch den Kolben bei dieser Einrichtung nicht geleistet.

Die Versuche wurden mit kalter Luft (Preßluftfüllung des Zylinders) und mit heißen Abgasen durchgeführt. Bei den letzteren Versuchen wurde der Zylinder nach Evakuierung mit Butan-Luftgemisch gefüllt. Die Füllung, gemessen am Zylinderdruck, wurde so gewählt, daß die Drücke nach der Verbrennung denen am laufenden Motor bei Expansionsende entsprechen.

Die Ergebnisse bei den Versuchen mit Abgasen zeigten grundsätzlich gleiche Abhängigkeiten wie die Versuche mit Luft, die Gütegrade der Düsen η_{gD} waren jedoch um 6 bis 7% niederer.

Die Schubkraft kann auch durch pendelnde Aufhängung des Motors unmittelbar gemessen werden.

Durch theoretische Überlegungen und durch die Versuche konnten folgende allgemeine Zusammenhänge festgestellt werden: Schubdüsen werden im allgemeinen nicht als Lavaldüsen, sondern als Düsen mit einsinnig verändertem, meist sich verengendem Querschnitt ausgeführt. Bei überkritischer Expansion besteht im Mündungsquerschnitt ein Druck, der höher als der Außendruck ist, aber nach Abbildung 165 zum Schub beiträgt.

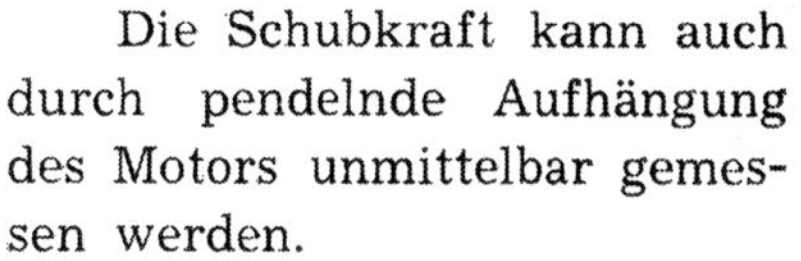

Abb. 164. Einrichtung zum Bestimmen des Gütegrades der Schubdüse. Nach Ullmann.

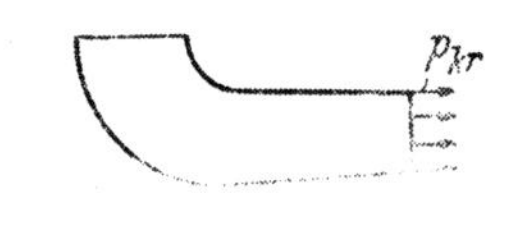

Abb. 165.

Mit c_{kr} als kritische Ausströmgeschwindigkeit gilt für den Schub je 1 kg ausströmendes Abgas

für die einfache Düse:

$$S = \frac{c_{kr}}{g} \cdot \left[1 + \frac{1}{\varkappa}\left(1 - \frac{p_o}{p_{kr}}\right)\right], \qquad (164)$$

für die Lavaldüse:

$$S = \frac{c_{kr}}{g} \sqrt{\frac{\varkappa + 1 - 2\left(\frac{p_o}{p_{kr}}\right)^{\frac{\varkappa - 1}{\varkappa}}}{\varkappa - 1}}. \qquad (165)$$

Die Unterschiede in den Schüben beider Düsen sind gering. Die einfache Düse hat gegenüber einer Lavaldüse einen Schub, der bei einem Druckverhältnis

$\frac{p_o}{p_{Kr}}$ =	0·8	0·6	0·4
um	0·1	0·55	2·7%

kleiner ist. Dabei ist die ausgleichend wirkende erhöhte Reibung der längerei Lavaldüse nicht berücksichtigt.

Eine weitere Verringerung des Gütegrades tritt bei Mehrzylinder-Reihenmotorei infolge des Einbaues der Düse ein. Es ist im allgemeinen nicht möglich, die Düse genaı entgegengesetzt der Flugrichtung ausblasen zu lassen. Ist β der Winkel zwischei Ausblaserichtung der Düse un einer entgegen der Flugrichtun liegenden Geraden (meist 55^0 bi 75^0), so wird der Schub im Ver hältnis $1 : \cos\beta$ kleiner.

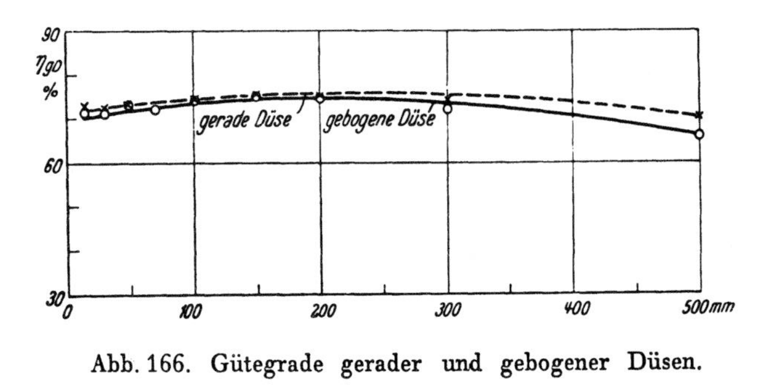

Abb. 166. Gütegrade gerader und gebogener Düsen.

Die zur Umlenkung erforder liche Krümmung der Schubdüs hat nach Abb. 166 wenig Einflu auf den Wirkungsgrad. Die größe ren Verluste entstehen durch di strömungstechnisch ungünstig Überleitung der Strömungsquerschnitte am Ventil in die Kanalquerschnitte un durch die oft ungünstige Form des Auslaßkanals im Zylinderdeckel.

Mit abnehmendem Verhältnis

$$\frac{\text{Mündungsquerschnitt } F_D}{\text{größter Ventilquerschnitt } F_V}$$

nimmt der Gütegrad nach Abb. 16 innerhalb des untersuchten Bereich zu. Gleichzeitig verringert sich ab auch infolge des Rückstaues der Al gase die Wellenleistung des Motor

Durch eine Ermittlung der Sun men beider Vortriebsleistungen, wob der Luftschraubenwirkungsgrad zu b rücksichtigen ist, für verschiedene Au trittsquerschnitte der Düse, ist d Optimum der Verhältnisse festzulege

Abb. 168 zeigt das Ergebnis ein solchen Ausmittlung. Im allgemein wird das Verhältnis $\frac{F_D}{F_V} = 0{,}8 \div 1$ ausgeführt.

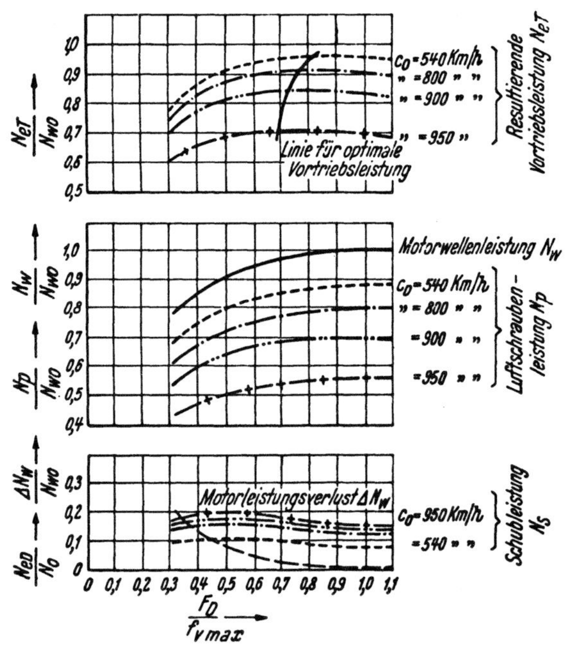

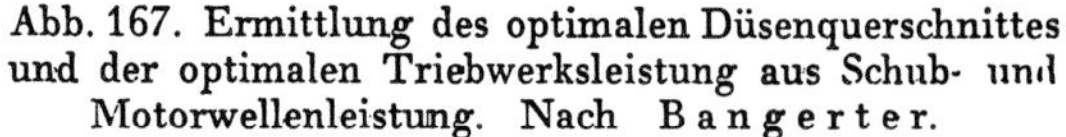

Abb. 167. Ermittlung des optimalen Düsenquerschnittes und der optimalen Triebwerksleistung aus Schub- und Motorwellenleistung. Nach Bangerter.

4. Kennwerte des Abgasrückstoßantriebes.

Die von 1 cm^2 Düsenquerschnitt verarbeitete stündliche Gasmenge wird a Düsenbelastung bezeichnet. Sie liegt nach Bangerter bei $11 \div 14 \text{ kg/h.cm}^2$.

Man kann die Schubkraft S auf die Einheit der Motorleistung beziehen un erhält dann die spezifische Schubkraft

$$s = \frac{S}{N_e} \text{ kg/PS.} \quad (16$$

s liegt nach Bangerter am Boden im allgemeinen zwischen 0,04 ÷ 0,50 kg/PS und steigt bis 8 km Höhe bei gleichbleibender Aufladung auf rund den doppelten Betrag an.

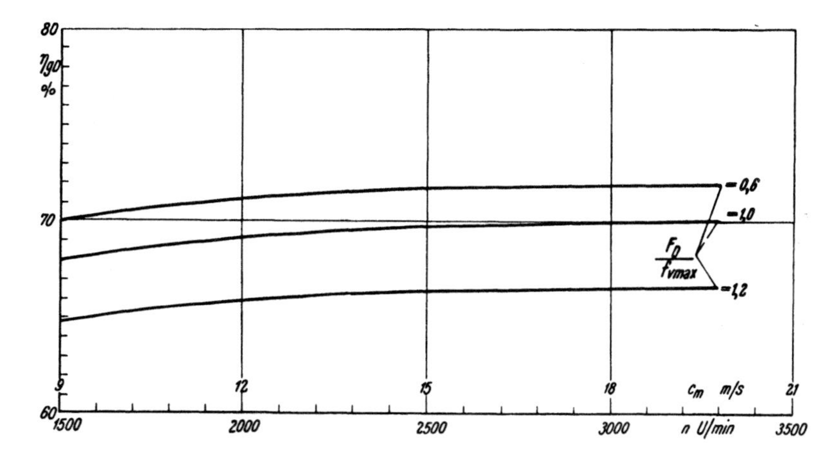

Abb. 168. Gütegrade von Düsen verschiedenen Querschnitts.

IV. Der Kadenacy-Effekt.*

1. Allgemeines.

Mit Zweitaktmaschinen ohne Spülgebläse, die nur durch Ausnützung der in den Abgasen enthaltenen Energie gespült werden, sind nach Kadenacys Vorschlägen zweifellos Erfolge erzielt worden [30], [31], [32], [33]; die Maßnahmen, die im Einzelfall zum Erfolg geführt haben, werden jedoch im allgemeinen nicht mitgeteilt. Selten wird eine befriedigende Erklärung für die sich abspielenden Vorgänge gegeben [34].

Maschinen mit Gleichstromspülung, vor allem Doppelkolbenmotoren, scheinen besonders geeignet für das Kadenacy-Verfahren zu sein, wie das Beispiel einer durch Weglassen der Spülpumpe und Änderung der Strömungsquerschnitte umgebauten Junkers-Maschine sehr eindrucksvoll zeigt [35].

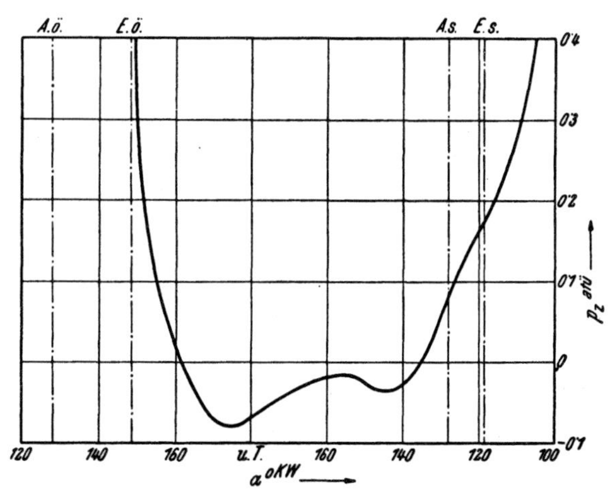

Abb. 169. Verlauf des Zylinderdruckes bei einem Junkers-Kadenacy-Doppelkolben-Zweitakt-Motor ohne Spülgebläse. (Nach Gas and Oil Power.)

Ihre Drehzahl von 1200 U/min konnte nach dem Umbau auf 1700, ihre Leistung von 11 auf 25 PS gesteigert werden. Als besonderer Vorteil werden die niedrigeren Arbeitstemperaturen hervorgehoben, weil die Frischluft nicht beim Durchgang durch ein Spülgebläse aufgeheizt wird.

* Dieser Abschnitt wurde von Dr. G. Reyl verfaßt.

Es wird betont [31], [33], daß auch andere Maschinenbauarten nach dem Kadenacy-Verfahren gut arbeiten. Die Maschinen können nicht nur bei einer bestimmten Drehzahl, sondern in einem ziemlich weiten Drehzahlbereich laufen.

In Abb. 169 ist der Verlauf des Zylinderdruckes während des Ladungswechsels der erwähnten Junkers-Kadenacy-Maschine gezeigt; man sieht, daß die eingetragenen Steuerzeiten nicht auffallend von den auch sonst üblichen abweichen, daß aber fast während der ganzen Dauer des Spülvorganges Unterdruck im Zylinder herrscht. Es darf als sicher angenommen werden, daß im vorliegenden Falle an der Entstehung des langanhaltenden Unterdruckes die Mitwirkung einer konisch erweiterten Auspuffleitung maßgebend beteiligt war. Diese ist jedoch nicht unbedingt erforderlich, wie aus Angaben in der Literatur hervorgeht, wonach Maschinen auch nach Entfernen der Auspuffleitung ohne Spülgebläse weiterliefen. Tatsächlich handelt es sich beim sogenannten Kadenacy-Effekt auch nicht um die Wirkung von Gassäulen in der Auspuffleitung, sondern vielmehr um Vorgänge in der Gassäule im Zylinder selbst.

Dies geht nicht nur aus den Patentschriften hervor, wo behauptet wird, daß die mit „ballistischen" Geschwindigkeiten ausströmenden Abgase ein Vakuum im Zylinder zurücklassen, sondern das Auftreten des Unterdruckes am Ende der Expansion ist durch Messungen von Davies [36] und Schweitzer [33] zweifellos erwiesen. Allerdings sind für die Erklärung dieser Unterdrucke keinerlei undefinierbare „ballistische" Vorgänge erforderlich, vielmehr gehorchen die Erscheinungen sicherlich den grundsätzlich bekannten Gesetzen der instationären Gasströmung, wobei möglicherweise auch der Wärmeübergang des Zylinderinhaltes an die Wandungen eine Rolle spielt. Die „ballistischen" Überschallgeschwindigkeiten in den Steuerquerschnitten ergeben sich aus der unzutreffenden Annahme, daß die Abgase den Querschnitt mit isotherm auf Außendruck entspanntem Volumen durchströmen, während sie in Wirklichkeit mit wesentlich höherer Dichte und daher nach der Kontinuitätsgleichung geringerer Geschwindigkeit hindurchtreten [33].

Zu einfachen Dimensionierungsvorschriften für den Zeitquerschnitt des Vorauspuffs mögen diese „Überschallgeschwindigkeiten" daher recht brauchbar sein, physikalische Bedeutung kommt ihnen jedenfalls nicht zu.

In den bisherigen Entwicklungen dieses Buches ist immer vorausgesetzt worden, daß in Behältern und daher auch Zylindern keine örtlichen Druckunterschiede auftreten, da sie sich bei kleinen Behältern wegen der geringen Laufzeit der Druckwellen zwischen den Behälterwandungen gleich wieder ausgleichen können, während bei relativ zu den anschließenden Leitungen großen Behältern von vorneherein nur kleine Druckwellen entstehen, weil sich dann im Behälter keine hohen Strömungsgeschwindigkeiten ausbilden können, da ja Geschwindigkeitswellen mit den Druckwellen untrennbar verbunden sind.

Daraus geht hervor, daß auch in einem Motorzylinder merkliche dynamische Druckschwankungen auftreten können, wenn:

1. durch ausreichend große Überströmöffnungen dafür gesorgt wird, daß nicht nur im Steuerquerschnitt, sondern auch im Zylinder selbst noch erhebliche Strömungsgeschwindigkeiten entstehen und

2. der Überströmvorgang sich in so kurzen Zeiträumen verändert, daß diese die gleiche Größenordnung annehmen wie die Laufzeit der Druckwellen von einem Zylinderende zum anderen.

Dann läßt sich ein derartiger Zylinder auffassen als unter Überdruck stehende Rohrleitung, die an einem Ende durch eine Blende ins Freie mündet und am anderen Ende geschlossen ist und die daher nach den im Teil I besprochenen Grundsätzen behandelt werden kann, wobei aber wegen der hier auftretenden hohen Druckamplituden die Ergänzungen nach Abschnitt V zu beachten sind.

2. Theoretische Grundlagen.

In der — von vorneherein auf große Amplituden abgestellten — instationären Gasdynamik ist es üblich, für die Druckwellen statt des Gasdruckes den Wert der Schallgeschwindigkeit als Zustandsgröße zu verwenden. Von dieser — an sich zweckmäßigeren — Darstellungsweise wird im folgenden durch Einführen reduzierter Werte für Druckwelle p^*_{zu} und Überdruck $\triangle p^*$ abgewichen, da man mit diesen reduzierten Größen nach dem für kleine Amplituden entwickelten Verfahren weiterrechnen kann.

Dividiert man Gleichung (277 b/I) durch $\bar{p} \cdot (p/\bar{p})^{\nu_1 \frac{\varkappa+1}{2\varkappa}}$, wobei $\bar{p}$ statt p_0 für den Ruhedruck im Zylinder gesetzt wird, da hier p_0 den Außendruck bedeuten soll, so erhält man wieder das einfache, Gleichung (118/I) entsprechende Überlagerungsgesetz

$$\triangle p^* = 2 \cdot p^*_{zu} + p^*_E . \qquad (167)$$

Hiebei sind die genannten reduzierten Größen

$$\triangle p^* = \frac{p/\bar{p} - 1}{(p/\bar{p})^{\nu_1 \frac{\varkappa+1}{2\varkappa}}} \qquad (168)$$

und

$$p^*_{zu} = \frac{p_{zu}/\bar{p}}{(1 + p_{zu}/\bar{p})^{\nu_1 \frac{\varkappa+1}{2\varkappa}}} \qquad (169)$$

in Abb. 170 für $\varkappa = 1{,}4$ als Funktion von $p/\bar{p}$ bzw. $p_{zu}/\bar{p}$ dargestellt, während die durch den Überströmvorgang erregte, reduzierte Druckwelle durch $p^*_E = \varkappa \frac{w}{\bar{a}}$ gegeben ist. Man kann in Abbild. 170 die Abweichungen* der Näherungstheorie von den gasdynamischen Überlagerungsgesetzen gut erkennen. Die Tangente an die Kurve im Punkt $p_{zu} = 0$ bzw. $p/\bar{p} = 1$ entspricht der akustischen Theorie, nach der z. B. die Überlagerung zweier gleich großer Druckwellen den doppelten Überdruck ergibt; nach dem hier verwendeten, verbesserten Ansatz mit reduzierten Druckwellen entspricht einer Druckwelle p_{zu} von beispielsweise 0,5 atü eine reduzierte Welle $p^*_{zu} = 0{,}43$, die bei der Überlagerung einen reduzierten Überdruck $\triangle p^* = 2 \cdot 0{,}43 = 0{,}86$ ergibt. Dies entspricht einem wirklichen Überdruck $p - \bar{p} = 1{,}2\ \bar{p}$ atü,

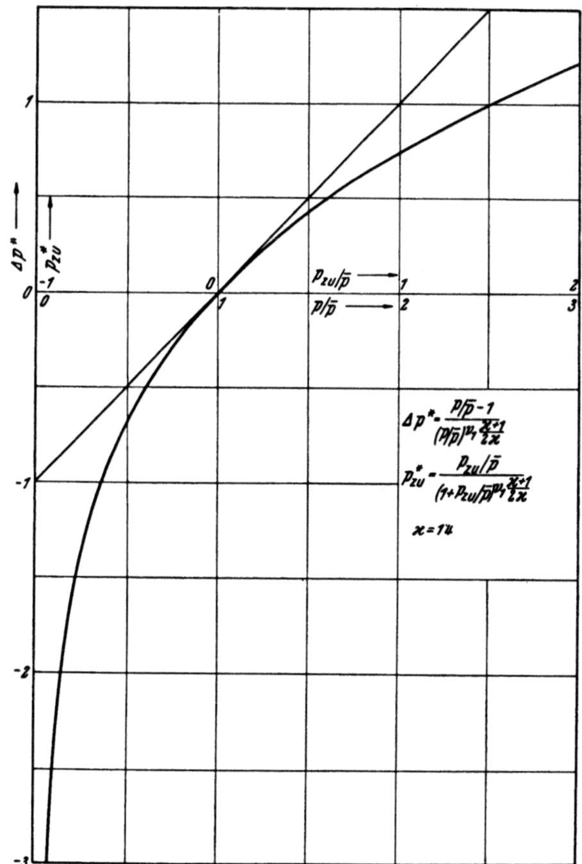

Abb. 170. Reduzierter Überdruck $\triangle p^*$ bzw. reduzierte Druckwelle p^*_{zu} in Abhängigkeit vom Druckverhältnis $p/\bar{p}$ bzw. von der Druckwelle p_{zu}.

also in diesem Falle einem um 20% höheren Wert, als nach dem akustischen Überlagerungsgesetz zu erwarten wäre.

Die Strömungsgeschwindigkeit im Zylinder vor der Auslaßöffnung

$$w = \frac{\varphi \,.\, \psi \,.\, \sqrt{RT}}{\sqrt{1 - \varphi^2 \,.\, (p_0/p)^{2/\varkappa}}} \tag{170}$$

ist, mit ψ nach Gleichung (61)/I, ebenso wie die erregte reduzierte Druckwelle

$$p_E^* = -\varphi \sqrt{\frac{\varkappa}{g}} \,.\, \frac{\psi \,.\, (p/p_0)^{\frac{\varkappa-1}{2\varkappa}}}{\sqrt{1 - \varphi^2 \,.\, (p_0/p)^{2/\varkappa}}} \,.\, \left(\frac{p_0}{\bar{p}}\right)^{\frac{\varkappa-1}{2\varkappa}} \tag{171}$$

für ein bestimmtes Verhältnis $\varphi = \mu\, q/f$ des Ausströmquerschnittes q zum Zylinderquerschnitt f bis auf den Faktor $(p_0/\bar{p})^{\frac{\varkappa-1}{2\varkappa}}$ eine Funktion von p/p_0, wobei p den Zylinderdruck unmittelbar vor der Mündung bedeutet, während im Mündungsquerschnitt selbst, bei unterkritischem Ausströmen, Außendruck p_0 herrscht. In Abb. 171 ist $p_E^* \,.\, (\bar{p}/p_0)^{\frac{\varkappa-1}{2\varkappa}}$ mit p/p_0 als Parameter in Abhängigkeit von φ für $\varkappa = 1{,}4$ dargestellt.

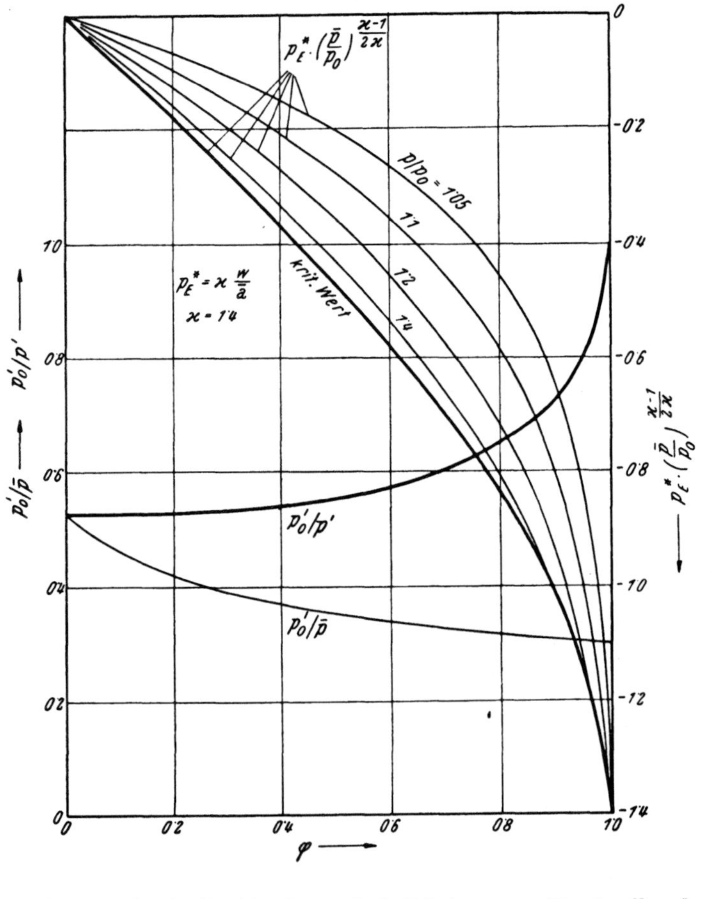

Abb. 171. Reduzierte, durch die Abströmgeschwindigkeit erregte Druckwelle $p_E^* \,.\, (\bar{p}/p_0)^{\frac{\varkappa-1}{2\varkappa}}$ und kritische Druckverhältnisse p_0'/p', $p_0'/\bar{p}$ in Abhängigkeit vom Querschnittsverhältnis φ.

Für den Parameter $p/p_0 = 1$ entartet die Kurve der erregten Druckwelle $p_e^* \,.\, (\bar{p}/p_0)^{\frac{\varkappa-1}{2\varkappa}}$ und fällt für $\varphi < 1$ mit der Abszissenachse zusammen, d. h., solange an der Mündung eine Drosselung stattfindet, kann ohne Druckabfall an der Drosselstelle keine Strömungsgeschwindigkeit und damit auch keine erregte Druckwelle entstehen. Bei ungedrosseltem Ausströmen ist jedoch, trotz verschwindenden Druckabfalles in der Mündung, jeder Wert der Strömungsgeschwindigkeit gleich oder kleiner als Schallgeschwindigkeit möglich; der Wert von $p_e^* . (\bar{p}/p_0)^{\frac{\varkappa-1}{2\varkappa}}$ bleibt also für $\varphi = 1$ unbestimmt und kann jeden Betrag zwischen Null und $-\varkappa$ annehmen. In Wirklichkeit stellt sich bei unterkritischem Druckverhältnis die durch das Ausströmen erregte Unterdruckwelle p_E in solcher Stärke ein, daß in der Mündung gerade Außendruck herrscht.

Dies ist aber nur solange möglich, als der Außendruck p_0 einen kritischen Wert p_o' nicht unterschreitet, bei dem die Strömungsgeschwindigkeit w in der Rohrmündung gerade die Schallgeschwindigkeit $a = \bar{a} . (p_o'/\bar{p})^{\frac{\varkappa-1}{2\varkappa}}$ erreicht. Die erregte Druckwelle $p_E^* = -\varkappa\, w/\bar{a}$ nimmt dann für $\varphi = 1$ ihren kritischen Höchstwert $p_E^* = -\varkappa\, (p_o'/\bar{p})^{\frac{\varkappa-1}{2\varkappa}}$ an.

Im ersten Zeitabschnitt nach dem Öffnen des Auslaßquerschnittes, solange noch keine am geschlossenen Zylinderende reflektierte Welle an der Mündung eingelangt ist, hat der reduzierte Unterdruck Δp^* die Größe der durch das Ausströmen erregten reduzierten Unterdruckwelle p_E^*; man erhält daher den kleinsten Druck p_o', der in der Mündung innerhalb dieses ersten Zeitabschnittes auftreten kann, aus Abb. 170, indem man dort den zu $\Delta p^* = -\varkappa\, (p_o'/\bar{p})^{\frac{\varkappa-1}{2\varkappa}}$ gehörigen Wert $p_o'/\bar{p}$ an der Abszissenachse abliest. Dabei muß p_o' zunächst für die Bestimmung von Δp^* vorausgeschätzt werden; abschließend ergibt sich $p_o'/\bar{p} = 0{,}308$ gegenüber einem Wert von 0,279 nach der strengen gasdynamischen Theorie. Ist nun der Außendruck p_0 kleiner als der kritische Wert p_o', dann stellt sich in der Mündung trotzdem p_o' ein.

Bei gedrosseltem Ausströmen mit $\varphi < 1$ ist der kritische Druck p' vor der Drosselöffnung verschieden von dem im Drosselquerschnitt auftretenden p_o'; zu ihrer Bestimmung dient neben der oben verwendeten Gleichung $\Delta p^* = p_E^*$ noch die Abhängigkeit zwischen p_E^* und p'/p_o', $p_o'/\bar{p}$ nach Gleichung (171). Da Δp^* nach Gleichung (168) durch $p'/\bar{p}$ ausdrückbar und der kritische Wert $p_E^* = -\varkappa\, w'/\bar{a}$ durch die kritische Strömungsgeschwindigkeit im Zylinder vor der Auslaßöffnung

$$w' = \bar{a} . (p_o'/\bar{p})^{\frac{\varkappa-1}{2\varkappa}} . \varphi . (p_o'/p')^{1/\varkappa}$$

festgelegt ist, kann man beide Größen eliminieren und erhält so die notwendigen zwei Bestimmungsgleichungen für p' und p_o'.

In Abb. 171 sind, außer dem kritischen Wert von $p_E^* . (\bar{p}/p_o')^{\frac{\varkappa-1}{2\varkappa}} = -\varkappa\,\varphi . (p_o'/p')^{\frac{1}{\varkappa}}$, auch die kritischen Druckverhältnisse p_o'/p' und $p_o'/\bar{p}$ eingezeichnet. Für verschwindendes φ fallen beide Werte, wegen $p' = \bar{p}$ und $w' = 0$, mit dem kritischen Druckverhältnis beim Ausströmen aus großen Behältern zusammen.

Zweck der beiden Abb. 170 und 171 ist die Bestimmung des Druckes p vor der Auslaßöffnung aus gegebenen Werten für den Anfangsdruck $\bar{p}$ im Zylinder, den Außendruck p_0 und für die der Mündung aus dem Zylinderinnern zulaufende Welle p_{zu}.

Aus dem der Abb. 171 zu entnehmenden Wert $p_E^* . (\bar{p}/p_0)^{\frac{\varkappa-1}{2\varkappa}}$ ermittelt man den sich einstellenden, auf $\bar{p}$ bezogenen Druck $p/\bar{p}$ in Abb. 170 durch Gleichsetzen von Δp^*

mit p_E^*, wenn keine zulaufende Druckwelle p_{zu} vorhanden, bzw. mit $p_E^* + 2\, p_{zu}^*$, wenn dies der Fall ist, worauf man den zugehörigen Wert von $p/\bar{p}$ unmittelbar ablesen kann. Dazu ist in Abb. 171 der Wert p/p_0 vorauszuschätzen und der gefundene Wert p_E^* in Abb. 170 über $p/\bar{p} = (p/p_0) \cdot (p_0/\bar{p})$ als Abszisse aufzutragen und dieser Vorgang, wenn nötig, zu wiederholen.

3. Rechenbeispiel.

Im folgenden sollen die abgeleiteten Beziehungen auf das Ausströmen aus einem sehr rasch geöffneten Behälter angewandt werden, wie es D a v i e s (36) untersucht hat, wobei getrachtet wurde, die Annahmen der Rechnung den Bedingungen seiner Versuche tunlichst anzunähern.

Dementsprechend wurde angenommen, daß an einem Ende eines mit Luft von 2,8 ata gefüllten zylindrischen Behälters vom Querschnitt f innerhalb von 3.10^{-3} sek eine Öffnung q bis zum Erreichen eines Flächenverhältnisses $\varphi = 0,8$ freigegeben wird. Die Wellenlaufzeit bis zum geschlossenen Behälterende und zurück zur Mündung betrage 2.10^{-3} sek.

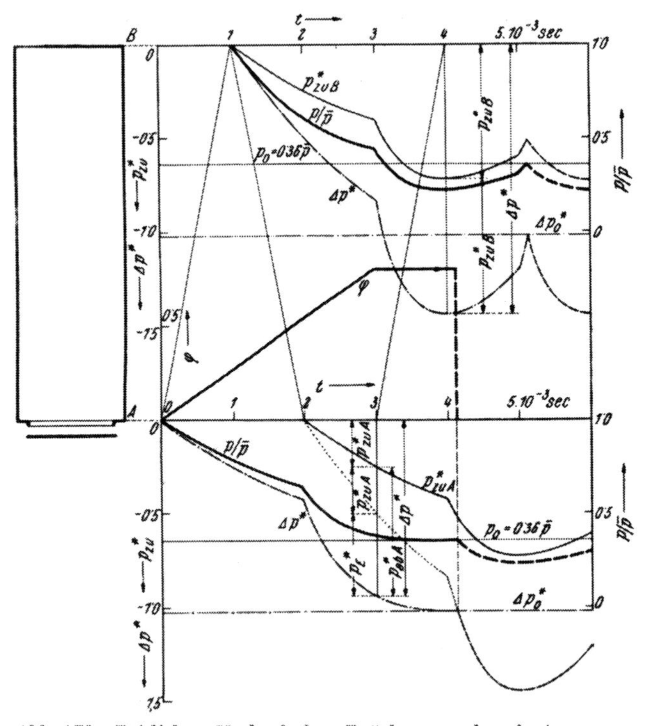

Abb. 172. Zeitlicher Verlauf der Drücke p und reduzierten Druckwellen p^*_{zu} an den Enden A und B eines mit Druckluft vom Anfangsdruck $\bar{p}$ gefüllten Behälters während des Entleerungsvorganges.

Abb. 172 veranschaulicht den Ablauf des instationären Ausströmvorganges. Nach dem Öffnen des Auslasses stellt sich die dem jeweiligen Querschnitt entsprechende Unterdruckwelle ein, die in den Zylinder hineinläuft, ohne daß zunächst eine weitere Expansion stattfindet. So würde z. B., wenn die Hin- und Rücklaufzeit der Wellen größer wäre als die Eröffnungsdauer des Drosselquerschnittes, der Druck im Zylinder vor der Mündung, nach Erreichen des maximalen Abströmquerschnittes, dem Verhältnis φ entsprechend konstant bleiben und sich in dieser Größe mit der Geschwindigkeit a—w in das Zylinderinnere ausbreiten, bis die am geschlossenen Ende vollkommen positiv zurückgeworfene Unterdruckwelle, nach ihrem Eintreffen vor dem Ausströmquerschnitt, den Zylinderdruck durch Überlagern mit der geschwindigkeitserregten Unterdruckwelle p_E weiter herabsetzt. Diese selbst wird dann infolge des nun verringerten Zylinderdruckes ebenfalls kleiner.

Der Zeitpunkt des Eintreffens der zurückgeworfenen Welle ist zwar nicht exakt angebbar, weil die Strömungsgeschwindigkeit durch die hin- und rücklaufende Welle gleichzeitig beeinflußt wird, doch heben sich die Einflüsse beim Hin- und Rückgang teilweise auf.

Im vorliegenden Falle wirkt am offenen Behälterende A während der ersten 2.10^{-3} sek nach dem Eröffnen nur die geschwindigkeitserregte Unterdruckwelle p_E^*, die nach 1.10^{-3} sek das geschlossene Behälterende B als $p_{zu\,B}^*$ erreicht und hier durch ihren Rückwurf einen Unterdruck $\Delta\, p^* = 2\, p_{zu\,B}^*$ erzeugt. Ab 2.10^{-3} sek überlagert sich p_E^* mit dem Brandungsdruck $2\, p_{zu\,B}^*$ der vom geschlossenen Ende zurückgeworfenen Welle, wobei p_E^* und damit die abgehende Welle $p_{ab\,A}^* = p_{zu\,A}^* + p_E^*$ mit sinkendem Zylinderdruck nur langsam abnimmt, so daß von der Mündung eine kräftige Unterdruckwelle ins Innere läuft, die bei B durch Verdopplung ein $\Delta\, p^*$ von $-1{,}44$ erzeugt. Dem entspricht nach Abb. 170 ein auf $\bar{p}$ bezogener kleinster Druck $p/\bar{p}=0{,}24$, oder $p = 0{,}67$ ata, also ein kräftiger Unterdruck von 0,33 at gegenüber der Atmosphäre.

Der von D a v i e s gemessene Unterdruck beträgt bei dem angenommenen Anfangsdruck etwa zwei Drittel des errechneten Wertes, was zum Teil mit der in der Rechnung reichlich hoch angesetzten Durchflußzahl zu erklären ist.

Das Ausströmen dauert bis $4{,}12 . 10^{-3}$ sek; ab da würde bei offener Mündung Wiedereinströmen aus der Atmosphäre eintreten, wenn dieses nicht durch eine Rückströmdrossel verhindert wird. Falls dies gelingt, würde also im ganzen Zylinder ein Unterdruck übrig bleiben.

Bei den im Motorzylinder möglichen Querschnittsverhältnissen und Öffnungsgeschwindigkeiten relativ zur Wellenlaufzeit fällt dieser Effekt sicherlich meistens bescheidener aus, soferne er nicht durch die Abkühlung der im Zylinder verbliebenen Abgase unterstützt wird.

Der Abgassäule in der Auspuffleitung wird daher eine wesentliche Rolle bei den erzielten Erfolgen zukommen; vorhanden ist der K a d e n a c y -Effekt aber in einem gewissen Grade bei jeder Maschine.

Schrifttum.

Im Text angeführt:

[1] *Riedel W.*: Aufladevorgang von Viertaktdieselmaschinen. Deutsche Kraftfahrtforschung, Heft 62, Berlin 1941, VDI-Verlag.

[2] *Niedermayer E.*: Untersuchung des Spülvorganges an Zweitaktdieselmaschinen. Forsch.-Ing.-Wes., Bd. 7 (1936), S. 227/39.

[3] *Nusselt W. und W. Jürges*: Die Kühlung einer ebenen Wand durch einen Luftstrom. Gesundh.-Ing.-Wes., Bd. 45 (1922), S. 641.

[4] *Stambuleanu A.*: Beitrag zur Frage des Wärmeüberganges in der Ansaugperiode. Diss. T. H. Berlin, 1935.

[5] *Drucker E.*: Der Liefergrad schnellaufender Vergasermotoren. ATZ, Bd. 37 (1934), S. 359.

[6] *Kreß H.*: Untersuchungen über den Liefergrad bei Überladung. MTZ, Bd. 4 (1942), S. 175.

[7] *Schwarz A.*: Abhängigkeit des Liefergrades der Viertakt-Dieselmaschine vom Außenzustand und von der Drehzahl. Diss. T. H. Graz, 1941.

[8] Hütte, II. Bd., 27. Auflage, S. 563.

[9] *Zeyns J.*: Der Luftverbrauch von Flugmotoren in der Höhe. MTZ, Bd. 1 (1939), S. 145.

[10] *Schmidt F. A. F.*: Verbrennungsmotoren, Berlin, Springer-Verlag, 1937.

[11] *Caroselli H. und W. Hager*: Flugmotorenleistungsberechnung. MTZ, Bd. 4 (1942), S. 163.

[12] *Franz A.*: Die Höhenleistung des Flugmotors, eine Frage des Luftdurchsatzes. MTZ, Bd. 4 (1942), S. 116.

[13] *Scheuermeyer M. und H. Kreß*: Die Überladung beim Hochleistungsdieselmotor. MTZ, Bd. 2 (1940), S. 265.

[14] *Gnam E. und F. Kurz*: Versuche über das Höhenverhalten eines schnellaufenden Einzylindermotors. Jahrbuch d. Deutschen Luftfahrtforschung 1938, II, S. 16.

[15] *Richter L.*: Strömung durch Kegelventile. ATZ, Bd. 35 (1932), S. 591.

[16] *Keckstein O.*: Liefergradmessungen und Berechnungen an einem Einzylinder-Viertaktmotor mit Aufladesaugrohr. Diss. T. H. Graz, 1941.

[17] *List H.*: Untersuchungen an einem Wirbelkammermotor. MTZ, Bd. 4 (1942), S. 75.

[18] *Richter L. und F. Lauer*: Einfluß der Höhe auf den Kraftstoffverbrauch. ATZ, Bd. 44 (1941), S. 129.

[19] *Reyl G.*: Untersuchungen an Saugrohren, I. Teil: Rechnerische und graphische Behandlung der Strömungsvorgänge in Saugrohren. Deutsche Kraftfahrtforschung, Heft 74, Berlin 1943, VDI-Verlag.

[20] Hütte, I. Bd., 27. Auflage, S. 474.

[21] *Pischinger A.*: Der Ansaugvorgang bei Ein- und Mehrzylinder-Viertaktmaschinen. ATZ, Bd. 39 (1936), S. 234.

[22] *Bangerter H.*: Messung und Bestimmung richtiger Auspuff- und wirklicher Abgastemperaturen bei Brennkraftmaschinen. Forsch.-Ing.-Wes., Bd. 7 (1936), Nr. 3.

[23] *Reuter H.*: Leistungssteigerung von Viertakt-Dieselmaschinen durch Aufladegebläse und Abgasturbinen. MTZ, Bd. 3 (1941), S. 385.

[24] *v. d. Nüll W.*: Abgasturbolader für Flugmotoren. Z. VDI, Bd. 85 (1941), S. 847.

[25] *Leist K.*: Probleme des Abgasturbinenbaues. Luftfahrt-Forschung, Bd. 15 (1938), S. 481.

[26] *Pflaum W.*: Zusammenwirken von Motor und Gebläse bei Auflade-Dieselmaschinen. VDI Sonderheft 1936.

[27] *Mayr F.*: Die Verbrennungskraftmaschine. Bd. 12, Ortsfeste und Schiffsdieselmotoren. Springer, Wien 1948.

[28] *Stodola A.*: Die Dampf- und Gasturbinen. 6. Auflage. Springer, Berlin 1924.

[29] *Kornacker P.*: Die Ausnutzung der Druckwellen in den Abgasleitungen von Verbrennungsmotoren zur Leistungssteigerung von Motor und Abgasturbine. MTZ, Bd. 4 (1942), S. 211.

[30] *Petter P. W.*: Induced Air Scavenge for Two-Stroke Engines, Engineer, Bd. 158 (1934), S. 157.

[31] *Davies S. J.*: The Characteristics of Engines of Kadenacy Design, Engineering London, Bd. 143 (1937), S. 685.

[32] *Froede W.:* Zweitaktmotoren ohne Spülgebläse. VDI-Sonderheft Dieselmaschinen VII, S. 143, und Z. VDI, Bd. 82 (1938), S. 119.

[33] *Schweitzer P. H., C. W. van Overbeke und L. Manson:* Taking the Mystery out of the Kadenacy System of Scavenging. Diesel-Engines, Transact. ASME, October 1946, S. 729.

[34] *Giffen E.:* Rapid Discharge of Gas from a Vessel into the Atmosphere. Engineering London, Bd. 150 (1940), S. 134, 154, 181.

[35] Improving the two-stroke Cycle, Gas and Oil Power, Bd. 34 (1939), S. 294.

[36] *Davies S. J.:* Sudden Discharge of Air from a Pressure Vessel, Engineering London, Bd. 149 (1940), S. 17.

Im Text nicht angeführt:

37. *Augustin:* Fahrzeugdieselmotoren mit Abgasturbolader (Saurer). Neues Kfz.-Fachblatt 1948, Nr. 20, S. 3.

38. *Berg H.:* Abgasuntersuchungen an Verbrennungsmotoren. MTZ, Bd. 4 (1942), S. 353.

39. *Blasius H.:* Die Temperatur der Auspuffgase. MTZ, Bd. 5 (1943), S. 235.

40. *Büchi A.:* Die entscheidenden Merkmale der Büchi-Abgasturbinenaufladung von Verbrennungsmotoren. DRP 454 107 (1921) und 568 855 (1926) sowie MTZ, Bd. 1 (1939), Heft 6, und MTZ, Bd. 3 (1941), S. 386.

41. *Büchi A.:* Stodola-Festschrift, Zürich 1929, S. 57 (Einfluß der Drucksteigerung in Dieselmotoren durch Einführung höhergespannter Ladeluft).

42. *Büchi A.:* Über die Entwicklungs-Etappen der Büchi-Abgasturboaufladung. MTZ, Bd. 13 (1952), S. 25.

43. *Capetti A.:* Einfluß der Saugleitungslänge bei Verbrennungsmotoren. Z. VDI, Bd. 73 (1929), S. 650.

44. *Dmitrijewsky W. J.:* Lader und Aufladung von Flugmotoren. O. N. T. I. 1935.

45. *Dombrowsky P.:* Aufladung von Zweitaktmotoren durch Ausnützung der Abgasenergie. Bulletin de l'Association Maritime et Aeronautique Nr. 37, Session de 1933.

46. *Eberan v. Eberhorst R.:* Grenzen des Gaswechselvorganges durch die Ventilsteuerung. MTZ, Bd. 3 (1941), S. 193.

47. *Franz A.:* Der Abgasstrahlantrieb. Lilienthalges. f. Luftf.-Forsch., Bericht 118 (1939) und Dissertation Berlin 1939.

48. *Frese F.:* Bestimmung der Abmessungen von Aufladegebläsen. MTZ, Bd. 2 (1940), Heft 1.

49. *Gnam E.:* Versuche an einem schnellaufenden Einzylindermotor über den Einfluß der Steuerquerschnitte bei veränderlichem Auspuffgegendruck. MTZ, Bd. 2 (1940), S. 267—288.

50. *Goßlau F.:* Untersuchungen über Abgasstrahlantrieb. Lilienthal-Ges. f. Luftf.-Forschung, Bericht 118 (1939).

51. *Grote P.:* Auflade- und Spülgebläse nach dem Drehkolbenprinzip. MTZ, Bd. 13 (1952), S. 45.

52. *Hansen A.:* Thermodynamische Rechnungsgrundlagen für Verbrennungskraftmaschinen und ihre Anwendung auf den Höhenmotor. VDI-Forschungsheft 344.

53. *Hausenblas H:* Die Vorausberechnung von Turbinenkennfeldern. Schweiz. Bauzeitung Nr. 13/1949, S. 184.

54. *Holfelder O.:* Erfahrungen mit Abgas-Sauerstoff-Betrieb im Ottomotor. MTZ, Bd. 13 (1952), S. 4.

55. *Keller H.:* Abgasturbinen und Abgasturbolader der Holzwarth Gasturbinen G. m. b. H. MTZ, Bd. 13 (1952), S. 38.

56. *Kemetmüller L. und L. Richter:* Abgaszusammensetzung abhängig von Kraftstoffzusammensetzung und Mischungsverhältnis. MTZ, Bd. 4 (1942), S. 47.

57. *Klingelfuß:* Die Leistungserhöhung bei Diesel- und Flugmotoren nach dem Büchi-Verfahren. Brown-Boweri-Mitteilungen Nr. 7, 1937.

58. *Klüsener O.:* Saugrohr und Liefergrad, VDI-Sonderheft Dieselmaschinen V, S. 7.

59. *Klüsener O.:* Versuche über den Einfluß von Saugrohr- und Auspuffrohrlänge auf den Liefergrad. ATZ, Bd. 35 (1932), S. 299.

60. *Kortum A.:* Drehzahlabhängigkeit des Ladedruckes bei Ladermotoren mit Kreiselverdichter.

61. *Kreß H.:* Untersuchungen über den Gütegrad überladener Dieselmotoren. MTZ, Bd. 3 (1941), S. 263.

62. *Kreß H.:* Die Darstellung der Laderarbeit als Mitteldruck. MTZ, Bd. 4 (1942), S. 145.

63. *Kreß H.:* Untersuchungen über die mechanischen Reibungsverluste von Verbrennungsmotoren. MTZ, Bd. 3 (1941), S. 73—77.

64. *Kreß H.:* Untersuchungen über den Gaswechselvorgang bei Überladung. Lilienthal-Ges. f. Luftf.-Forsch. Sondertagung Dieselmotoren 1937, S. 245.

65. *Kreß H. und H. Scheuermeyer:* Beitrag zur Untersuchung der motorischen Vorgänge überladener Dieselmotoren. Jahrb. 1938 der deutschen Luftfahrtforschung II, S. 44.

66. *Kubsch:* Die Arbeitsgrundlagen der Abgasturbine beim Antrieb von Turboladern. ATZ, Bd. 43 (1940), S. 77—84.

67. *Lavis J.:* Charakteristiken eines Kadenacy-Motors. Engineering, Bd. 149 (1940), S. 515.

68. *Leist K.:* Der Laderantrieb durch Abgasturbine. Luftfahrtforschung Nr. 4/5, 1937, S. 238 — 242.

69. *Leist K.:* Die Abgasturbine. Ringbuch der deutschen Luftfahrttechnik 1939.

70. *Leist K.:* Gasturbinen und Rückstoßtriebwerke. DVL-Forschungsbericht 1069 (1938).

71. *Leist K.:* Abgasturbine mit Kühlluftbeaufschlagung. Tagungsbericht der Lilienthal-Ges. 1940.

72. *Leist K.:* Abgasturbinen und Turbinenmotoren von Daimler-Benz. Jahrbuch der deutschen Luftfahrtforschung 1943.

73. *Leist K.:* Vergleich von Kühlverfahren für Abgasturbinen. Daimler-Benz-Bericht 1944.

74. *List H.:* Die Strömung in Saugrohren von Verbrennungskraftmaschinen. Z. VDI, Bd. 85 (1941), S. 301.

75. *List H.:* Die Erhöhung des Liefergrades durch Saugrohre bei Dieselmotoren. Mitt. techn. Inst. Tung-Chi-Universität, Heft 4, Woosung, China, 1932.

76. *Löhner K.:* Abgasstrahlantrieb bei luftgekühlten Flugmotoren. Lilienthal-Ges. f. Luftf. Forsch., Bericht 118 (1939).

77. *Lorenzen Chr.:* The Lorenzen Gas Turbine and Supercharger for Gasoline and Diesel Engines. Mech. Engrg. 52 (1930), S. 665.

78. *Mangold G.:* Der aufgeladene Dieselmotor mit Ausnützung der Abgase zur Krafterzeugung. MTZ, Bd. 13 (1952), S. 35.

79. *Mangold M.:* Die Verbesserung der Wirkungsgrade der Verbrennungskraftmaschine durch Ausnützung der Abgaswärme. MTZ, Bd. 11 (1950), S. 114.

80. *Neumann K.:* Die dynamische Wirkung der Abgassäule in der Auspuffleitung von Kolbenmaschinen. Z. VDI, Bd. 63 (1919), S. 89.

81. *v. d. Nüll W.:* Ladeeinrichtungen für Hochleistungs-Brennkraftmaschinen. ATZ, Bd. 41 (1938), S. 282 — 295.

82. *v. d. Nüll W.:* Abgasturbolader für Flugmotoren. Z. VDI, Bd. 85 (1941), S. 847 — 857.

83. *v. d. Nüll W. und Garve:* Leistung und Wirkungsgrad bei Flugmotorenladern. Jahrbuch 1937 der DVL.

84. *Nusselt W:.* Der Wärmeübergang in der Dieselmaschine. Z. VDI, Bd. 70 (1926), Nr. 14.

85. *Oestrich H.:* Prüfstandsversuche über Abgasrückstoß unter Höhenbedingungen. Lilienthal-Ges. f. Luft.-Forsch., Bericht 118 (1939).

86. *Oestrich H.:* Versuchsergebnisse an luftgekühlten Flugmotoren. Lilienthal-Ges. f. Luftf.-Forsch., ges. Vortr. 1937.

87. *Oestrich H.:* Die Aussichten des Strahlantriebes für Flugzeuge unter besonderer Berücksichtigung des Abgasstrahlantriebes. DVL-Jahrbuch 1931.

88. *Oppitz A.:* Zur Hochaufladung der Dieselmotoren. MTZ, Bd. 8 (1947), S. 33—38 und 54—57.

89. *Oppitz A.:* Die Druckschwankungen in den Auspuffleitungen der Dieselmaschinen und deren Rückwirkung auf die Spülung. Werft, Reederei, Hafen, 1930, S. 27.

90. *Oppitz A.:* Schwingungen in den Auspuffleitungen von Dieselmotoren. Z. VDI, Bd. 74 (1930), S. 650.

91. *Pauling H. und W. Fadinger:* Untersuchungen über Leistungssteigerung und Wirtschaftlichkeit überladener Ottomotoren mit und ohne Totraumspülung. Luftfahrtforschung 1938, II., S. 30.

92. *Pflaum W.:* Zusammenwirken von Motor und Gebläse bei Auflade-Dieselmaschinen. 74. Hauptversammlung des VDI, Darmstadt, 1936.
93. *Pflaum W.:* Steigerung von Leistung und Brennstoffausnützung durch hochaufgeladene Dieselmotoren. MTZ, Bd. 13 (1952), S. 29.
94. *Pigott R. J. S.:* Der Auflader und der Motor. SAE, Quarterly Trans., Juli 1949, S. 473 — 479.
95. *Pitchford:* Aufladung kleiner Diesel-Schnelläufer. MTZ, Bd. 1 (1939), S. 156.
96. *Ponomareff:* Axial Flow-Compressor for Gas Turbines. ASME-Paper Nr. 47-A-28, Mai 1948, USA.
97. *Ricardo H. S.:* Die Aufladung von Verbrennungsmotoren. Engineer, 24. 11. 50, S. 501, und 1. 12. 50, S. 519.
98. *Schmidt E.:* Die Entwicklung der Aufladung für Dieselmotoren der Triebwagen. MTZ, Bd. 2 (1940), S. 153.
99. *Schmidt F. A. F.:* Thermodynamische Untersuchungen über Abgasturboaufladung und grundsätzliche Versuche an einer Abgasturbine. Jahrbuch 1937 der deutschen Luftfahrtforschung, S. 233 — 237.
100. *Schmidt F. A. F.:* Untersuchungen an Abgasturbinen mit innengekühlten Schaufeln. Vortrag a. d. Tagung d. Lilienthal-Ges. am 12. Dezember 1940 in München.
101. *Schmidt F. A. F.:* DVL-Hohlschaufelturbine. Vortrag a. d. Sitzung d. Aussch. f. Abgasturbo- und Laderfragen in der DVL am 12. April 1943.
102. *Schmidt F. A. F.:* Ergebnisse neuer Forschungs- und Entwicklungsarbeiten an DVL-Hohlschaufelturbinen. Vortrag a. d. Tagung d. Lilienthal-Ges. am 16. und 17. November 1943 in Berlin.
103. *Schörner Chr.:* Untersuchungen über die Beherrschung hoher Abgastemperaturen bei Abgasturboaufladung durch Innenkühlung. Luftfahrtforschung, Bd. 15 (1938), S. 495.
104. *Silberhorn W.:* Abwärmeverwertung an Verbrennungsmotoren. MTZ, Bd. 3 (1941), S. 78.
105. *Steigenberger D.:* Die Thermodynamik des Turbostrahltriebwerkes. MTZ, Bd. 10 (1949), S. 41 — 46.
106. *Stier R.:* Die Aufladung von Zweitaktmotoren durch Saugrohrschwingungen. MTZ, Bd. 12 (1951), S. 166.
107. *Stodola A.:* Leistungsversuche an einem Dieselmotor mit mechanischer Aufladung. Z. VDI, Bd. 72 (1928), S. 421.
108. *Troesch M.:* Leistungssteigerung von Holzgasmotoren durch Abgasturbolader der A. S. Brown-Boveri & Co., MTZ, Bd. 5 (1943), S. 140.
109. *Vincent E. T.:* Supercharging the Internal Combustion Engine. New York, Mc Grow-Hill Book Co., 1948.
110. *Zeyns J. und H. Caroselli:* Bestimmung der Höhenleistung von Flugmotoren auf Grund von Leistungsmessungen bei Bodenbedingungen. Luftfahrtforschung 1938, II., S. 7; Z. VDI., Bd. 82 (1938), S. 1289.
111. *Zinner K.:* Aufladung von Lastkraftwagenmotoren. MTZ, Bd. 5 (1943), S. 59.
112. *Zinner K.:* Die Aufladung von Viertakt-Dieselmotoren. MTZ, Bd. 11 (1950), S. 57.
113. *Zinner K.:* Die Umrechnung der Leistung von Verbrennungsmotoren, insbesondere Dieselmotoren, in Abhängigkeit vom atmosphärischen Zustand. MTZ, Bd. 11 (1950), S. 109.
114. *Zinner K.:* Das Beschleunigungsverhalten des Dieselmotors mit Abgasturbolader. MTZ, Bd. 13 (1952), S. 41.

Ohne Verfasserangabe:

115. Aufladeversuche mit dem Kaelble-Fahrzeug-Dieselmotor GN 130 S. MTZ, Bd. 13 (1952), S. 50.
116. Kadenacy-Verfahren. MTZ, Bd. 2 (1940), S. 25 und 84.
117. Motor und Lader. MTZ, Bd. 13 (1952), S. 54.
118. Nordberg-Dieselmotor mit neuer Abgasturboaufladung. Superairthermal-Maschine. MTZ, Bd. 13 (1952), S. 52.
119. Zum Stand der Abgasturboaufladung. MTZ, Bd. 11 (1950), S. 103.
120. Zweitakt-Dieselmotor mit Umkehrspülung für Kraftfahrzeuge. MTZ, Bd. 12 (1951), S. 3.

Übersicht der öfter verwendeten Formelzeichen.

(Ergänzung zum Teil I)

Zeichen	Dimension	Bedeutung	Seite*
a		Verhältnis Gewicht des Luftaufwandes und Brennstoffgewicht zum Gewicht des Luftaufwandes	105
b		Bruchteil der Abgase, der durch die Turbine geht	105
F_{red}	cm^2	Ersatzquerschnitt mit gleichem Zeitquerschnitt wie die Ventilquerschnitte während der Spülung	116
$G_{sek\,La}$	kg/sek	Vom Lader je Sekunde gefördertes Luftgewicht	112
$G_{sek\,t}$	kg/sek	Sekundlich durch die Turbine durchgesetztes Gasgewicht	111
K_t		Kennzahl des Turboladers	131
L_{La}	mkg/kg	Laderarbeit je 1 kg Luft	105
L_t	mkg/kg	Turbinenarbeit je 1 kg Gas	105
M_{La}	mkg	Drehmoment des Laders	112
M_t	mkg	Drehmoment der Turbine	112
N_t	PS	Turbinenleistung	143
p_{eD}	kg/cm^2	Mitteldruck der Vortriebsarbeit der Düse	156
p_{eT}	kg/cm^2	Mitteldruck der Vortriebsarbeit je Hub und Zylinder	157
p_H	kg/cm^2	Außendruck in der Höhe H	127
p_L	kg/cm^2	Ladedruck	105
p_t	kg/cm^2	Für die Turbine maßgebender mittlerer Druck im Auspuffsystem	107
p_t'	kg/cm^2	Druck im Auspuffsystem während der Spülung	110
p_{tg}	kg/cm^2	Mittlerer Gegendruck am Motor während des Ausschiebens	108
Q_k	kcal/kg	Wärme, die durch Verwirbelung der kinetischen Energie entsteht	104
S	kg	Schub einer Düse	155
s	kg/cm^2	Spezifische Schubkraft der Düse	162
t_A	^0C	Mengenmittel der Auspufftemperatur	99
(t_A)	^0C	Mit trägem Thermometer gemessene Auspufftemperatur	100
T_H	^0K	Außentemperatur in der Höhe H	127
t_t	^0C	Abgastemperatur vor der Turbine	106
$\triangle t_{rest}$	^0C	Beheizung durch Abgasrest	29
$\triangle t_{wand}$	^0C	Beheizung durch die Wand	29
$\triangle t_{wirb}$	^0C	Wirbelheizung	28
u	m/sek	Umfangsgeschwindigkeit der Turbine	149
v_e	m^3/kg	Spezifisches Volumen im engsten Querschnitt der Düse	130
v_H	m^3/kg	Spezifisches Volumen der angesaugten Luft in der Höhe H	130
δ_{λ_l}		Ungleichförmigkeitsgrad des Liefergrades	73
η_{auf}		Wirkungsgrad der Saugrohraufladung	92
η_{gD}		Gütegrad der Düse	156
η_{vD}		Wirkungsgrad der vollkommenen Düse	156
η_p		Propellerwirkungsgrad	157
η_t		Turbinenwirkungsgrad	105
η_T		Gesamtwirkungsgrad der Turbinenseite	144

* Seitenzahl gibt die Stelle an, wo die Größe definiert oder eingeführt wird.

Zeichen	Dimension	Bedeutung	Seite
η_{TL}		Gesamtwirkungsgrad des Turboladers	106
η_{tu}		Umfangwirkungsgrad der Turbine	143
$\eta_{tü}$		Wirkungsgrad der Energieübertragung zur Turbine . . .	144
$(\lambda_l)_{To}$		Liefergrad der nicht aufgeladenen Maschine ohne Überschneidung der Steuerzeiten	63
λ_{lo}		Liefergrad der gespülten Maschine	64
λ_{lg}		Liefergrad an Frischluft und Abgas	78
λ_{lm}		Mittelwert der Liefergrade mehrerer Zylinder	83
$\Lambda_{L,\,sp}$		Bis zum Ende des Spülvorganges eingeströmte Luftmenge	13
$\lambda_{l,\,sp}$		Am Ende der Spülung erreichter Liefergrad	13
λ_r		Restgasanteil	13
$\lambda_{rück}$		Rückgeschobene Ladungsmenge	22
Λ_{sp}		Spülverlust	13
τ		Kenngröße des Turboladers	128
$\triangle\omega_m$	1/sek	Änderung der Winkelgeschwindigkeit des Motors . . .	153
$\triangle\omega_t$	1/sek	Änderung der Winkelgeschwindigkeit des Turboladers . .	153

CPSIA information can be obtained at www.ICGtesting.com
Printed in the USA
LVOW09s2200101013

356451LV00001B/13/P